资助：
山西省高等学校科技创新项目（2020L0532）
山西省高等教育"1331 工程"提质增效建设项目（服务流域生态治理产业创新学科
集群建设项目）
国家一流本科专业建设计划项目（教高厅函〔2019〕46 号文件）

荒漠脆弱区建群种胡杨和梭梭的
生态适应性研究

于秀立　庄　丽　著

中国环境出版集团·北京

图书在版编目（CIP）数据

荒漠脆弱区建群种胡杨和梭梭的生态适应性研究/于秀立，
庄丽著. —北京：中国环境出版集团，2021.4
ISBN 978-7-5111-4712-7

Ⅰ．①荒…　Ⅱ．①于…②庄…　Ⅲ．①荒漠—胡杨—生态
环境—研究②荒漠—梭梭—生态环境—研究　Ⅳ．①S792.119
②S792.99

中国版本图书馆 CIP 数据核字（2021）第 081514 号

出 版 人　武德凯
责任编辑　张　颖
封面设计　彭　杉

出版发行　中国环境出版集团
　　　　　（100062　北京市东城区广渠门内大街 16 号）
　　　　　网　　　址：http://www.cesp.com.cn
　　　　　电子邮箱：bjgl@cesp.com.cn
　　　　　联系电话：010-67112765（编辑管理部）
　　　　　发行热线：010-67125803，010-67113405（传真）
印　　刷　北京中科印刷有限公司
经　　销　各地新华书店
版　　次　2021 年 4 月第 1 版
印　　次　2021 年 4 月第 1 次印刷
开　　本　787×960　1/16
印　　张　18.25
字　　数　300 千字
定　　价　50.00 元

前　言

荒漠区以植被稀疏、大面积地表裸露为显著外貌特征，由于极端的生境条件，荒漠区的生态系统极其脆弱，易受损伤植物的生态功能修复变得非常困难和缓慢。生态系统的稳态一旦被打破，就很难在短时间内得到恢复，所以保护好荒漠植物并维持荒漠区域生态系统的稳定和平衡，已成为全球性研究主题之一。

荒漠植物具有极强的抗逆能力，多为旱生和强旱生物种，生态位较大，适应性好，是优良的防风固沙、改善生境的植物资源，对遏制荒漠化发展、维持荒漠区域能量与物质运转过程和脆弱生态系统的稳定，以及促进受损生态系统的修复与重建都具有极其重要的作用，并为区域经济的长期稳定发展奠定坚实的自然环境基础。

党的十九大报告把"坚持人与自然和谐共生"作为新时代坚持和发展中国特色社会主义的基本方略之一。因此，我们必须树立科学的发展观，维护荒漠区当前的生态平衡。本书以荒漠脆弱区建群种胡杨和梭梭为研究对象，从光合作用、抗性生理指标、叶片的微观结构、植冠构型和谱系分析等方面进行系统的研究，以期为荒漠生境中的胡杨和梭梭生理生态机制研究及环境适应性研究奠定基础，并为胡杨和梭梭的未来生存状况分析提供科学依据。

本书是笔者及其团队多年研究成果的结晶，涵盖两大部分内容，共分为 8 章，围绕荒漠脆弱区建群种胡杨和梭梭的生态适应性展开研究。

第一篇，荒漠脆弱区建群种胡杨的生态适应性研究，包括 3 章内容：第 1 章，胡杨研究进展的概述；第 2 章，塔里木河下游胡杨异形叶生理生态特征的对比研究；第 3 章，准噶尔盆地南缘胡杨叶片微观结构及枝系构型的研究。第二篇，荒漠脆弱区建群种梭梭的生态适应性研究，包括 5 章内容：第 4 章，梭梭研究进展的概述；第 5 章，不同生境下梭梭同化枝解剖结构的对比研究；第 6 章，梭梭对模拟气候变化因子的生理生态特征响应；第 7 章，古尔班通古特沙漠南缘不同生境下梭梭枝系构型特征研究；第 8 章，西北干旱区荒漠植物梭梭谱系地理分析。第 1 章和第 4 章胡杨和梭梭研究进展的概述由庄丽编写，其他章节内容由于秀立编写。

　　本书在编写的过程中，得到了团队中降瑞娇、陈黎、史红娟、昝丹丹、高志娟、张维、赵文勤和田中平的帮助，各位评审专家也为本书提出了宝贵的意见，在此一并表示真诚的感谢。

　　本书适合作高等院校生态学、地理学、环境科学和农林科学等专业本科生学习的参考书，也可供上述专业及相关领域的管理人员、研究生和科研人员使用。

　　根据专家审稿意见以及其他反馈意见，我们对全书进行了修改，但由于专业水平有限，书中难免存在不足之处，衷心希望广大读者不吝赐教，予以指正。

于秀立　庄丽

2021 年 3 月

目　录

第二篇　荒漠脆弱区建群种梭梭的生态适应性研究

第一篇

荒漠脆弱区建群种胡杨的生态适应性研究

第1章 胡杨研究进展的概述

1.1 胡杨的地理分布和资源概况

胡杨（*Populus euphratica*）分布范围很广，在欧洲、亚洲、非洲大陆均有天然形成的森林。据相关文献记载以及我国新疆维吾尔自治区发现的胡杨叶片化石推断，该树种在地球上已存在了 300 万～600 万年。天然胡杨林分布的特点是地域跨度相对较大，具有不连续性；其所处环境的气候条件差异较大。胡杨林分布的国家有中国、蒙古国、哈萨克斯坦、土库曼斯坦、塔吉克斯坦、巴基斯坦、阿富汗、伊朗、伊拉克、叙利亚、以色列、土耳其、埃及、利比亚、阿尔及利亚、摩洛哥和西班牙等。目前，全世界最大的天然胡杨林集中在哈萨克斯坦和我国新疆维吾尔自治区的某些地区。我国的胡杨林主要集中在海拔 800～1 100 m 的荒漠内陆河流沿岸冲积平原上。联合国粮食及农业组织（FAO）国际杨树委员会的著作《杨树与柳树》将杨树分为 5 个组别，包括胡杨组（Sect. *Turanga*）、白杨组（Sect. *Populus*）、黑杨组（Sect. *Aigeiros*）、青杨组（Sect. *Tacamahaca*）和大叶杨组（Sect. *Leucoides*）。

1.2 胡杨的形态特征

从形态特征上看，胡杨组与其他杨树组的区别是幼树与成年树的叶片形状明显不同，同一株成年树树冠上部枝条与下部枝条的叶形也不同。胡杨素有"异叶杨"之称。这一特殊现象产生的原因可能与胡杨适应环境的机制有关，叶片异形使胡杨能充分利用高光强进行光合作用，保证其在受到干旱胁迫的环境下生存。胡杨幼树的叶片多为线状披针形，似柳叶，其颜色为深绿色，长为 5～12 cm，宽为

0.5～2.5 cm，多为全缘，先端尖，基部为楔形，叶脉明显，呈羽状，有短柄，柄长为 0.4～1.5 cm。成年树的叶形有卵圆形、肾形、三角形，颇不一致；卵圆形叶的叶缘为深锯齿状，掌状脉，长为 2.5～4.5 cm，宽为 3～7 cm，具有长 2.5～5 cm 的叶柄，稍扁平，顶端有 2 个腺体；菱形或三角形叶的叶脉呈羽状或掌状，叶缘微锯齿或全缘；叶一般呈灰绿色或浅灰绿色。由于胡杨天然分布区的气候条件较为恶劣、经济发展相对落后、人口普遍稀少，人工胡杨林的数量相对较少，且天然林也受到日益严重的破坏，未来令人担忧。

1.3 胡杨生理研究进展

光合作用是地球上最大规模地将太阳能转换为化学能，并利用二氧化碳（CO_2）和水（H_2O）等无机物合成有机物并且释放出氧气（O_2）的过程。光合作用是绿色植物和部分动物特有的功能，该过程对维持人类赖以生存的生物圈的碳氧平衡具有重要意义，是绿色植物和部分动物正常生长的基础。因此，在自然条件下研究植物光合作用的特性及与 CO_2 浓度、光辐射等因子的关系具有重要意义。许多学者研究了胡杨的光合作用并进行了相关的试验，如苏培玺等利用同时具有卵圆形和披针形叶片的成年胡杨作为标准株，并进行活体测定，比较了 2 种叶形光合特性和对 CO_2 加富的响应，结果表明，柳树叶片（披针形叶片）的光合效率比较低，以维持生长为主，而杨树叶片（卵圆形叶片）较能耐受大气干旱，光合效率比较高；通过积累光合作用的有机产物，胡杨在极端环境下得以正常生存并能达到较高的生长量。罗青红等比较了两年生胡杨和灰胡杨叶片的光合作用及叶绿素荧光特性，研究结果表明，胡杨与灰胡杨在光合作用与叶绿素荧光特性上存在差异，这种差异是胡杨更能适应干旱荒漠区高光强、高温与低相对空气湿度环境，进而表现出高净光合速率的生理学原因之一。

植物的蒸腾作用是植物体吸收土壤中的水分，经叶片中气孔的作用（主要是）将水分输送到大气的过程（其中少量水蒸气可通过树皮皮孔逸出，气孔蒸腾一般占植物总蒸腾量的 80%以上）。植物蒸腾作用的蒸腾速率作为一个重要参数，反映了植物潜在的耗水能力。植物蒸腾作用受到许多研究学者的关注，经过长期的试验研究，获得了很多研究成果。曾凡江等研究了新疆策勒绿洲胡杨水分生理特性，得出灌溉后胡杨蒸腾速率的日均值比灌溉前明显增加的结论。

　　植物生理生态学的研究方向逐渐转为植物个体水平的研究，特别是植物与水分关系的研究，研究水分对植物的生长、蒸腾、光合及运输各环节的影响证明了水分在植物生产中的作用，提供了更有效地利用水资源的依据。Sterck 等认为气孔导度（G_s）与光合作用会受到空气湿度和土壤水分减少的影响；也有大量研究证明大气 CO_2 浓度升高使植物的水分利用效率提高；王韶唐指出，叶片空气水蒸气压差（V_{pdL}）与水分利用效率呈线性关系。植物体耐旱机理的相关讨论认为，可以将大多数植物的耐旱性分为延迟脱水和忍耐脱水两种类型。邓雄等对 4 种荒漠植物气体交换特征进行了研究，结果表明胡杨为高光合高蒸腾、低水势忍耐脱水类型植物。该结果和李吉跃等采用系统聚类法对北方相关树种苗木叶水势的分析结果相符。但不同年龄、不同生境的胡杨对极端干旱条件的反应差别及逐渐适应的过程，还需要做进一步研究。

　　可溶性糖和淀粉含量的相应变化能反映出植物对干旱环境的适应性。许世玲等在干旱的条件下研究发现，酚类物质是植物体内最普遍存在的次生代谢物质之一，并且是分子水平上的唯一防御物质，当胡杨受到外界环境的各种选择性压力时，酚类次生代谢物质在胡杨不同器官中的含量不同。该结果反映了环境因素对胡杨合成次生代谢物质的影响。程春龙等研究了在极端干旱地区胡杨各器官中酚类物质的变化规律与环境因子的相互作用关系，结果表明胡杨通过调节酚类次生代谢物质在体内的合成、转运和转化等过程来抵御极端干旱下各种环境因子的胁迫。

　　如果胡杨受到水分胁迫，其组织内部便会累积脯氨酸进行渗透调节，随后植株的保水能力增强；除此之外，脯氨酸还可以作为一种储氨形式防止游离氨的积累对胡杨造成损害，起到保护的作用。在逆境条件下，脯氨酸高浓度溶解性可降低细胞液中的盐浓度，减轻胡杨所遭受的盐胁迫。另外，胡杨体内活性氧的积累或其他过氧化物、自由基会伤害细胞膜，而内源脯氨酸可能具有清除活性氧的作用，以此防止胡杨细胞膜遭受伤害。

　　尽管胡杨显示了较强的耐干旱能力，但该物种的生长发育仍然离不开水。例如，当地下水位埋深为 4.42 m 时，胡杨生长已受到水分胁迫；但当地下水位埋深为 5.78～6.46 m 时，该树种受到中度水分胁迫，生长发育受到明显的抑制；而地下水位埋深为 8.89～9.74 m 时，胡杨受到重度水分胁迫，将面临死亡的威胁。

1.4 胡杨异形叶的研究现状

目前，国内外就胡杨异形叶的研究较多，陈庆诚等对胡杨的披针形叶和宽卵形叶进行了显微结构比较；Wang 等对胡杨的阔卵圆形叶和披针形叶的解剖结构、碳同位素分辨率（$\triangle^{13}C$）、气孔和光合特性等进行了研究；杨树德等分别对胡杨披针形叶和宽卵形叶的水分和矿质养分的渗透调节能力进行了研究，表明胡杨的宽卵形叶或卵圆形叶比披针形叶具有更强的抗逆境能力。Li 等探讨了胡杨 3 种典型叶（锯齿卵圆形、卵圆形和披针形叶）的解剖结构特征并对相应的生态适应性进行了讨论与分析；黄文娟等对位于新疆塔里木大学校园外人工种植胡杨的异形叶结构性状指标（叶片厚度、叶面积、比叶面积、叶片干重和干物质含量）和不同叶形叶片结构性状与叶形之间的关系进行了研究；白书农研究发现，模式植物拟南芥，其叶的形态结构变化可能与生长在叶腋内侧的芽的独特活动方式和方向有关；郑彩霞等对移植到北京的胡杨成年树的锯齿卵圆形、卵圆形和披针形 3 种形状叶片进行气孔及光合特性的测定，但移植胡杨并不能完全反映自然生境中其叶片的光合特性。胡杨的异形叶性是一种突出的生物学特性，是其长期以来适应各种恶劣生存条件的结果，是该物种特有的生态学适应性。

1.5 胡杨异形叶解剖结构特征的比较

目前，国内外胡杨叶片微观结构的研究较多。Saieed 对同一地区不同个体和不同地区不同个体之间胡杨叶形态特征的变化进行了研究。结果表明同一地区不同个体之间叶形结构存在较大差异；不同地区间的胡杨叶形结构差异相对较小，引起这种差异的主要原因是地区间环境条件的不同。其他学者对胡杨两种典型表现型（披针形和宽卵形）叶片进行叶解剖结构的研究，结果显示，两种叶形具有以下结构：发达的栅栏组织，退化的海绵组织，有较厚角质层的外表皮及皮下层，气孔下陷，具有孔下室结构，含较多的黏液细胞。这些典型特点均表现为显著的旱生结构特性，因此在结构特征上存在较大差异的是胡杨的披针形叶片和宽卵形叶片。有学者对两种形状的叶片的超微结构进行观察，发现宽卵形叶中叶绿体的形状由规则纺锤形逐渐变为不规则圆形或椭圆形，而规则纺锤形叶绿体正是披针形叶片所特有的；同时宽卵形叶叶绿体中淀粉含量有所减少，油含量大幅增加；类囊体在结构上的有序程度明显降低，导致结构模糊看不清楚；线粒体的数目及液泡中的膜状物质含量增多；在维管束的薄壁细胞中，含有更多的泡状物质。这些解剖结构特征都充分说明一点：宽卵形叶比披针形叶更具有抵抗逆境的能力。以上所有研究表明，胡杨异形叶发生变化是植物适应恶劣环境的一种特性。

1.6　胡杨异形叶生理生态特性的差别

国内外围绕胡杨叶形变化开展的胡杨生理生态方面的研究工作一直很多，如付爱红等对生长在塔里木河下游的胡杨进行统计，对其进行生态输水后，分析披针形叶和宽卵形叶的水势变化，结果表明，这两种叶片水势的日变化、月变化值均趋于稳定，反映出胡杨在自然环境中能够承受干旱胁迫。杨树德等以胡杨披针形叶和宽卵形叶作为研究的材料，对细胞内各种离子的含量、不同类型细胞内的离子分布情况、一些可溶性渗透调节物质的含量、液泡膜上 H^+-ATP 酶的活性指数进行了测定，最后对细胞内光合作用需要的酶的活性、稳定碳同位素分别进行了比较研究，结果显示，这两种叶片的碳同化方式是 C_3 途径①，但宽卵形叶的渗透调节能力强于披针形叶，宽卵形叶更具有抵抗逆境的能力，所以更能够满足植株在条件恶劣的干旱、高盐荒漠地区生存的条件。马剑英等对不同种群胡杨的披针形和宽卵形叶片进行稳定碳同位素特征研究，同时比较了两者的水分利用效率，得到的数据显示，胡杨叶片的 $\delta^{13}C$ 值为 $-29.81‰\sim$ 25.33‰，这更能说明胡杨属于 C_3 植物；而宽卵形叶片和披针形叶片的 $\delta^{13}C$ 值出现了显著差异，宽卵形叶片的 $\delta^{13}C$ 值相对于披针形叶片明显偏正，且平均偏正 2.08‰，这组数据说明胡杨宽卵形叶片的水分利用效率高于披针形叶；实验又测定了披针形叶片和宽卵形叶片中酚类物质的含量，数据差异不显著，表明酚类物质与胡杨叶形没有相关性，更加说明异形叶在通过酚类物质抵御体内和

---

① 植物光合作用中 CO_2 固定后生成的第一个稳定中间物为三碳化合物（3C），称这类植物为 C_3 植物，这种 CO_2 固定途径为 C_3 途径。

体外不利环境条件时发挥的作用基本相同。

邱箭对北京的胡杨 3 种叶形（披针形、卵圆形及锯齿卵圆形）的光合特性等一系列特征指标进行了研究。实验结果显示，随着 CO_2 浓度的增加，披针形叶和卵圆形叶逐渐表现出截然相反的生理变化，披针形叶片的光合作用时间明显缩短，光能利用效率降低；卵圆形叶片的光合作用时间则相对有所延长，光能利用效率提高；植株树体的生长，很难继续满足披针形叶片生长所需的各种营养及水分供应，于是引起叶形变化，出现卵圆形叶。卵圆形叶片更能抵御干旱的不利条件，光合作用效率较叶形变化之前高，光合作用产物的积累也明显增多，因此，胡杨可以在恶劣的逆境条件下存活，生长量也达到了较高水平，笔者推测这些就是胡杨从幼苗一直到成年，树叶形态发生变化的根源。整合胡杨相关领域的研究，可以认为，胡杨异形叶的出现是其对生态适应的一种极好表现。随着叶片由披针形逐渐演变为宽卵圆形，无论是光合性能、水分利用效率还是渗透调节能力，各项指标都表现出胡杨对干旱、高盐等恶劣条件极强的适应和生存能力。

第 2 章　塔里木河下游胡杨异形叶生理生态特征的对比研究

2.1　研究背景和意义

2.1.1　研究背景

胡杨属杨柳科（Salicaceae）杨属（*Populus*）植物，是杨属中最原始、最古老的物种之一，系古地中海残遗物种，也是亚洲中部荒漠区分布最广泛的乔木之一。1984 年，胡杨列入《中国珍稀濒危保护植物名录》，为三级保护植物种，1993 年 6 月被 FAO 林木基因资源组确定为全世界干旱和半干旱地区急需优先保护的林木基因资源之一。胡杨在我国主要集中分布在塔里木河两岸，它对稳定塔里木河流域的生态平衡、防风固沙、调节绿洲气候和森林土壤的形成具有十分重要的作用，是塔里木河流域农牧业发展的天然屏障。

从 20 世纪 50 年代中期至 70 年代中期的短短 20 年时间里，塔里木河流域的胡杨林面积由 52 万 hm^2 锐减至 35 万 hm^2，减少了近 1/3；在塔里木河下游，胡杨林面积更是减少了 70%。在幸存下来的胡杨林中，衰退林地占相当一部分比重。为挽救胡杨这一珍贵的植物资源，国内外学者就有关问题进行了多方面研究，这对推动塔里木河下游胡杨林抗逆性研究和恢复具有重要的意义，其中胡杨扩繁和保育问题的研究更是成为国内众多学者关注的焦点。

2.1.2　研究意义

叶片作为植物进行光合作用和呼吸作用的主要器官，其生长发育与周围环境密切相关。叶片是大部分植物暴露于大气环境中面积最大的器官，对环境因子如水分、温度、光照等的变化很敏感，可塑性大，随环境变化叶片往往在外部形态、叶厚度及内部解剖结构等方面表现出差异。因此，根据植物叶片的变化，我们可以了解植物的生长情况及所在地的环境变化规律，同时通过叶片特征分析还可以估算地下水位。

　　为了探讨不同区域不同叶形胡杨形态解剖结构以及不同形状叶片间的生理指标和光合特性对环境的适应性变化，本书在前人研究的基础上，利用胡杨同植株具有不同类型叶片这一特点，对塔里木河下游不同干旱区胡杨的锯齿卵圆形、卵圆形和披针形 3 种典型叶进行解剖，并对它们的光合特性和生理指标进行测定，以期进一步了解胡杨在原生境条件下的生理、生长特性，这可为研究环境变化对胡杨生存的影响提供一定的理论基础，同时为塔里木河胡杨林的保护提供重要的科学依据。

2.2　研究区概况

　　塔里木河下游位于新疆维吾尔自治区巴音郭楞蒙古自治州腹地、塔里木盆地东北缘，从尉犁县的恰拉水库到若羌县的台特玛湖，主河道长约 428 km，在塔克拉玛干沙漠和库鲁克沙漠之间，是我国最干旱的区域之一。该区域属暖温带大陆性、极端干旱的沙漠气候，具有以下特点：降水稀少、蒸发快，温差大，多风沙，日照时间长，光热资源丰富，生态环境十分脆弱。年平均气温 11℃，一年中有 265 天的气温大于 0℃，年平均降水量为 17.4～42.0 mm，而年蒸发量却高达 2 429～2 910 mm。

　　从 20 世纪 90 年代开始塔里木河下游 320 km 河道干涸断流，由于缺乏地表水的供给，地下水位开始大幅度下降，英苏断面地下水位埋深下降到 8～12 m，导致依靠地下水维系生存的天然植被大面积衰败，土壤盐渍化程度加剧，沙漠面积增加，生态环境变得十分脆弱。塔里木河下游的天然植物主要有胡杨、多枝柽柳（*Tamarix ramosissima*）、刚毛柽柳（*Tamarix hispida*）、黑果枸杞（*Lycium ruthenicum*）、芦苇（*Phragmites communis*）、骆驼刺（*Alhagi sparsifolia*）、罗布麻（*Apocynum venetum*）、花花柴（*Karelinia caspia*）、胀果甘草（*Glycyrrhiza inflata*）

等，构成了乔木、灌木和草本植物群落。胡杨是塔里木河下游乔木群落中的优势种，也是干旱和半干旱地区重要的林木基因资源组成之一。在塔里木河流域生态环境不断恶化的过程中，曾经颇为壮观的胡杨林遭受到了严重的破坏。尽管如此，塔里木河流域依然是世界上胡杨林分布面积最广、最集中的地区之一，也保存了较为完整的胡杨基因库。因此，胡杨林的保育工作是恢复和重建塔里木河下游绿色走廊重大工程的主要内容之一。

2.3 样地的设置

本书的研究区位于塔里木河下游的英苏、喀尔达依和吐格买来 3 个断面（表 2-1）。每个断面设立一个样地，每个样地选取不同的土质，且每个样地之间距离为 20 km（以 218 国道为距离样本）。英苏断面为 S1 样地，喀尔达依断面为 S2 样地，吐格买来断面为 S3 样地。

表 2-1 样地设计和环境调查

采样日期	样地	北纬（N）	东经（E）	海拔/m	温度/℃	相对湿度/%	土质类型（地下 3 m）	干旱程度
2012-07-20	英苏断面（S1）	40°25′40.7″	87°56′55.0″	822	25.4	39.4	黏土	低
2012-07-21	喀尔达依断面（S2）	40°22′07.8″	88°10′02.4″	823	27.8	33.4	黏土和沙土	中
2012-07-22	吐格买来断面（S3）	41°13′28.5″	88°14′49.4″	831	30.1	28.6	沙土	高

3 个样地周围植被及地下 3 m 土质各不相同。S1 样地周围植被有胡杨、柽柳、梭梭、花花柴、早旱生芦荟、黑果枸杞，地下 3 m 的土质为黏土。S2 样地周围植被有胡杨、柽柳、铃铛刺，地下 3 m 的土质为黏土和沙土。S3 样地周围植被有胡杨、柽柳，地下 3 m 的土质为沙土。

2.4　研究材料

塔里木河下游研究区每个样地选取生长正常、无病虫害，树龄 35～45 a，高 8～10 m 的 3 株胡杨树分别进行测量。这 3 株胡杨还应满足同时具有锯齿卵圆形叶、卵圆形叶和披针形叶的条件。

2.5　塔里木河下游胡杨 3 种异形叶解剖学特征研究

2.5.1　样品的测定

2.5.1.1　胡杨 3 种异形叶形态指标的测定

根据胡杨异形叶的叶片长和宽的比例，对叶片的形状进行划分，并选取具有代表性的成熟异形叶 30 片，放置于平的纸板上用直尺测量叶片长、宽和叶柄长，叶片的表面积及体积用 Epson Twain Pro 扫描仪测量，对所测数据进行统计分析。

2.5.1.2　常规石蜡切片制片

参照李和平和郑国铝制片技术，将取好的胡杨 3 种异形叶切成长约 5 mm 的小块儿，放入 FAA 固定液（5 mL 福尔马林、5 mL 冰醋酸、90 mL 70%酒精的混合液）处理 24 h 以上。由于胡杨异形叶的叶片表面具有蜡质层，在进行脱水之前要把固定好的叶片材料放在试管里用沸水煮，煮 10 min 把试管拿出来，自然冷却后，再放在沸水里煮 10 min，重复上述步骤 5 次，然后再进行以下流程。

（1）酒精脱水：依次用 85%的酒精（2 h）、95%的酒精（2 h）、100%的酒精（2 h）、100%的酒精（1 h）进行脱水。用 95%的酒精脱水时，小烧杯里开始出现类似蜡薄片的漂浮物。

（2）二甲苯透明：将脱水后的材料依次用 1/2 二甲苯+1/2 纯酒精（1 h）、二甲苯（1 h）、二甲苯（1 h）浸泡。

（3）低温渗蜡：将盛有二甲苯与材料的小烧杯盖上盖子置入 35℃恒温箱（24 h），每隔 10 min 加一些碎石蜡，直至饱和。

（4）高温渗蜡：在通风条件下熔化石蜡，根据石蜡的熔点（56℃），将完全熔化的石蜡置于事先调好温度（58℃）的温箱中保温 0.5 h，将上一步小烧杯中的二甲苯与石蜡混合液全部倒掉（注意保留材料），将熔化好的 56℃的石蜡液倒入盛有材料的小烧杯，不加盖子，置入 58℃的温箱 3 h，再换两次 56℃的纯石蜡液，每次放置 1 h。

（5）材料包埋：把渗透好的石蜡材料用纯石蜡封埋起来，结成蜡块便于切片，在包埋前准备好纸盒、酒精灯、铁三角架、石棉网、镊子、解剖针、脸盆、牛皮纸。

（6）切片：使用石蜡切片机把蜡块连同材料切成薄片（厚度 10～12 μm），具体步骤如下。

蜡块的修正与黏附：取蜡块用解剖刀把蜡块修正成宝塔式样，用解剖刀在酒精灯上加热，把蜡块迅速粘附在载物块上，两者粘牢后，夹到切片机上，安装切片刀和调节切片厚度。

切片时手摇切片机摇柄，左手持毛笔接蜡带，摇转速度以 40～50 r/min 为宜，切下的蜡带刀口面向下放在黑色光纸上。

（7）粘片：取干净载玻片，滴很小一滴黏液于中央偏左，用右手手指涂抹几下，再滴上一滴蒸馏水，用镊子把蜡带放在水滴上，在酒精灯上加热使蜡带平展后放在 37℃温箱中，等其完全干燥后即可进行脱蜡染色。

（8）脱蜡染色：将上一步骤处理后的材料依次用二甲苯（20 min）、二甲苯（1 h）、1/2 二甲苯+1/2 纯酒精（10 min）、纯酒精（10 min）、95%酒精（10 min）、85%酒精（10 min）、85%酒精配的 1%番红溶液（5 h；37℃）、85%酒精（30 s）、95%酒精（30 s）、95%固绿酒精溶液（40 s）浸泡，然后迅速用 95%酒精分色，用纯酒精脱水 5 min，依次用 1/2 二甲苯+1/2 纯酒精（10 min）、二甲苯（10 min）、二甲苯（10 min）浸泡。

（9）封片：完成上述过程后，取出玻片迅速滴一小滴光学树脂，盖上玻片（树脂胶不能滴太多，盖片时要轻放，不能有气泡产生），平放在 35℃温箱中 24 h（在12 h 后观察封片，如果材料未完全封好，可以继续补封）。

将制好的切片材料在 Olympus BX51 显微镜下观察。选择结构完整具有代表性的切片进行拍照，在拍照的同时记录叶片的横切面特征。用 Digimizer V3.1.1.0 测量软件测量叶片厚度、角质层厚度、表皮细胞厚度、栅栏组织厚度，每项观察记录 30 个视野的数据，并计算平均值。

2.5.2   数据分析

用电子表格软件 Microsoft Office Excel 对所测指标进行数据处理，用统计分析软件"统计产品与服务解决方案"（SPSS）进行数据分析，用邓肯氏新复极差法（DMRT）进行显著性分析，利用图像处理软件 Adobe Photoshop 8.0 对解剖图片进行编辑和标记。

2.5.3   结果与讨论

2.5.3.1   胡杨异形叶的外在形态特征及变化

塔里木河下游胡杨叶的叶形是变化多端的，从披针形逐渐过渡到锯齿卵圆形，叶片渐渐地变宽变短了，并且叶子的边缘出现了钝状锯齿，叶柄长度也变长了，并由三棱圆柱形变为扁圆柱形。根据叶片长度和宽度的比例及叶边缘特征，将胡杨成年树上的叶片划分为锯齿卵圆形、卵圆形和披针形 3 种典型形状（图 2-1）。

图 2-1   胡杨锯齿卵圆形、卵圆形、披针形叶片

对塔里木河下游胡杨树进行整体观察，发现几种异形叶在树冠上的分布位置不同，锯齿卵圆形或卵圆形叶片主要分布在树冠的中上部，并且数量最多，而披针形叶片则主要分布在胡杨树冠的下部。由表 2-2 可知，锯齿卵圆形的平均单叶长度最短，披针形的平均单叶长度最长，而卵圆形叶则居中。叶片变宽可以有效地增大叶片与大气温度之间的差异，能降低叶片温度，减少高温对叶片的胁迫。叶片在干旱环境下，会缩小叶面积和体积以减少蒸腾，增大叶片厚度，提高储水能力并减小因缩小叶面积和体积而损失的光合作用影响，同时叶面积/叶体积的值增大，叶片肉质化程度提高。由这 3 种典型异形叶片的表面积和体积的测量结果（表 2-2）可以看出，锯齿卵圆形叶的平均单叶表面积和体积最大，卵圆形和披针形叶的平均单叶表面积和体积都明显小于锯齿卵圆形叶，叶片表面积和体积的比值则为卵圆形叶最大。3 种异形叶的叶柄长度变化也很明显（图 2-1 和表 2-2），叶柄长度随着叶片变短变宽而逐渐增长，有的锯齿卵圆形叶的叶柄长几乎与叶片等长。叶柄长度增加可以很好地调整叶片的伸展方向，避免直射的阳光对叶片造成伤害，并且较长的叶柄更容易使叶片摇晃和摆动，增大叶表面的风速从而降低叶片温度，减少蒸腾作用导致的大量失水。随着胡杨叶片形状由披针形向锯齿卵圆形变化，叶片宽度变宽、叶面积增大、叶表面积和体积的比值提高（披针形叶到卵圆形叶）并且叶柄变长，这样可以让塔里木河下游胡杨叶片更加适应干旱环境。在水分缺乏且光照强度较强的塔里木河下游地区，胡杨树冠上部的叶片受光线和水分的胁迫程度大于树冠下部的叶片，因此胡杨树冠中上部主要分布锯齿卵圆形和卵圆形叶片，这是对塔里木河下游干旱环境的一种适应。

表 2-2　胡杨异形叶形态结构指标

结构指标 ＼ 叶片形状	锯齿卵圆形	卵圆形	披针形
长/cm	6.23±0.05	6.52±0.03	10.89±0.41
宽/cm	5.82±0.08	3.71±0.09	1.46±0.08
叶柄长/cm	5.37±0.15	3.00±0.01	0.78±0.05
叶柄长/叶长	0.86±0.02	0.46±0.01	0.07±0.01
表面积/cm^2	78.29±0.32	51.66±0.05	30.86±0.13
体积/cm^3	42.30±0.31	20.95±0.09	16.71±0.11
表面积/体积/（cm^2·cm^{-3}）	1.85±0.01	2.47±0.01	1.85±0.01

注：表中数据格式为均值±均值标准误差。下同。

2.5.3.2 胡杨异形叶的解剖结构特征

由图 2-2 可知，锯齿卵圆形叶除有主叶脉外，还有小叶脉，而且很发达，分布均匀且明显；角质层较厚；栅栏组织发达，在叶两面均有分布，细胞排列紧密且比较"粗壮"；海绵组织弱化，主要在叶片横切面的中部呈单层非连续分布。卵圆形和披针形叶有明显的主叶脉，叶肉细胞排列不紧密；栅栏细胞大小不是特别均一，排列较为整齐，但不是特别紧密。

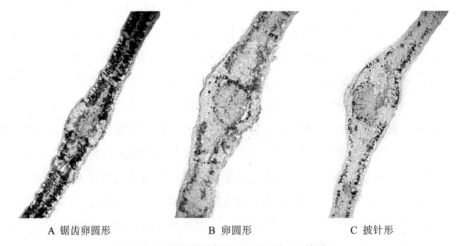

A 锯齿卵圆形   B 卵圆形   C 披针形

图 2-2　胡杨异形叶叶片的横切（40 倍镜）

由图 2-3 可知，胡杨异形叶表皮有角质层和排列十分紧密的表皮细胞；叶片的近轴面和远轴面都有栅栏组织，在栅栏组织之间有海绵组织，呈不均匀分布；气孔下陷，具有孔下室；有大量的晶簇及结晶在锯齿卵圆形叶叶肉中（图 2-3 A 和图 2-3 D），黏液细胞主要分布在卵圆形和披针形叶的叶脉韧皮部和维管束鞘中、薄壁细胞之间（图 2-3 B 和图 2-3 C）；主叶脉为双韧维管束，具维管束鞘，机械组织发达。因此，塔里木河下游胡杨异形叶叶片具有典型的旱生结构特征。

锯齿卵圆形叶片的角质层厚度和表皮细胞厚度最大，下皮层结构发达，由体积较大的薄壁细胞组成，而卵圆形和披针形叶片的角质层厚度和表皮细胞厚度较小（表 2-3）。角质层和表皮细胞能够减少叶片水分的散失，下皮层细胞能够提高叶片的储水能力，使之更好地适应干旱环境。因此，锯齿卵圆形叶角质层厚度和表皮细胞厚度最大，发达的下皮层结构，是对干旱环境的适应的表现。

表 2-3　胡杨异形叶解剖结构显微观测　　　　　　　单位：μm

结构指标 \ 叶片形状		锯齿卵圆形	卵圆形	披针形
近轴面	叶片厚度	294.90 ± 3.75^a	262.51 ± 1.71^b	192.38 ± 0.62^c
	表皮细胞厚度	25.01 ± 0.50^a	16.53 ± 0.70^b	12.37 ± 0.31^c
	角质层厚度	3.82 ± 0.02^a	3.49 ± 0.02^b	2.55 ± 0.03^c
	栅栏组织厚度	81.28 ± 0.34^a	82.74 ± 0.28^a	63.18 ± 0.60^b
远轴面	表皮细胞厚度	22.57 ± 0.49^a	13.79 ± 0.27^b	10.55 ± 0.22^c
	角质层厚度	3.76 ± 0.04^a	3.34 ± 0.03^b	2.19 ± 0.04^c
	栅栏组织厚度	85.39 ± 0.70^a	82.08 ± 0.05^b	61.52 ± 0.33^c

注：不同小写字母代表在 $P<0.05$ 水平下的统计差异显著性。下同。

对比胡杨不同形状叶片横切面的显微图片发现，叶片两面均有表皮细胞和多层排列紧密的栅栏组织，表明胡杨叶片为等面叶，这种构造的产生一般与叶片接受了均匀的光照有关，与异面叶相比能够更加合理高效地利用散射光，叶等面是典型的旱生结构。披针形叶上、下表皮细胞只有一层是连续分布的，第二层表皮细胞呈不连续分布状态；但在锯齿卵圆形叶和卵圆形叶中，上、下表皮细胞均为两层连续分布（图 2-3 D～图 2-3 F）。

再从叶脉横切面来看，披针形叶叶脉有维管束，机械组织发达，即厚角组织和薄壁组织细胞层数多（图 2-3 C），而在锯齿卵圆形叶和卵圆形叶的叶脉中，叶脉出现了双维管束甚至三维管束现象（图 2-3 A 和图 2-3 B），而且维管束中木质部所占比例也比披针形叶大。维管组织有机械支持和水分输送两种功能，木质部的分化量越大其机械支持力和输水能力就越强，叶片抵抗逆境的能力就越强。

与锯齿卵圆形和卵圆形叶相比披针形叶片的栅栏组织变薄，栅栏细胞排列紧密度降低，叶片变薄；异形叶片的近轴面及远轴面均分布有长条状、紧密排列的栅栏细胞（表 2-3；图 2-3）。因为栅栏组织的发育程度与叶片肉质化程度有关，所以是叶片旱生结构的指标之一，栅栏组织发达而海绵组织弱化，有利于光合作用，表现了植物的抗旱适应性。因此，从叶肉细胞的结构来讲，锯齿卵圆形和卵圆形叶比披针形叶的旱生适应性更强。

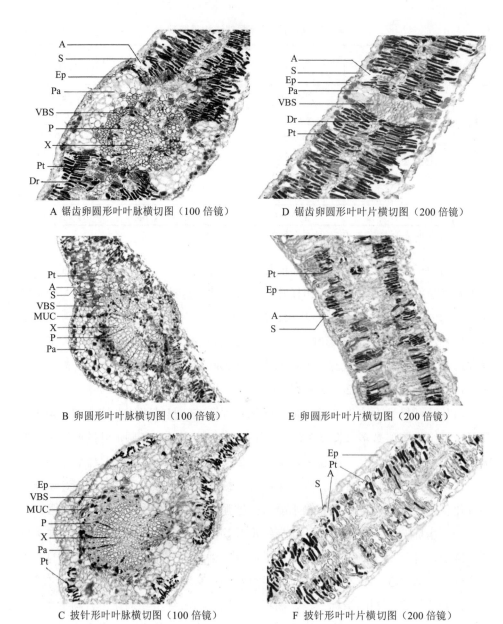

A 锯齿卵圆形叶叶脉横切图（100倍镜）　　D 锯齿卵圆形叶叶片横切图（200倍镜）

B 卵圆形叶叶脉横切图（100倍镜）　　E 卵圆形叶叶片横切图（200倍镜）

C 披针形叶叶脉横切图（100倍镜）　　F 披针形叶叶片横切图（200倍镜）

图 2-3　胡杨异形叶叶片解剖结构

A—气腔；S—气孔；P—韧皮部；X—木质部；Ep—表皮细胞；Pt—栅栏组织；

Pa—薄壁组织；Dr—晶簇；MUC—黏液细胞；VBS—维管束鞘

植物细胞中的晶簇和黏液细胞，可能起到降低叶片蒸腾作用、减少有害物质浓度的作用，这是叶片对干旱环境的另一种适应。由图 2-3 可知锯齿卵圆形叶的叶脉周围细胞中存在大量的晶簇，而卵圆形和披针形叶的叶脉中有丰富的黏液细胞，这可能与异形叶采用不同的方式来适应干旱环境有关。

2.6　塔里木河下游胡杨 3 种异形叶的光合特性研究

2.6.1　光合指标的测定

利用便携式光合作用测定仪进行活体测量，测定胡杨 3 种异形叶的净光合速率（P_n）、气孔导度（G_s）、胞间 CO_2 浓度（C_i）、蒸腾速率（T_r）等光合生理生态指标。选择晴朗天气，在自然气象状态下每天于北京时间 08：00—20：00 进行测定，每 2 h 测定一次。将枝条拉至同一高度（距地面约 1.7 m）进行活体测定，在每棵树的不同叶形中各选 3 片功能叶（在树冠阳面），每片叶重复 5 次，即同类型叶片重复测定次数为 15 次；3 种异形叶的日变化取 3 天的平均值。

用叶绿素测定仪测定胡杨 3 种异形叶的叶绿素相对含量（SPAD）。

2.6.2　数据分析

用电子表格软件 Microsoft Office Excel 对所测指标进行数据处理，用统计分析软件 SPSS 进行方差分析，用 DMRT 进行显著性分析，并用绘图软件 Origin 作图。

2.6.3　结果与分析

2.6.3.1　胡杨 3 种异形叶的 P_n 日变化

如图 2-4 所示，胡杨 3 种异形叶 P_n 的日变化存在明显差异但均呈单峰曲线，在 14：00 达最大值，此时卵圆形叶 P_n 为 36.72 $\mu mol \cdot m^{-2} \cdot s^{-1}$，锯齿卵圆形叶为 35.71 $\mu mol \cdot m^{-2} \cdot s^{-1}$，披针形叶为 31.85 $\mu mol \cdot m^{-2} \cdot s^{-1}$，随后 3 种异形叶的 P_n 随时间的递增而逐渐减少。在自然状态下，3 种异形叶在各时间点的 P_n 均表现为卵圆形叶＞锯齿卵圆形叶＞披针形叶，且卵圆形叶和锯齿卵圆形叶的 P_n 日均值明显高于披针形叶，说明卵圆形叶和锯齿卵圆形叶的光合作用效率相对较高，具有较强的生存能力。

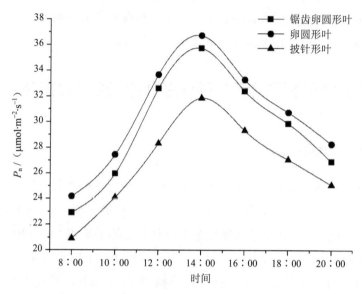

图 2-4　胡杨异形叶的 P_n 日变化

2.6.3.2　胡杨 3 种异形叶的 T_r 日变化

如图 2-5 所示，胡杨 3 种异形叶 T_r 的日变化趋势与 P_n（图 2-4）极为相似，也呈单峰曲线但整体变化幅度相对较小，自然状态下的各时间点 T_r 依次为卵圆形叶＞锯齿卵圆形叶＞披针形叶，对应的 3 种异形叶在 14：00 达到最大值，T_r 分别为 9.36 mmol·m^{-2}·s^{-1}、8.46 mmol·m^{-2}·s^{-1}、6.04 mmol·m^{-2}·s^{-1}，说明胡杨卵圆形叶和锯齿卵圆形叶片表现出较强的抗旱性。

2.6.3.3　胡杨 3 种异形叶的 G_s 日变化

如图 2-6 所示，胡杨 3 种异形叶中卵圆形叶和锯齿卵圆形叶的 G_s 日变化曲线为双峰曲线，而披针形叶为单峰曲线；其中卵圆形和锯齿卵圆形叶的 G_s 在 12：00 达最大值，而披针形叶的 G_s 在 14：00 左右达到峰值，卵圆形叶、锯齿卵圆形叶和披针形叶的 G_s 日变化最大值分别为 0.41 mol·m^{-2}·s^{-1}、0.37 mol·m^{-2}·s^{-1}、0.27 mol·m^{-2}·s^{-1}，且各时间点（除 13：30—14：30 外）的 G_s 表现为卵圆形叶＞锯齿卵圆形叶＞披针形叶，这可能说明卵圆形叶和锯齿卵圆形叶对水分的要求较高。

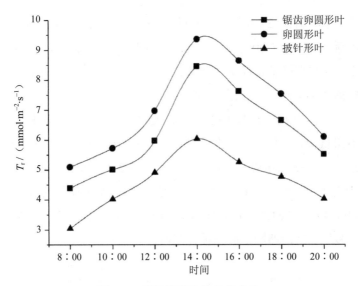

图 2-5　胡杨异形叶的 T_r 日变化

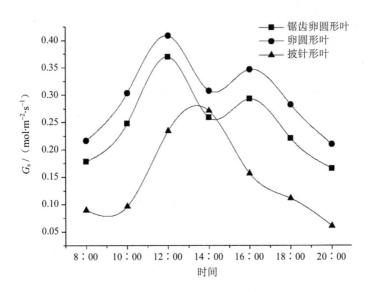

图 2-6　胡杨异形叶的 G_s 日变化

卵圆形叶和锯齿卵圆形叶的 G_s 日变化为双峰曲线可能是因为两者的光合作用效率较高，随着气温与光照的升高，叶片气孔逐渐扩大，G_s 不断增加，12：00

左右形成第 1 个峰值；12：00—14：00 温度进一步升高，受高温刺激，气孔渐渐关闭，G_s 逐渐减少，14：00 形成一个低谷，出现光合作用"午休"现象；14：00 之后，叶片气孔重新开放，G_s 先增加后减少，大约 16：00 形成第 2 个峰值。

2.6.3.4　胡杨 3 种异形叶的 C_i 日变化

如图 2-7 所示，胡杨 3 种异形叶的 C_i 日变化大体走向呈先降低后升高的趋势，14：00 达到最低值，随后开始逐渐上升，16：00—18：00 温度下降到叶片比较适应的值，之后 C_i 有回升趋势。因此，C_i 与 P_n（图 2-4）基本呈负相关。卵圆形叶、锯齿卵圆形叶和披针形叶 C_i 日变化峰值出现在测量时段的 8：00，分别为 298.88 μmol·m^{-2}·s^{-1}、261.29 μmol·m^{-2}·s^{-1}、190.01 μmol·m^{-2}·s^{-1}，且各时间点的 C_i 依次为卵圆形叶＞锯齿卵圆形叶＞披针形叶。

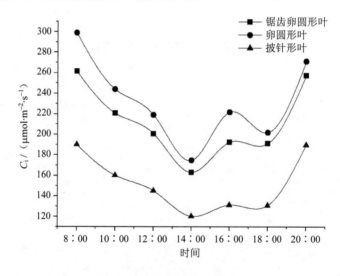

图 2-7　胡杨异形叶 C_i 日变化

2.6.3.5　S1、S2、S3 样地对胡杨 3 种异形叶的 P_n、T_r、C_i、G_s 日变化最大值的影响

如图 2-8 A 所示，胡杨 3 种异形叶 S1—S3 样地 P_n 日变化最大值均呈下降趋势，且呈现显著性差异。其中锯齿卵圆形叶在 S1—S3 样地的 P_n 日变化最大值分别为 43.91 μmol·m^{-2}·s^{-1}、41.20 μmol·m^{-2}·s^{-1} 和 22.07 μmol·m^{-2}·s^{-1}。与 S1 样地胡杨锯齿卵圆形叶的 P_n 日变化最大值相比，S2、S3 样地胡杨锯齿卵圆形叶 P_n 日变

化最大值分别下降了 6.17%、49.74%；与 S1 样地胡杨卵圆形叶 P_n 日变化最大值相比，卵圆形叶分别下降了 5.07%、47.03%；与 S1 样地胡杨披针形叶 P_n 日变化最大值相比，披针形叶分别下降了 16.25%、47.95%。与样地间 P_n 日变化最大值变化相反，如图 2-8 B 所示，3 种异形叶从 S1 到 S3 样地的 T_r 日变化最大值呈增加趋势，且 S2 样地与 S1、S3 样地的数据差异不显著，其中锯齿卵圆形叶、卵圆形叶和披针形叶的 S3 样地比 S1 样地的 T_r 日变化最大值分别增长了 92.92%、105.43% 和 100.44%。

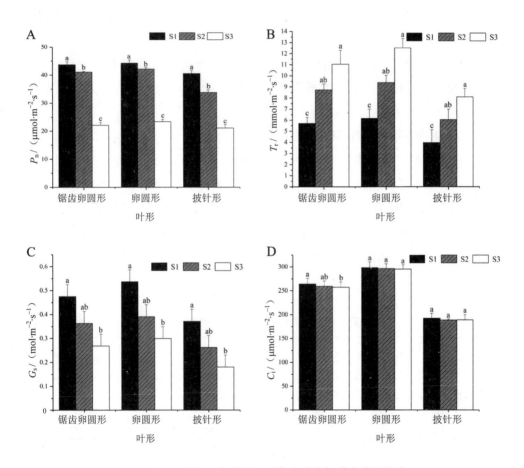

图 2-8　不同样地对胡杨异形叶各光合指标最大值的影响

注：不同小写字母代表在 $P<0.05$ 水平下的统计差异显著性。下同。

如图 2-8 C 所示，样地间胡杨 3 种异形叶的 G_s 日变化最大值的变化规律与 P_n 基本一致，但 G_s 日变化最大值仅在 S1 和 S3 样地存在显著性差异，S2 样地与 S1、S3 样地的数据差异不显著，且锯齿卵圆形叶、卵圆形叶和披针形叶的 G_s 日变化最大值 S3 比 S1 样地分别下降了 43.44%、44.37% 和 51.15%。如图 2-8 D 所示，锯齿卵圆形叶 C_i 日变化最大值在 S1 和 S3 样地间差异显著，且 S3 比 S1 样地下降了 2.68%，S2 样地与 S1、S3 样地间所测数据差异均不显著。卵圆形叶和披针形叶 C_i 日变化最大值在各样地基本保持在一个恒定的水平。S3 样地的卵圆形叶和披针形叶 C_i 日变化最大值并未随着 G_s 的变化而减少，这可能说明 G_s 下降并没有限制外界 CO_2 进入细胞间隙。

由以上结论可知，S1 和 S2 样地的土壤含水量较高，相比 S3 样地更适宜胡杨生长；而 S3 样地的土壤水量较低，环境被破坏严重，土地沙漠化较严重，不太适合胡杨生长。

2.6.3.6 胡杨 3 种异形叶 SPAD 的变化

由表 2-4 可知，样地间 3 种异形叶的 SPAD 都存在显著性差异，且与 S1 样地相比，S2、S3 样地锯齿卵圆形叶的 SPAD 分别下降了 16.52%、28.29%；与 S1 样地相比，S2、S3 样地卵圆形叶 SPAD 分别下降了 13.96%、22.66%；与 S1 样地相比，S2、S3 样地披针形叶 SPAD 分别下降了 9.73%、32.31%。由此推测，土壤水分的降低可能会引起叶片叶绿素含量发生变化，且水分越少，叶绿素含量越低。

表 2-4　各样地间胡杨异形叶的 SPAD 变化　　　　　　单位：$\mu g \cdot g^{-1}$

样地 ＼ 叶形	锯齿卵圆形	卵圆形	披针形
S1	44.85 [a]	45.55 [a]	42.86 [a]
S2	37.44 [b]	39.19 [b]	38.69 [b]
S3	32.16 [c]	35.23 [c]	29.01 [c]

2.6.4　小结

光合作用对植物生长和抗逆都具有十分重要的影响，因此，常作为判断植物生长状态和抗逆性的指标。试验结果显示，胡杨 3 种异形叶的 P_n 和 T_r 的日变化曲线均呈单峰曲线，而且 3 种异形叶的 T_r 日变化趋势与 P_n 相似，都没有明显的光合作用"午休"现象；3 种异形叶 P_n 增加均伴随着 C_i 降低，即两者的变化呈负相关，说明胡杨叶片光合作用的变化主要受非气孔限制因素的影响。白雪等对北京的移植胡杨的研究表明，胡杨锯齿卵圆形和披针形叶的 G_s 的日变化均为单峰曲线，峰值分别在 11：00 和 13：00 出现。本试验结果中胡杨锯齿卵圆形和卵圆形叶的 G_s 日变化则呈双峰曲线，出现光合作用"午休"现象，且在 12：00 和 16：00 分别出现峰值，披针形叶呈单峰曲线，峰值在 14：00 出现；这可能是北京和新疆有时差，且新疆的日照时间长、温差大等因素造成的，关于这方面的研究还需要进一步的探索。

除 13：30—14：30 锯齿卵圆形和披针形叶 G_s 的数据稍有不同外，胡杨 3 种异形叶的 P_n、T_r、G_s、C_i 日变化均值在各测定时间点依次为卵圆形叶＞锯齿卵圆形叶＞披针形叶，这可能是由于锯齿卵圆形叶和卵圆形叶在树体上占据较有利的位置，能以较大的叶表面积进行光合作用，且由于二者叶表面覆盖较厚的蜡质和角质层，这有利于减少水分蒸腾，两者生存能力较强；而披针形叶的光合速率较低，仅处于一种维持一般生长的状态。黄振英等在对新疆沙生植物的研究中揭示，一般情况下沙生或旱生植物会通过减小叶片面积来保持水分，减少蒸腾。本书对胡杨的研究结果却与此不同：因披针形叶所提供的营养难以维持树体生长的需求，所以出现了具有耐干旱、保水性强、叶表面积较大等特点的锯齿卵圆形叶和卵圆形叶，这样既提高了光合效率，同时也降低了水分蒸腾作用，使整体的水分利用效率升高，有利于植株在恶劣生境下的生长和繁殖。

从对不同样地胡杨异形叶的 P_n、T_r、G_s 日变化最大值特征比较（图 2-8）和 SPAD（表 2-4）变化的研究结果来看，随着温度升高和干旱程度增大，胡杨异形叶 P_n 急剧下降，并且 G_s 和 SPAD 也下降，说明温度和干旱胁迫会对 3 种异形叶的 P_n、G_s 和 SPAD 产生抑制。在高温干旱条件下（S3 样地），胡杨异形叶可在一定程度上通过气孔的主动调节来适应不利环境：因 G_s 减小可能限制了 T_r 增加的程度，从而抑制了由蒸腾引起的叶片水分胁迫的加剧，而增加一定程度的气孔开度，又可以通过蒸腾带走多余的热量，减少高温对叶片的伤害，这可能是样地间 3 种异形叶的 T_r 与 P_n、G_s 呈负相关的原因。这可能说明，随着干旱环境的变化，胡杨异形叶可通过气孔运动调节光合作用中 CO_2 的吸收和蒸腾作用中的水分散失，以度过严酷的干旱季节。Farquhar 等指出如果光合速率的降低伴随着 G_s 和 C_i 的降低，则说明 G_s 降低限制了外界 CO_2 通过气孔进入细胞间隙，降低了光合速率，属于气孔限制。而本试验对不同样地 C_i 的研究发现，随样地变化卵圆形叶和披针形叶光合速率降低而 C_i 却保持恒定，原因很可能是气孔发生了不均匀关闭。

由此可知，胡杨披针形叶的光合特性可能与水分供应状况密切相关；3 种叶形都对干旱条件具有一定的适应性，相对而言，锯齿卵圆形和卵圆形叶具有更强的适应干旱等不利生境的能力，更有利于胡杨在盐碱化荒漠中生存。对不同干旱区胡杨异形叶的光合特性进行研究，可以进一步了解胡杨在原生境条件下的生理生长特性，为研究环境变化对胡杨生存的影响提供一定的理论基础，同时为塔里木河流域胡杨林的保护提供重要的科学依据。

2.7 塔里木河下游胡杨 3 种异形叶生理指标的研究

2.7.1 样品测定

2.7.1.1 丙二醛（MDA）含量的测定

参照周祖富等的方法取剪碎的植物叶片 0.5 g，加少量石英砂和 10%三氯乙酸（TCA）5 mL（分两次加入），研磨至匀浆，之后将匀浆在转速 4 000 $r·min^{-1}$ 条件下离心 10 min；取上清液 2 mL，对照则加蒸馏水 2 mL，然后各自再加入 5 mL 0.6%硫代巴比妥酸（TBA）溶液，摇匀后放入沸水水浴反应 15 min，冷却后再离心一次取上清液；分别测定上清液在 450 nm、532 nm 和 600 nm 处的吸光度（A）值。按式 2-1 算出 MDA 的含量。

$$MDA含量（\mu mol·g^{-1}）=\frac{提取液中MDA浓度（\mu mol·mL^{-1}）×提取液总体积（mL）}{样品鲜重（g）}$$

$$(2\text{-}1)$$

2.7.1.2 过氧化物酶（POD）活性的测定

参照周祖富和李合生等的方法称取剪碎的植物叶片 1 g，置于已冷冻过的研钵中，加入少量石英砂和 5 mL（分两次加）预冷的 0.1 $mol·L^{-1}$ 磷酸缓冲盐溶液（PBS） （pH 为 7.0），研磨成匀浆，然后倒入离心管，4 000 r·min^{-1} 离心 15 min，上清液即为粗酶提取液，将其倒入小试管低温放置、备用。

吸取反应液 3 mL 于试管中，加入酶提取液 0.03 mL（视酶活性可增减加入量），迅速摇匀后倒入光径 1 cm 的比色皿中，以未加酶液的反应液（含 PBS）为空白对照，在波长 470 nm 处，以时间扫描方式，测定 3 min 内吸光度（A_{470}）值变化。以每分钟吸光度值减少 0.01（ΔA_{470}）为 1 个酶活性单位（U），即

$$POD 活性（U \cdot g^{-1} \cdot min^{-1}）= \frac{\Delta A_{470} \times 酶提取液总体积（mL）}{样品鲜重（g）\times 测定时酶液用量（mL）\times 0.01 \times 反应时间（min）} \quad (2-2)$$

2.7.1.3　过氧化氢酶（CAT）活性的测定

参照高俊凤的方法取剪碎的植物叶片 1 g，置于预冷的研钵中，加少量石英砂和 5 mL（分两次加）预冷的 0.05 mol·L^{-1} PBS（pH 为 7.8）溶液，研磨至匀浆，然后将其倒入离心管，在 4℃条件下，以 4 000 r·min^{-1} 的转速离心 20 min，分离的上清液为酶提取液，4℃保存备用。

吸取 5 mL 反应液并加入 0.1 mL 酶液，以 5 mL 反应液加入 PBS 为对照调零，而后测定波长 240 nm 下的吸光度（A_{240}）值，每 20 s 读数 1 次，共测 3 min。以每分钟吸光度值减少 0.01（ΔA_{240}）为 1 个酶活性单位（U），即

$$CAT 活性（U \cdot g^{-1} \cdot min^{-1}）= \frac{\Delta A_{240} \times 酶提取液总体积（mL）}{0.01 \times 测定时酶液用量（mL）\times 反应时间（min）\times 样品鲜重（g）} \quad (2-3)$$

2.7.1.4　超氧化物歧化酶（SOD）活性的测定

参照李合生的方法取剪碎的植物叶片 1 g，置于预冷的研钵中，加 5 mL（分两次加）预冷的 0.05 mol·L^{-1} PBS（pH 为 7.8）溶液，研磨至匀浆，然后将其倒入离心管，在 4℃条件下，以 4 000 r·min^{-1} 的转速离心 20 min，分离得到的上清液为酶提取液，4℃下保存备用。用 PBS（pH 为 7.8）溶液作为对照。

吸取 0.03 mL 酶提取液和 3 mL 反应液于试管中，于 4 000 lx 光照下反应 20 min，在波长 560 nm 处测定其吸光度（A_{560}），且以抑制氯化硝基四氮唑蓝（NBT）光还原 50% 为一个酶活性单位（U），即

$$\text{SOD 活性}(U \cdot g^{-1}) =$$

$$\frac{(\text{对照管吸光度} - \text{样品管吸光度}) \times \text{酶提取液总体积}(\text{mL})}{0.5 \times \text{对照管吸光度} \times \text{样品鲜重}(g) \times \text{测定时酶液用量}(\text{mL})} \quad (2\text{-}4)$$

2.7.1.5 叶绿素含量的测定

采用丙酮提取分光光度法：

（1）准确称取已经剪碎的新鲜植物叶片 0.2 g，做 3 组重复，分别放入研钵，再向研钵中放入少量的石英砂、碳酸钙粉以及质量分数为 80%的丙酮 2～3 mL，仔细研磨成匀浆。

（2）再向研钵加入 80%丙酮 10 mL，持续研磨直到植物叶片组织变成白色，静置 3～5 min。

（3）取滤纸 1 张，置于漏斗中，用乙醇将其湿润固定在漏斗壁上，再沿着玻璃棒将已经制备好的提取液缓缓倒入漏斗，过滤到 25 mL 棕色容量瓶中，最后再用少量的乙醇冲洗用过的研钵、研磨棒及玻璃棒数次，将所有的混合溶液一同倒入漏斗。

（4）用吸有乙醇的滴管将滤纸上残留的叶绿素全部冲洗到容量瓶中。一直冲到滤纸和混合液中没有绿色为止。最后用乙醇将溶液定容到 25 mL，混合摇匀。

（5）把叶绿素的提取液慢慢倒入光径为 1 cm 的比色皿，同时以装有 25 mL 80%丙酮的比色皿为空白对照，在波长 645 nm 和 663 nm 处连续测定光密度值（OD）。按式（2-5），式（2-6），式（2-7）计算出叶绿素 a 的质量浓度（C_a）和叶绿素 b 的质量浓度（C_b）。

$$C_a(\text{mg/L}) = 12.7\text{OD}_{663} - 2.69\text{OD}_{645} \quad (2\text{-}5)$$

$$C_b(\text{mg/L}) = 22.9\text{OD}_{645} - 4.68\text{OD}_{663} \quad (2\text{-}6)$$

$$C_T(\text{mg/L}) = C_a + C_b = 8.02\text{OD}_{663} + 20.21\text{OD}_{645} \quad (2\text{-}7)$$

2.7.1.6 可溶性糖（SS）含量的测定

参照李合生的蒽酮比色方法，称取剪碎的植物叶片 1 g，加入蒸馏水 100 mL，塑料薄膜封口，于沸水中提取 20 min，吸取 1 mL 提取液于试管中，加入 10 mL 蒽酮试剂和 5 mL 蒸馏水充分振荡，冷却；以空白管作对照，在 620 nm 波长处测吸光度（A_{620}）。通过标准曲线查出测定液中 SS 含量，然后按式 2-8 计算出样品中的 SS 含量。

$$SS \text{ 含量（\%）} = \frac{\text{标准曲线上查得 SS 含量（μg）} \times \dfrac{\text{提取液总量（mL）}}{\text{测定时提取液用量（mL）}}}{\text{样品鲜重（g）} \times 10^{6}} \times 100\%$$

（2-8）

2.7.1.7　脯氨酸（Pro）含量的测定

参照李合生的方法，取剪碎的植物叶片 1 g，置于预冷的研钵中，加入 5 mL（分两次加）3%磺基水杨酸溶液，管口用塑料膜封口，于沸水浴中浸提 10 min。取出试管，待冷却至室温后，吸取上清液 2 mL，加 2 mL 冰乙酸和 2 mL 2.5%酸性茚三酮显色液，于沸水浴中加热 30 min，取出冷却后加入 4 mL 甲苯充分振荡，以萃取红色物质。静置待分层后吸取甲苯层，在波长 520 nm 处测定吸光度（A_{520}）值。从标准曲线中查出测定液 Pro 含量，然后按式 2-9 计算出样品 Pro 含量。

$$Pro \text{ 含量（μg·g}^{-1}） = \frac{\text{标准曲线中查得的脯氨酸含量（μg）} \times \text{提取液总量（mL）}}{\text{样品鲜重（g）} \times \text{测定时提取液用量（mL）}}$$

（2-9）

2.7.1.8　可溶性蛋白质（Pr）含量的测定

参照李合生的考马斯亮蓝方法，称取剪碎的植物叶片 1 g，置于预冷的研钵中，加入 5 mL（分两次加）0.05 mol·L^{-1}（pH 为 7.8）的三羟甲基氨基甲烷-盐酸（Tris-HCl）提取液，快速研磨至匀浆，在 4℃条件下，以 4 000 r·min^{-1} 的转速离心 20 min，分离的上清液即为 Pr 提取液，4℃下保存备用。

吸取提取液 0.1 mL，放入具塞试管，加入缓冲液 0.9 mL，空白对照只加入 Tris-HCl 溶液 1 mL，再分别加入 5 mL 考马斯亮蓝 G-250 染色液，摇匀，在 595 nm 波长处测定吸光度（A_{595}）值。通过标准曲线查出测定液中的蛋白质含量，然后按式 2-10 计算出样品 Pr 含量。

$$Pr \text{ 含量（μg·g}^{-1}） = \frac{\text{标准曲线上查得蛋白质含量（μg）} \times \text{提取液总量（mL）}}{\text{样品鲜重（g）} \times \text{测定时提取液用量（mL）}}$$

（2-10）

2.7.2　数据处理

用电子表格软件 Microsoft Office Excel 对所测指标进行数据处理，用统计分析软件 SPSS 20.0 进行方差分析，用 DMRT 进行显著性分析（用字母标记），并用绘图软件 Origin 8.5 软件作图。

2.7.3 结果与分析

2.7.3.1 胡杨异形叶中渗透调节物质的变化

在干旱环境下，植物叶片会通过积累可溶性有机物、平衡体内渗透调节物质的含量来适应自然环境的变化，这些可溶性物质可以维持细胞渗透压、保护细胞膜的完整性、稳定细胞中具有活性构象的酶分子及保护酶免遭盐离子的伤害。

（1）胡杨异形叶 SS 含量的变化

在植物体内 SS 是主要的渗透调节物质之一，其变化能反映出植物对干旱胁迫的适应性。如图 2-9 所示，锯齿卵圆形叶的 SS 含量最大而披针形叶最小，说明锯齿卵圆形叶比披针形叶的干旱适应性更强。

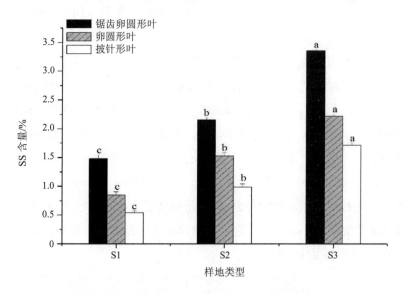

图 2-9 不同样地对胡杨异形叶 SS 含量的影响

由图 2-9 可知，胡杨 3 种异形叶 SS 含量随样地从 S1 到 S3 变化（由表 2-1 可知从 S1 到 S3 样地干旱程度升高）均呈增加趋势，且呈现显著性差异。与 S1 样地相比，S2、S3 样地胡杨锯齿卵圆形叶 SS 含量分别增长了 45.96%、126.91%，S2、

S3 样地胡杨卵圆形叶分别增长了 79.67%、161.22%，S2、S3 样地胡杨披针形叶分别增长了 82.43%、218.44%。在受到水分缺乏的胁迫时，植物体内的 SS 浓度就会显著增加，这样不仅保持了蛋白质的水合度，防止原生质脱水，还能使植物体内的渗透势下降，维持植物体的供能，提高细胞的抗性。在逆境条件下，植物叶片细胞中积累 SS 有助于提高细胞的保水能力，减轻渗透胁迫。

（2）胡杨异形叶 Pr 含量的变化

蛋白质是生命的物质基础和最重要的有机大分子之一，Pr 作为其中重要的一类蛋白质，亲水性很强，具有增强细胞的持水力、增加束缚水含量和原生质弹性等功能。

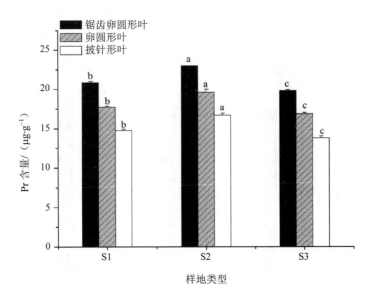

图 2-10　不同样地对胡杨异形叶 Pr 含量的影响

由图 2-10 可知，胡杨 3 种异形叶 Pr 含量从样地 S1 到 S3 均呈先增加后减少的趋势，且在 $P<0.05$ 水平上有显著差异。锯齿卵圆形叶、卵圆形叶和披针形叶的 S2 样地的 Pr 含量比 S1 样地的分别增长了 15.74%、10.69%、3%，S3 样地比 S2 样地分别下降了 17.92%、14.03%、17.12%。胡杨 3 种异形叶中，锯齿卵圆形叶在三类样地中 Pr 含量最多，因此其对干旱胁迫的适应性相对较强；而披针形叶中 Pr 含量最少，因此其对干旱胁迫的适应能力较差。李莉等的研究中表明盐胁

迫下烟草幼苗叶片中的 Pr 含量增加，反映了植物叶片对盐胁迫的耐逆性。韩蕊莲等对沙棘叶的研究表明，通常轻度干旱胁迫会导致 Pr 含量增加，而重度或中度干旱胁迫会导致 Pr 含量下降，且胁迫程度越强，下降幅度越大。

（3）胡杨异形叶 Pro 含量的变化

Pro 是很好的渗透调节物质，具有分子量小、水溶性高、毒性低等特点，在植物体中以游离状态存在，是植物体内一种理想的渗透调节物质。如图 2-11 所示，胡杨 3 种异形叶 Pro 含量从样地 S1 到 S3 均呈增加趋势，且呈现显著性差异。与 S1 样地生长的胡杨相比，S2、S3 样地胡杨锯齿卵圆形叶的 Pro 含量分别增长了 3.55%、7.51%，卵圆形叶分别增长了 10.37%、29.7%，披针形叶分别增长了 17.9%、41.19%。由于 S3 样地干旱程度最高，因此，胡杨在干旱环境中会积累 Pro，Pro 通过参与渗透调节来维持细胞的含水量和膨压。

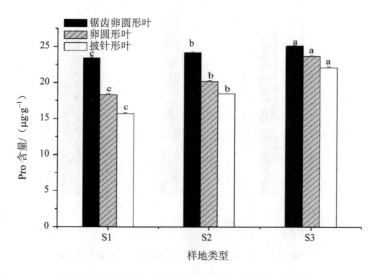

图 2-11　不同样地对胡杨异形叶 Pro 含量的影响

在三类样地中胡杨锯齿卵圆形叶 Pro 含量最高，表现出较强的渗透调节能力，同时 Pr 含量和 SS 含量均最高，说明植物体内游离氨基酸含量的增加并不是通过蛋白质水解得到的，而是通过新合成的氨基酸实现的，即刺激谷氨酸合成 Pro 及其化合物。由此推测出锯齿卵圆形叶片结构的旱生特征最明显，适合在干旱条件下生存，有较强的积累渗透调节物质的能力，使锯齿卵圆形叶在同样的胁迫强度下，比卵圆形叶和披针形叶受到的影响小，能够较为正常地保持代谢活动，满足树体生长的需要。

2.7.3.2　胡杨异形叶中叶绿素含量的变化

光合色素在光合作用中起着重要作用，其中叶绿素是光能吸收和转换的原初物质，叶绿素含量在很大程度上反映了叶片的光合能力和植物的生长状况，是衡量植物耐旱性的重要生理指标之一。水分胁迫一方面可能会引起叶绿素生物合成的过程减弱，另一方面可能会引起植物体内活性氧的积累，从而导致叶绿素的分解加快。赵广东等在研究中发现，随着干旱胁迫的加剧，沙枣和沙木蓼的叶绿素 a、叶绿素 b 和叶绿素总含量（叶绿素 a+叶绿素 b）都降低，但是叶绿素 a 与叶绿素 b 含量比却表现为显著的增加。叶绿素 a 与叶绿素 b 含量比值的增加，反映了旱生植物对水分胁迫的适应机制。在水分胁迫时，植物体通过增加叶绿素 a 的比例，提高光能利用率，适应干旱环境。

由表 2-5 可知，锯齿卵圆形叶和卵圆形叶中叶绿素含量较高，说明它们的光合能力较强，能够产生较多的光合产物。叶绿素 b 和叶绿素 a 含量组内的差异都非常显著，其中锯齿卵圆形叶叶绿素 a 含量最多，而叶绿素 a 与叶绿素 b 含量比值是卵圆形叶最大，说明锯齿卵圆形叶和卵圆形叶对干旱胁迫的适应能力较强，在同样的水分条件下，比披针形叶片有更大的光合效率。

表 2-5　胡杨异形叶中叶绿素含量

叶片形状	叶绿素 a/（mg/g）	叶绿素 b/（mg/g）	叶绿素 a+叶绿素 b/（mg/g）	叶绿素 a 与叶绿素 b 含量比值
锯齿卵圆形	$0.763\pm0.003\ 2^a$	$0.276\pm0.003\ 6^a$	1.039 ± 0.007^a	$2.765\pm0.026\ 0^a$
卵圆形	$0.665\pm0.003\ 5^b$	$0.214\pm0.004\ 0^b$	0.879 ± 0.007^b	$3.108\pm0.049\ 0^b$
披针形	$0.497\pm0.022\ 4^c$	$0.171\pm0.004\ 3^c$	0.668 ± 0.027^c	2.898 ± 0.063^{ab}
F 值	103.81	172.72	130.04	12.72

2.7.3.3　胡杨异形叶保护酶系统活性研究

（1）胡杨异形叶 SOD 活性的变化情况

SOD 是重要的活性氧清除酶，当环境胁迫造成大量活性氧产生时，它能迅速有效地清除自由基，保护细胞不受活性氧的伤害，SOD 活性的大小能反映植物的抗逆性强弱。由图 2-12 可知，3 个样地中胡杨异形叶的 SOD 活性均是锯齿卵圆形叶＞卵圆形叶＞披针形叶。由此可知，在干旱胁迫下，锯齿卵圆形叶抗逆性最强，卵圆形叶次之，披针形叶抗性最差。

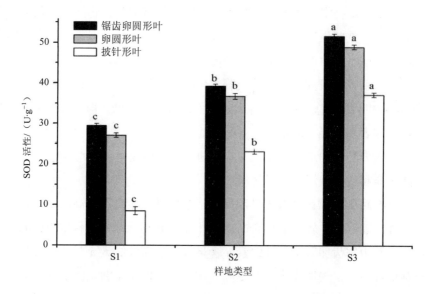

图 2-12   不同样地对胡杨异形叶 SOD 活性的影响

同时，随样地从 S1 到 S3 变化胡杨 3 种异形叶 SOD 活性均呈增大趋势，且呈现显著性差异。锯齿卵圆形叶在 S1、S2、S3 样地 SOD 活性分别是 29.44 U·g^{-1}、39.27 U·g^{-1}、51.61 U·g^{-1}。与 S1 样地相比，S2、S3 样地胡杨的锯齿卵圆形叶的 SOD 活性分别增长了 31.42%、75.29%，卵圆形叶分别增长了 80.58%、33.22%，披针形叶分别增长了 60.45%、337.84%。SOD 活性增大可能与超氧自由基的过量产生有关，从 SOD 活性随干旱胁迫增加而增大的特征可以推测，S3 样地的环境被破坏严重，胡杨叶片开始产生较多的超氧自由基，作为应激反应，SOD 活性也随之增大。

（2）胡杨异形叶 POD 活性的变化情况

POD 是对逆境反应比较灵敏的一种氧化还原酶类，它能与其他酶类一起清除过氧化氢（H$_2$O$_2$），起着保护和稳定生物膜的作用；在逆境胁迫下，自由基清除能力较强的植物抗自由基伤害的能力强，抗逆性也强。由图 2-13 可知，3 个样地中胡杨异形叶的 POD 活性均是锯齿卵圆形叶＞卵圆形叶＞披针形叶。由此可以看出，在逆境胁迫下，锯齿卵圆形叶抗逆性最强，披针形叶最差。

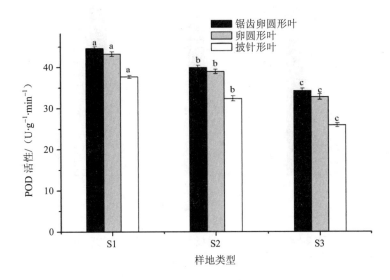

图 2-13 不同样地对胡杨异形叶 POD 活性的影响

由图 2-13 可得，随样地从 S1 到 S3 变化胡杨 3 种异形叶 POD 活性均呈下降趋势，且在 $P<0.05$ 水平上差异显著。与 S1 样地相比，S2、S3 样地胡杨的锯齿卵圆形叶的 POD 活性分别下降了 10.55%、23.33%，卵圆形叶分别下降了 9.97%、24.24%，披针形叶分别下降了 14.05%、31.23%。综上可知，从 S1 到 S3 样地变化中 SOD 活性增大，酶促反应使超氧自由基产生更多的 H_2O_2，因为过氧化物酶可以与 H_2O_2 反应，从而使 POD 活性增大，而本试验的结论却是 POD 活性表现出下降态势，这点和前人研究有点差别，可能是 POD 在重度胁迫时酶活性受到了抑制，已无法有效地清除活性氧，这一点还需进一步研究。

（3）胡杨异形叶 CAT 活性的变化情况

CAT 是植物体内极为重要的一种保护酶，它能够清除细胞内过多的 H_2O_2，催化 H_2O_2 分解为氧气和水，使自由基维持在一个较低的水平，避免膜结构受到伤害，保证膜的完整性是 CAT 抗性机制之一。由图 2-14 可知，3 个样地胡杨异形叶的

CAT 活性依次是锯齿卵圆形叶＞卵圆形叶＞披针形叶。由此可知，在干旱胁迫下，胡杨锯齿卵圆形叶抗逆性最强，卵圆形叶次之，披针形叶抗性最差。

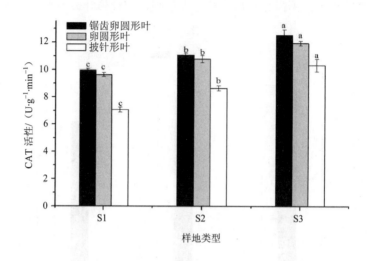

图 2-14 不同样地对胡杨异形叶 CAT 活性的影响

由图 2-14 可知，随样地从 S1 到 S3 变化胡杨 3 种异形叶 CAT 活性均呈增大趋势，且在 $P<0.05$ 水平上差异显著。与 S1 样地相比，S2、S3 样地胡杨锯齿卵圆形叶 CAT 活性分别增长了 13.15%、25.96%，卵圆形叶分别增长了 10.83%、23.95%，披针形叶分别增长了 19.43%、46.27%。在干旱条件下，SOD、CAT 相互协调，有效地清除逆境条件下一些代谢过程产生的活性氧，从而降低膜脂过氧化水平及其他伤害过程发生的可能性，使植株维持较正常的生长发育。

2.7.3.4 胡杨异形叶 MDA 含量的变化情况

MDA 含量可以反映植物遭受逆境伤害的程度，由图 2-15 可知，3 个样地胡杨异形叶的 MDA 含量依次是卵圆形叶＞锯齿卵圆形叶＞披针形叶，其中同一样地中卵圆形叶的 MDA 含量均最多，这可能是干旱胁迫使胡杨叶片生物膜在一定程度上被破坏造成的。

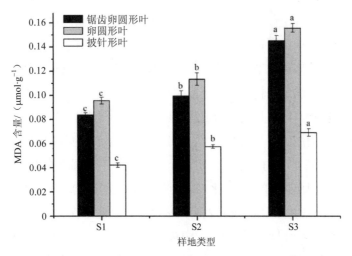

图 2-15　不同样地对胡杨异形叶 MDA 含量的影响

由图 2-15 可知，随样地从 S1 到 S3 变化胡杨 3 种异形叶 MDA 含量均呈增加趋势，且在 $P<0.05$ 水平上差异显著。与 S1 样地相比，S2、S3 样地胡杨锯齿卵圆形叶 MDA 含量分别增长了 46.06%、73.31%，卵圆形叶分别增长了 62.90%、37.29%，披针形分别增长了 64.30%、20.02%。3 种异形叶 MDA 含量均是在 S3 样地达到最大值，说明此地生长的胡杨叶膜脂过氧化作用加剧，已超过了 SOD 和 POD 的抗氧化能力，细胞膜受到了伤害。

2.7.4　小结

2.7.4.1　胡杨异形叶中渗透调节物质和叶绿素含量的变化

由试验结果可知，在三类样地中胡杨异形叶中 Pr、SS 和游离 Pro 含量都由披针形叶到卵圆形叶再到锯齿卵圆形叶依次递增，可以推测胡杨异形叶中锯齿卵圆形叶和卵圆形叶比披针形叶更能抵抗干旱胁迫。无论是叶绿素 a 含量还是叶绿素 b 含量，锯齿卵圆形叶中的含量都是最高的，卵圆形叶次之，披针形叶最低，可以推测锯齿卵圆形叶和卵圆形叶光合作用能力优于披针形叶；而叶绿素 a 与叶绿素 b 含量比值依次为卵圆形叶＞披针形叶＞锯齿卵圆形叶，这从另一个侧面也反映出卵圆形叶的抗逆性强。

综合表 2-1 中数据分析可知，三类样地 S1 到 S3 自然环境的不断恶化及环境因子的差异加大，使抗逆性较差的披针形叶的生长受到抑制，且披针形叶本身光合效率就低，因此难以维持树体本身的需要。而胡杨卵圆形和锯齿卵圆形叶则具有明显的旱生结构特征，渗透调节能力强，对干旱胁迫的耐受力较强，且叶绿素含量及光合效率较高，能够满足胡杨在逆境下的生存需要。因此随着树体的生长，树冠中的披针形叶逐渐减少，特别是在受胁迫程度较大的树冠上层，披针形叶基本被锯齿卵圆形叶替代。树龄越大，环境越干旱，树冠上层的锯齿卵圆形叶的数量就越多。

康俊梅等对苜蓿叶的研究也证实，Pr 的变化与干旱强度有直接关系，随着干旱胁迫强度的增大某些 Pr 的变化表现为先增后减的趋势。张明生等对甘薯叶片在水分胁迫下 Pr 含量变化的研究表明，Pr 可能起到脱水保护的作用，为细胞内的束缚水提供物质条件以增加植物组织中束缚水的含量，从而使细胞结构在脱水时不致遭受更大的破坏，为植株提高抗旱能力提供必要的物质基础。胡杨 Pro 含量会随着干旱程度的加大而增加，Pro 的积累与水分（渗透）胁迫之间可能呈正相关。积累的 Pro 除可以调节细胞的渗透势外，还可以成为植物体内无毒害氮的储存形式，是植物对持久干旱适应所必需的要素之一，同时温度的胁迫也会引起 Pro 的积累。植物光合效率越高积累的光合产物越多，同时提高体内 SS、游离氨基酸及 Pr 等物质的含量，能进一步增加叶片的抗逆性，由此推断，胡杨锯齿卵圆形叶对干旱的抗性明显大于其他两种形状的叶片。

2.7.4.2　胡杨异形叶保护酶系统活性和 MDA 含量的研究

细胞内活性氧的生成和清除始终处于动态平衡，当生物体内活性氧生成量大于清除量时，细胞内活性氧会急剧积累而使细胞受到氧化胁迫。在氧化胁迫下，酶保护系统和非酶保护系统的协同作用使细胞内的活性氧维持在适宜水平，以确保植物正常生长。干旱胁迫可以诱导植物体产生氧化胁迫，致使体内活性氧代谢失调，产生超氧自由基，对细胞有毒害作用。陈亚鹏等研究了塔里木河下游生态输水后地下水位变化对胡杨叶片 MDA 含量的影响，结果显示，随着地下水位的下降，干旱胁迫程度明显增强，叶片 MDA 含量呈明显增加态势，表明 MDA 含量的变化是质膜损伤程度的重要标志之一。王燕凌等测定了塔里木河下游不同地下水位对胡杨叶片生理指标的影响，结果表明随着地下水位的下降，干旱胁迫加剧，胡杨叶片 SOD 和 POD 活性、MDA 含量均增加。

总之，胡杨抗旱的能力与保护酶活性有着密切的关系，在干旱条件下，SOD、

POD、CAT 以及它们的保护性物质 MDA 相互协调，有效地清除逆境条件下代谢过程产生的活性氧，使活性氧维持在一个较低水平上，从而降低膜脂过氧化水平及其他伤害，减缓活性氧或其他过氧自由基对细胞膜系统的伤害，减轻逆境胁迫对植物的伤害，使植株维持较正常的生长发育，这可能就是胡杨在干旱胁迫的条件下能够生存的主要原因之一。同时，胡杨不同异形叶也有相应的保护机制，在不同的叶形中，SOD、POD、CAT 活性和 MDA 含量不同，使胡杨在一定的机制下防御胁迫。

2.8　结论

本章研究新疆塔里木河下游胡杨的 3 种异形叶，即锯齿卵圆形叶、卵圆形叶和披针形叶的形态、解剖结构、部分生理指标及光合特性，比较胡杨异形叶显微结构和生理生态特性的异同，从而由显微结构、生理指标和光合特性的变化规律得出以下主要结论：

（1）胡杨异形叶随着叶片形状由披针形向锯齿卵圆形变化，叶片宽度逐渐增加、长度减少、表面积增大、叶柄变长，与其他两种叶形相比，锯齿卵圆形叶片的角质层和下皮层加厚，气孔越来越下陷，栅栏组织趋于发达而海绵组织弱化，这样有利于光合作用的利用，表现出胡杨的抗旱适应性。因此，锯齿卵圆形叶和卵圆形叶比披针形叶适应干旱的能力更强。

（2）对胡杨异形叶光合指标的研究结果表明：①3 种异形叶 P_n 和 T_r 日变化均为单峰曲线，G_s 日变化除披针形叶为单峰曲线外，卵圆形叶和锯齿卵圆形叶为双峰曲线，而 C_i 呈先降低后升高的趋势，与 P_n 呈负相关；3 种异形叶 P_n、G_s、C_i 和 T_r 在各时间点（除 G_s 在 13：30—14：30 稍有不同外）的均值依次为卵圆形叶＞锯齿卵圆形叶＞披针形叶。②3 种异形叶的 P_n、G_s 日变化最大值在 3 个样地依次为 S1＞S2＞S3 样地，且 P_n 日变化最大值在 3 个样地间差异显著，G_s 和 T_r 在 S1 和 S3 样地间差异显著，而 C_i 只有锯齿卵圆形叶的 S1 样地和 S3 样地间存在显著差异。③样地间 3 种异形叶 SPAD 的变化趋势与 P_n、G_s、C_i 和 T_r 的基本一致，且各样地间差异显著。说明干旱胁迫可显著影响胡杨的光合特性指标和相对叶绿素含量，且 3 种异形叶中，锯齿卵圆形叶和卵圆形叶适应干旱的能力较强。

（3）对胡杨异形叶的生理指标的研究结果表明：①对叶片 SS、Pr、Pro 及叶绿素的含量进行测定，发现异形叶间水分含量差异不大，但锯齿卵圆形叶片中束缚水含量最多，渗透调节物质含量最多，叶绿素 a 和 b 的含量均高于其他两种形状的叶片。②胡杨 3 种异形叶片中的 SOD、POD、CAT 活性依次为锯齿卵圆形叶＞卵圆形叶＞披针形叶，而且胡杨 3 种异形叶的 SOD、POD、CAT 活性和 MDA 含量在 3 个样地间均存在显著差异。

2.9　展望

塔里木河下游属于暖温带大陆性、极端干旱的沙漠气候，气候干燥，降雨稀少，多风沙天气，年平均日照时间很长，年降水量少，但年蒸发量却很大。本章对原生境条件下的胡杨异形叶的显微特征、光合和生理指标进行了研究，但对胡杨异形叶膜系统保护酶活性的研究还比较薄弱，因此有些内容在今后的工作中还需进一步研究和探讨。

（1）白雪等对北京移植胡杨的研究表明，胡杨锯齿卵圆形叶和披针形叶的 G_s 的日变化均为单峰曲线。而本研究中胡杨锯齿卵圆形和卵圆形叶的 G_s 日变化则呈双峰曲线，出现光合作用"午休"现象，披针形叶呈单峰曲线；这可能是北京和新疆有时差，且新疆的日照时间长、温差大等情况造成的，关于这方面的研究，还需要进一步的探索。

（2）对 3 个样地胡杨 C_i 最大值的研究发现，其浓度随样地变化并无明显变化，随样地从 S1 到 S3 变化异形叶 P_n 降低而 C_i 却保持恒定，其原因是否是气孔发生了不均匀关闭，有待进一步研究。

（3）锯齿卵圆形叶的叶脉周围细胞存在大量的晶簇，而卵圆形叶和披针形叶的叶脉中则有丰富的黏液细胞，可能是因为异形叶采用不同的方式来适应干旱环境，这方面可以结合分子试验进一步探索。

（4）3 个样地胡杨异形叶的 MDA 含量依次是卵圆形叶＞锯齿卵圆形叶＞披针形叶，卵圆形叶的 MDA 含量均最多，是否是干旱胁迫使胡杨叶片生物膜系统遭到破坏导致的，还需进一步研究。

第3章 准噶尔盆地南缘胡杨叶片微观结构及枝系构型的研究

3.1 研究背景和意义

3.1.1 研究背景

人们对水土资源的过度开发和长期利用，致使天然胡杨林大面积生长发育不良，枝条枯死，不结果，甚至死亡。

从20世纪50年代中期至70年代中期，塔里木河沿岸区域的天然胡杨林分布区面积从52万 hm² 锐减至35万 hm²；在塔里木河中下游区域，胡杨林削减了70%左右；现存的天然胡杨林中，甚至还有相当大一部分是由衰退林组成的，天然胡杨林的未来让人担忧。胡杨天然分布区的气候条件相对恶劣，经济发展相对落后，人口普遍稀少，因此，到目前为止胡杨人工林的数量也相对较少。为了拯救胡杨这个珍稀的基因资源，国内外有关学者进行了多水平、多层次的研究。

因此，恢复逐渐恶化的荒漠区域生态系统，保护逐渐减少的胡杨林，可以改善新疆乃至西北部的生态环境，维护生态平衡，促进荒漠区的社会、经济平稳发展以及文化的融合与发扬，并影响全国生态环境的可持续发展。

3.1.1.1 构件理论的研究进展

Harper 等提出了植物种群的构件理论，使植物种群生态学的研究对象由以往用不同的植株组成的单一种群，区分成为两个不同层次的结构水平，即个体种群和群落层次种群。植被种群数量和稀疏度等的自我调节和适应，是两个层次的种群的结构和生存环境相互作用的综合反映。构件理论为进一步研究植物种群生态学的新思路和新理论开拓了新的途径。

国内外很多研究人员按照植物种群研究的目的和内容，选用不同的划分方法，分别从广义和狭义两个水平对构件进行定义。广义上认为构件是组成植株个体的基础单元，如分蘖、枝条、叶、花、果实、种子、根和茎等，包含有内在生存潜能的形态学单元以及没有生存潜能的形态学单元。狭义上则认为构件是植株上拥有独立生存潜能的单元，如芽、根和茎等。前者为组成性构件，后者为分级性构件，表现了构件自身与各器官之间的结构层次。

高等植物属于构件生物。它们的植株个体一般是由重复的形态学单位（构件单位）组成的，它们的生长是经过其构件单位的重复形成的。构件结构一般是固着生长物种的生物性状（浮游构件物种例外），植物在面对竞争者或捕食者时，不能通过运动来逃避，只能通过增加或减少构件的出生率或死亡率，避免邻近生物的滋扰，并对周围生存环境采取相应的形态学响应。例如，常见植株冠层结构的不对称性以及无性繁殖植株各构件随机分布和集中分布的空间格局，都是对环境采取形态学响应的结果。

（1）植物的叶构件

生态系统的物质生产主要是植物同化器官通过光合作用累积的。叶片是植株光合作用的主要场所，叶片数量、叶面积和叶片的分布等因素直接决定叶片接收的光照量、光强度和光谱成分等，继而影响植物的光能利用效率。其中，叶片数量和叶面积是影响植物竞争能力的重要参数。刘继民等的研究发现，朴树 1 年幼苗 1 级枝叶片数、叶面积在很大程度上决定了整个植物幼苗的生长。

叶种群在植物体上所占据的空间位置是影响叶截获光能的重要因素之一。植株总是先"考虑"叶片如何生长才能获取最多的光照，之后再进行其他构件的生物量分配，但是这种资源配置方式很容易受到环境的影响，当叶面积指数增大到极限值时，再增加叶片数量和叶面积，并不能使植物获取比较多的光照。段淑燕等对大头茶区叶片的动态研究得知叶片数量、叶面积增加到一定程度会出现增加幅度减缓甚至停滞的现象。叶片通过自身光合作用强度直接或间接对植物的胸径、株高、当年生枝长度等构型指标产生影响。韩忠明等的研究发现，在不同林下生长均表现出分株较小的幼龄植株以及在郁闭度高、不利于分株生长的栖息地中，刺五加种群把较多的物质分配到叶的生长上，以确保有足够的物质生产来参与空间竞争。

一个植株的叶种群数量是非常大的，这必然导致叶片之间的竞争是相当激烈的，包含老叶和新叶，上部叶和下部叶之间的竞争。植株是如何处理相互间竞争的问题？植物在适应环境时，植物体所增加的生物量在各构件之间的分配并不均匀，在构件水平上有所"偏斜"，遵循生长发育与物质相协调的原则，在不同生育期、不同的生长阶段，植物会不断调整自己的养分分配策略。黎云祥等探讨了缙云山四川大头茶内部生理活动对环境响应的策略，老叶将自身的养分物质运送到刚萌发的叶片上，使新生的叶片得到很好的生长，同时加剧自身的衰老死亡。

（2）植物的枝构件

枝是植物体的重要组成部分，它能支撑叶子，决定叶片的空间分布，具有植株个体内部水分和营养物质的运送功能，一定程度上决定了植株的外部形态。描述枝构型指标的关键因子有枝的长度、分枝的角度、分枝枝条的数量、分枝率等。枝条生长是植株适应外部生存环境的一个关键因素。当前，国内外的研究人员就这方面内容的研究非常广泛，由乔木发展到草本植物，由幼嫩的芽体到生长发育完全的枝条。

不同生存环境对植株个体的生长发育产生深远影响，植株个体一生都致力于通过转变自身的形态特性和生理特征来适应生存环境。影响植株地上外部结构的关键环境因素是光，光照资源的竞争影响植株对物质和能量的积累。植株利用光照资源的生存策略之一是以最小的支持成本得到最大的叶面积指数，如果植株处于光照资源不好的生存环境中，则一定会通过大量增加新生枝条来负载更多的叶片，获取较多的光照资源。刘玉成等的研究说明缙云山地区的大头茶每一年都会新增许多当年生的枝条，并使叶片群体每年都向周围展开，以便新生的叶片可以处在获取光照最好的位置，最大限度地运用植冠能扩展到的空间范围。枝条的分枝倾角在特定的范围内展示了光照对新梢生长的影响，在丰富的光照资源生境中，植株主要通过分枝角度的变小，最大限度地运用光照资源；在光照资源相对少的生境中，植株会尽量增大枝条的分枝倾角，以便为叶片获得最有利的空间资源提供良好的条件。宋于洋对梭梭的枝系构件进行研究时，发现坡顶和阳坡分枝倾角在 70°以上的枝条数量非常多，枝条几乎和地面保持垂直状态，植株整体为聚集型，以便自身可以较好地去适应生存环境。

发育良好的植物会有一个优良的植冠来获得生长发育所需的光照资源，因为枝条的延伸生长和枝条分布格局的确立可以决定植冠的形状和叶片的配置。不同生长发育阶段的植株的芽体和枝条，会变成乔灌木植冠形态构成的关键构件单位之一。那么植物是如何掌控枝条的生长，进而控制植株的植冠构型？王宁等探究了顶坛花椒枝、叶构件种群，发现每级枝条的平均分枝倾角会随植株年龄的增加而表现出不稳定的波动状态，但总的来说分枝倾角略有增大；伴随枝条分枝级数的加大，分枝枝条的平均倾角却有一定的缩小，表明顶坛花椒对植冠构型进行合理的调整以便最大限度地截获更多的光照资源来满足自身的生长需要。刘玉成等探究缙云山地区大头茶的结果表明，大头茶处于生长发育的开始阶段时，会将较多的营养供给一级枝条以满足自身的生长发育，并迅速抢得相对较好的空间格局位置为截取更多的光照资源创造有利的条件。

许多自然克隆植物通过构件的不断更新而不断增长（除灌木外），向竖直和水平方向延伸，加大占用的空间范围，以获得更多的资源。杨持等对羊草分枝的研究表明，羊草种群对羊草群落有重要的决定性作用，羊草分枝很多，占用很大的空间，是为了获得更多的资源以满足生长。草本植物的构件（如芽、分蘖和其他可重复单位）数量和大小可以随不同的环境条件发生变化，地上部分干重增加是适应恶劣环境的一个良好的选择。刘金平等探究扁穗牛鞭草的营养生长后得知，营养生长期间牧草产量多少取决于一级分蘖是否远远大于二级分蘖；为了拓展生存空间，开花初期产生大量二级分蘖，增加光合作用面积，二级分蘖作为主要的分蘖发生，为花和种子的发育提供便利的光合产物。环境因素对植株各构件的作用，展现出其对植物种群发育的影响。大部分植被具有比较强的生境适应潜能，能获取有利空间资源和繁衍后代时较好的应对策略。齐淑艳等探究牛膝菊种群得知，处于地面附近的枝条可自然压条在土壤中进行无性繁殖，使种群进行快速的生长发育，适度的土壤扰动不会抑制种群续存，反而对种群的无性繁殖创造有利的条件。何丙辉等探讨了喜树在四个季度和不同的营养条件下的生长，结果表明，喜树在上述两种情况下会有选择地调节各分级枝条的生长，通过不同分级枝条的生长来适应生存环境的变化。植被可以对外部结构进行一定的调整，或利用无性繁殖的方式来适应生存环境的改变。植物具有形态可塑性，可采用克隆生长策略去适应环境。由很多已完成的研究以及已经完善的模型可知，植物分枝能力的强弱很大程度上是随着空间资源和养分多少的改变而改变的。

3.1.1.2　植物构型的研究进展

构型是树木的总体外貌特征，包括株形、植冠、分枝布局、植株构成单元（芽体、枝条和叶片等）的空间配置、内部生物量配置模式及分配比的结构和植株构成单元的数目动态变化等方面的内容，是植株内在遗传信息在特定生长发育阶段的外在表现形式。孙栋元等的研究得出，植物构型是植株自身生长发育和对生存环境适应的结果，特定生长时期的植物构型也会成为限制植株个体生长发育的关键因子。不同植株在生长中，由于基因特异性表达，构型会呈现出很大的差别，它们面对相异的生境时会采取不同的策略，有时会改变外部结构特性，应对不同环境因子的影响。

植株特定的外部结构是由不同分级水平的构件单位依据某种布局方式表现出来的，这些特定的外在结构展示了植株本身在生理、生态上对生存空间的适生性和向外部扩展的潜能，如对水分、光照和矿质营养等的竞争潜能。植物构件的空间分布是由生长发育阶段中的 3 个参数确定的，即分枝长度、分枝倾角和分枝率。而植株的分枝格局也是由这 3 个参数描述的，同时还将叶方位角、倾角、叶面积作为辅助参数。

20 世纪 70 年代，Halle 等全面探究了低纬度地区植株的枝系构型，形成了植株构型的概念，并提出了 23 种构型模型，揭示了热带植物枝系构型的可塑性。植株个体构型和分枝布局的可塑性清楚地反映了植株适应生境的策略。

国外很早就对乔木和灌木植株的构型进行了研究，在构型特点与生存环境相互作用、植株的仿真模拟生长等方面进行了比较多的研究，而且把许多良好的研究结果已经运用到了实际的农业和林业生产中。相比之下，国内相关研究比较薄弱，而荒漠植物构型方面的研究更少。国内许多研究人员进行了荒漠区域的克隆植株生长构型的探究，并对克隆植株未来的研究趋势进行了预测；同时探究了荒漠区域天然种群构件结构与环境因素的关系。何明珠等比较细致深入地研究了腾格里沙漠南缘民勤的 48 种有代表性的荒漠植被的枝系构型特性，并确定了 16 个反映植株枝系构型的指标；采用组内欧式距离法将所研究的荒漠植物分为 4 个类型，通过主成分分析法确定了影响荒漠枝系构型的主要因子；此外，该研究将分形理论引入枝系构型分析，用分形维数描述枝条的空间分布格局。尽管国内学者已初步探究了荒漠植被的构型，但仍缺少全面系统探究植物各构件空间布局与功能关系方面的研究。

（1）植物分枝结构研究

分枝结构是植株构型研究的重点。枝条分枝级数、模式、角度及空间布局，不仅直接确定了植株冠层大小和类型，还对枝条上的芽体和叶片的空间布局有一定的影响。对植株分枝结构进行研究，可以确定植株生长发育的过程和植株的外部特征，同时植株分枝结构作为植株外部特征形成和生长的关键因子，在促进植株构型的建立方面具有举足轻重的作用，研究的对象不但要涵盖侧枝数目和空间分布格局等指标，还要全面地考察各构型指标在时间和空间上的动态变化。

分枝结构具备物种内、植株个体内、植株分枝内三个层次的稳定性。同样的生存环境下，植株构型不一定相同；同一物种在不同的更新交替时期或不同的生存条件下，构型也完全不同；植株个体不同的生长发育时期也具有不同的分枝结构，甚至同一植株个体内部的不同位置也具有不同的分枝结构。由此可知，植株的分枝结构具有一定的变异性。从总体上来分析，描述分枝结构的不同参数，其稳定性是不相同的，越能代表物种自身属性的参数就越趋于稳定状态，如描述分枝方式和结构模型的参数比分枝结构要稳定得多。

（2）植物冠层构型研究

植物因遗传特性的差别，植株个体枝条和叶片等空间分布方式也不一样，其形成的植冠空间构型也不一样，不同物种间的构型特点则差别更大。植株冠层是基因特性和环境互作的全面表现，既是植株生长发育的结构基础，又影响着植物种群的分布样式，与植物群落和植物景观的布局有密切的关系。由枝条和叶片组成的空间布局是植株冠层的组成单位，只有对它们进行深入了解，我们才有可能更加详细地知道植株的生长发育过程。

分枝布局是植株冠层构型分析的关键部分，由它最后确定植冠的复杂化水平。从植株个体自身遗传因子的角度，可以把植株地面以上的枝系分成两种基本模式，即连续性分枝模式和重复性分枝模式。然而，因为植株个体自身由遗传物质确定的生长模式的具体机制我们并不是很清楚，所以对两种分枝布局方式的区分比较困难。但是，某一特定的植株构型方式必定与一定的生存环境及个体生长发育时期有紧密的关联；在特定的生存环境中，植株自身的构型和分枝布局是合理的，同时也是可塑的。植株个体构型的可塑性可能反映了植物的适应性策略，所以枝条的分枝特性有着举足轻重的生态学意义。除基因与环境因素外，分枝格局也与分生组织以及枝条本身的生长发育、空间延展动态变化和分枝率等指标有相关性。

3.1.2　研究意义

荒漠显著的特征为植被稀疏、大面积地表裸露。极端的生境条件、脆弱的生态系统，使易损伤植物的恢复变得非常困难和缓慢，所以如何保护好荒漠植物，如何维持荒漠区域生态系统的稳定，已成为全球性的研究主题。荒漠植物对遏制荒漠化发展、维持荒漠区域能量与物质运转和脆弱生态系统的稳定以及促进受损生态系统的恢复与重建都具有极其重要的作用。荒漠植物具有极强的抗逆能力，多为旱生和强旱生物种，生态位较大，是优良的防风固沙、改善生境的植物资源。学者们在形态解剖、生理生态等方面已进行了大量的研究工作。

叶片是植株进行光合作用和呼吸作用的重要器官，并且与外界环境联系紧密，也是大多数成年高等植物暴露在外部环境中面积最大的器官，对环境因素（如光照强度、气温、空气含水量等）的变化比较敏感，而且叶片结构的可塑性大，随外界因子的变化，叶片常常会呈现出在外部特征和内部微观结构等方面的差异。植物群体构件的特性主要体现在植株对生境的适应性上，植物外部形态具有高度可塑性，一定程度上反映了植物对异质环境的适应，而这种可塑性是植物和环境长期相互作用的必然结果。可塑性既体现了植株自身和种群对生境的适应性和植株生长发育的状态，也反映了生境对植株自身和种群的影响及对它们饰变程度的影响。植株对异质生境的适应性体现在各个构件的变化上。各构件之间的相互作用形成了植株自身特定的外部结构和生理特征。

本章针对胡杨叶片微观结构及枝系构型进行研究，考虑不同生境、不同生长发育阶段以及不同生长季节对胡杨叶的影响，探讨胡杨叶片微观结构以及枝系构型与环境变化的关系，进而为模拟典型荒漠植物对环境变化的适应过程以及植物个体构件的生长过程提供理论依据。

3.2 研究区域概况

研究区域位于准噶尔盆地南缘，是温带大陆性干旱气候，生境变化剧烈，昼夜温差大，冬季酷寒，夏季高温少雨但日照时间长，热量资源非常丰富。该区域降水量小而蒸发量比较大，年平均降水量为 117.2 mm，最大值为 178.8 mm，最小值只有 72.4 mm，年平均蒸发量为 1 942.1 mm。该区域年平均温度为 6.1℃，夏季最高气温为 43.1℃，冬季极端最低气温为 −42.8℃，无霜期平均天数为 155～186 d。年平均日照时长为 2 749.9 h，年辐射总量为 530.37 kJ·cm^{-2}，≥10℃积温为 2 545℃。土壤质地主要为壤质土和砂质土。

该区域植物种类主要由抗盐、耐碱和抗旱的植被组成，多见胡杨、梭梭（*Haloxylon ammodendron*）、白梭梭（*Haloxylon persicum*）、柽柳（*Tamarix chinensis*）、沙拐枣（*Calligonum mongolicum*）等，以及一些短命植物。

3.3 样地设置

选取位于准噶尔盆地南缘的乌苏市、新疆生产建设兵团第八师一五〇团（以下简称 150 团）和新疆生产建设兵团农八师一二一团（以下简称 121 团）作为研究区域。

样地设计和环境调查见表 3-1。

表 3-1 样地情况调查

地区	北纬（N）	东经（E）	海拔/m	温度/℃	相对湿度/%
150 团	45°10′05″	85°55′45″	312	29.8	36.4
121 团	44°52′45″	85°46′18″	323	27.8	33.4
乌苏市	44°35′37″	83°56′11″	354	28.8	39.6

3.4　研究方法

3.4.1　样株选择和枝序的确定

选取生长状况良好的人工种植胡杨和天然胡杨林作为研究对象，以乌苏市生长的天然胡杨（CK 组）为对照。由于胡杨是落叶植物，并且当年生叶片一般都位于当年生和 1 年生的枝条上，因此，当年生枝和叶片的空间配置以及生物量的配置规律对胡杨的构型是非常重要的。本章主要对胡杨枝系构型的几个指标进行调查：茎粗、分枝长度、分枝角度、各级分枝数、枝径比和分枝率等。主要对胡杨叶构件的叶数、叶长及叶宽等几个指标进行调查。

根据胡杨胸径的大小，将胡杨划分为三个不同的生长发育阶段：幼龄期（胸径 0～5 cm）、中龄期（胸径 5～10 cm）、成熟期（胸径＞10 cm）。在样地内采用随机取样的方法，分别选取生长发育正常、无病害以及个体大小（基径、高度）基本一致、冠形良好的个体 10 株，做 10 个重复。于全叶期分别测定各株树冠上、中、下 3 层的枝系构型指标。每层分别在东、西、南、北 4 个方向各选取一个代表性树枝测定各级分枝长度、分枝角度和分枝直径等指标，从枝芽萌动开始到叶片变黄为止分别测定枝条的长度和枝径。

枝序的确定有很多种方法，目前常用的有两种：一是离心式，枝序的确定与植物分株发育的次序是一样的；二是向心式，枝序与植冠发育的顺序正好相反。本章采取向心式：当年生枝条为 0 级分枝，当年生枝条着生的枝条为 1 级分枝，1 级分枝着生的枝条为 2 级分枝……以此类推。如果不同分枝级别的枝条相交，则取较高分枝级别。

3.4.2　土壤含水量的测定

称取 5 g 土壤样品置于铝盒（已称重）中，在 105±2℃的恒温干燥箱里烘至恒重时的减失重量，即为样品的土壤含水率（WCS），计算方式如式（3-1）所示。

$$\text{WCS}\% = \frac{W_2 - W_3}{W_3 - W_1} \times 100\% \tag{3-1}$$

式中，W_1 为铝盒重量，W_2 为铝盒和土壤样品的鲜重，W_3 为铝盒和土壤样品的干重，单位均为 g。

3.4.3　叶片的形态及解剖结构的观察

不同生长发育阶段的胡杨具有形状不一的叶片，根据叶片的长宽比例分为狭叶（叶宽/叶长＜1）和阔叶（叶宽/叶长＞1）两种类型。幼龄期的胡杨均为狭叶；中龄期和成熟期的胡杨下部枝条着生的叶片为狭叶，上部枝条着生的叶片为阔叶。分别选取不同龄级的胡杨上部和下部各方向健康的绿色叶片，用标准固定液（FAA 固定液）将叶片固定，用扫描电镜观察叶片的表面和横断面。

3.4.4　植物构型指标的统计计算方法

分枝率一般按照各级分枝的数目来计算，总体分枝率和逐步分枝率的计算分别如下。

（1）总体分枝率（OBR）

$$OBR = (N_T - N_S)/(N_T - N_1) \tag{3-2}$$

式中，$N_T = \sum N_i$，N_i 表示第 i 级的枝条总数，N_T 表示枝条总数，N_S 为最高级的枝条数，N_1 为第 1 级的枝条数，单位为条。

（2）逐步分枝率（SBR）

$$SBR_{i:i+1} = N_i / N_{i+1} \tag{3-3}$$

式中，N_i 和 N_{i+1} 分别是第 i 和第 $i+1$ 级的枝条总数，单位为条；$SBR_{i:i+1}$ 表示 i 级枝与 $i+1$ 级枝的逐步分枝率。

（3）枝径比（RBD）

$$RBD = D_{i+1} / D_i \tag{3-4}$$

式中，D_{i+1} 和 D_i 分别是第 $i+1$ 和第 i 级枝条的直径，单位为 cm。

3.5　技术路线

胡杨叶片微观结构及枝系构件研究的技术路线如图 3-1 所示。

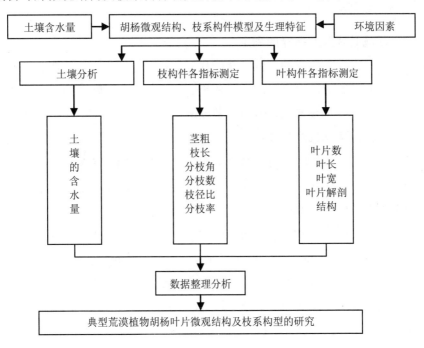

图 3-1　技术路线

3.6　数据处理

用电子表格软件 Microsoft Office Excel 对数据进行初步的整理，用统计分析软件 SPSS 20.0 对数据进行单因素方差分析，并进行显著性比较，用绘图软件 Origin 8.5 作图。

3.7　典型荒漠植物胡杨叶片微观结构特征研究

3.7.1　样品测定

3.7.1.1　胡杨叶片形态指标的测定

根据胡杨叶片长和宽的比例，对叶片的形状进行划分，并各选取具有代表性的成熟异形叶 30 片，用直尺测量叶片长、宽和叶柄长。叶片的表面积及体积用 Epson Twain Pro 扫描仪测定，对所测数据进行统计分析。

3.7.1.2　扫描电镜样品的制备

把每个样点采集的叶片用清水反复冲洗后，放入装有 FAA 固定液的青霉素小瓶，密封后用针筒抽气，直至叶片下沉，固定好瓶盖，放入冰盒贮存。

（1）表面结构样品处理

①乙醇梯度脱水：70%（30 min）→80%（30 min）→85%（30 min）→90%（30 min）→95%（30 min）→100%（2 次，每次各 30 min）；

②把脱水的样品放置于 CSF-1A 超声波清洗器中振荡 30 min 后，自然干燥；

③用双面胶把样品粘贴于干净的载物台上；

④用 E-1045 离子溅射仪进行真空喷金镀膜；

⑤喷金镀膜完成后，放置于 LEO-1430VP 型扫描电镜下观察叶片表面气孔的密度、长度、宽度和表皮毛等；

⑥拍照记录，每项观察取 30 组数据，计算取平均值。

（2）横断面样品处理

①乙醇梯度脱水，方法与表面结构样品处理同；

②将样品放置于盛有液氮的器皿中，停留 30 s 后取出样品；

③将取出的样品在自然条件下迅速折断；

④用双面胶把样品粘贴于干净的载物台上；

⑤用 E-1045 离子溅射仪进行真空喷金镀膜；

⑥喷金镀膜完成后，放置于 LEO-1430VP 型扫描电镜下观察叶片横断面，包括叶片厚度、表皮毛大小、气孔大小、海绵组织厚度和栅栏组织的厚度等；

⑦拍照记录，每项观察取 30 组数据，计算取平均值。

3.7.2　结果与分析

3.7.2.1　不同生长发育阶段胡杨叶片形态特征的变化

叶片是植物体上形态特征变化最大的器官。在同一植株个体中，叶子的形态特征也不完全一致，常常因为生长发育阶段的不同或生存环境的变化而出现不同形状。胡杨叶片的叶形是变化多端的，在幼龄期各冠层间多呈现为狭叶，随着植株的生长，在中龄期和成熟期各冠层间从基部到顶部呈现为狭叶到阔叶的过渡，叶片渐渐变宽变短，有些叶子的边缘还出现了钝状的锯齿，叶柄长度也逐渐增加，叶柄由三棱圆柱形变为扁圆柱形。根据叶片长度和宽度的比例，将胡杨的叶片划分为狭叶和阔叶两种典型形状（图 3-2）。

图 3-2　胡杨狭叶和阔叶

注：1～4 为阔叶，5～6 为狭叶。

实验中通过对不同生长发育阶段胡杨植株的整体观察，发现幼龄期胡杨叶片以狭叶为主，分布于冠层的各个位置，个别植株冠层上部有少许阔叶；中龄期和成熟期胡杨在冠层下部以狭叶为主，叶片数量较少，在冠层的中上部以阔叶为主，而且叶片的数量最多。由表 3-2 可知，阔叶的长度较短，狭叶的长度较长；叶片宽度变宽可以有效地增大大气与叶片之间的温度差异，能有效地降低叶片表面温度，减少高温对叶片的损伤。叶片处于干旱条件时，会缩小叶面积和体积以减少蒸腾作用，同时增大叶片厚度，增加储水能力并减小因叶面积缩小而造成的光合作用的损失，呈现为叶面积/叶体积数值增大，即叶片肉质化程度提高。由这两种典型叶片的体积和表面积的测量数值（表 3-2）可以看出，阔叶的单叶体积和表面积较大。两种典型叶的叶柄长度也有很明显的变化，叶柄长度随着叶片变短变宽而逐渐增长，有的阔叶叶柄几乎与叶片等长；叶柄长度的增加可以更有利于其调整叶片的伸展方向，避免直射的阳光对叶片的损伤，并且较长的叶柄可以让叶片随风任意摇晃和摆动，增大叶片上下表面的风速从而降低叶片的温度，减少大量蒸腾作用造成的失水。随着胡杨叶片形状由狭叶向阔叶的变化，叶片宽度变宽、叶面积增大、叶片肉质化程度增加并且叶柄长度增加，可以让胡杨在干旱环境中更加适合生存。在水分缺乏且光照强度较强的生存环境中，胡杨冠层顶部的叶片受光照和水分的胁迫程度强于冠层基部的叶片，因此胡杨冠层中上部分布的阔叶，是对干旱生存环境的一种适应。

表 3-2 胡杨叶片及叶柄形态结构指标

结构指标 ＼ 叶片及叶柄形状	狭叶	阔叶
长/cm	10.26±0.05	3.86±0.03
宽/cm	1.53±0.08	4.52±0.09
叶柄长/cm	1.14±0.15	3.13±0.01
叶柄长/叶长	0.11±0.02	0.81±0.01
表面积/cm²	30.24±0.32	48.87±0.05
体积/cm³	18.26±0.31	21.45±0.06
表面积/体积/（cm²·cm⁻³）	1.65±0.01	2.27±0.03

注：表中数据格式为均值±均值标准误差。下同。

3.7.2.2 胡杨不同生长发育阶段叶片的表面结构特征

胡杨的生长过程中，叶形也会经历不同的变化，幼龄期时以狭叶为主，可以有效降低植株体内水分的消耗，随着植株抗旱能力的加强，叶片逐渐变为阔叶，光合作用增强。随着胡杨年龄的逐渐增加，叶形也发生转换，到成熟期时以阔叶为主。成熟期胡杨叶片的表面覆盖一层蜡质结构，有效降低植株体内水分的消耗，使其适应干旱缺水的荒漠生存环境。

由图 3-1 可知，阔叶不仅有主脉，还有很多小叶脉，而且非常发达，分布均匀且非常明显。狭叶仅有一个主脉，侧脉不是很明显。

从胡杨两种典型叶片不同龄期的扫描电镜图片可以看出：胡杨叶片的横断面分为表皮、叶肉和叶脉三部分，为等面叶。上、下表皮都是由两层表皮细胞组成，细胞呈类长方形、类方形或多边形，表皮细胞壁较厚，排列规则。近轴面的表皮细胞厚度大于远轴面的表皮细胞厚度，这样对抑制叶片水分蒸发、防止叶片水分散失、减少光辐射损伤、增强叶片抗旱能力都有一定作用。表皮层外覆有厚厚的一层角质层（图 3-3 A）。有些薄壁细胞中填充有结晶物（图 3-3 B）。表皮细胞和角质层之间有空隙，一方面，空隙对水分有一定的贮存作用；另一方面，在炎热的夏季，生境温度高达 40℃ 以上时，此结构可以起到较好的"隔温层"作用，使外界大气物细胞内部分隔开，避免叶片因高温受到损伤，且使叶片能很好地适应较大的温度差异。角质层是一种类脂膜，其主要作用是降低水分向空气中散失，是植物体防止水分蒸发的主要屏障；与此同时，坚硬的角质层可以有效阻止病菌的入侵，并对组织的机械支持有一定的附加作用。阔叶的角质层厚度和表皮细胞厚度均较大，下皮层结构也较发达，主要由体积较大的薄壁组织构成，而狭叶的角质层厚度和表皮细胞厚度均较小，并且下皮层的结构相对简单（图 3-3 C 和图 3-3 D；表 3-3）。较厚的角质层和表皮细胞能够降低叶片水分的散失，下皮层细胞能够增加叶片的储水能力，使之更好地适应干旱环境，因此，阔叶角质层厚度和表皮细胞厚度较大以及下皮层结构较发达，是对其干旱的生存环境的一种适应。

胡杨上、下表皮两面均呈现凸凹不平的现象。凸起和凹陷纵横交织成不规则的网状结构。这种结构非常有利于叶片在干旱的生境中保存和吸收水分。有些龄期的胡杨叶片表皮上有表皮毛（图 3-3 O），可以看作表皮凸起的延伸物。上、下层表皮均有气孔分布，且有不同程度的下陷（图 3-3 E 和图 3-3 F）；气孔排列无规则，下表皮气孔的密度比上表皮密度大，在阔叶与狭叶之间气孔密度有显著性差异（表 3-3），阔叶密度比狭叶大；近轴面的气孔开度相对较小，远轴面的气孔开度相对较大（图 3-3 G 和图 3-3 H）；气孔呈椭圆形或卵圆形，气孔保卫细胞外表面较平滑，内表面较粗糙。气孔的这些结构不仅对叶片减少水分蒸发和维持水分储存有非常重要的作用，而且有利于增强植物的光合作用。

　　胡杨叶片的上、下表面均分布有非常发达的栅栏组织，栅栏组织细胞分布比较密集，栅栏组织非常厚，横切后呈蜂窝状；海绵组织相对弱化，在栅栏组织间呈现非连续的分布。阔叶近轴面和远轴面都有 2～3 层栅栏组织细胞，而狭叶只有 1～2 层的栅栏组织细胞（图 3-3 I、J）。随着叶片宽度的逐渐减小，叶形由阔叶到狭叶，栅栏组织逐渐变薄，细胞排列的紧密度也逐渐变小，叶片厚度也有所减小，这与前人的研究结果较为一致。这些结构对于胡杨叶片的光合作用有一定的增强作用，同时栅栏组织细胞与海绵组织细胞比值的增大，可降低植株干旱缺水时的机械损害。因为叶片肉质化程度与栅栏组织细胞的发育程度有关，所以栅栏组织细胞的发育程度是衡量叶片旱生结构的关键指标之一。栅栏组织细胞发达而海绵组织细胞少，有利于进行光合作用，表现了植物抗旱的适生性。因此，从叶肉细胞的结构来看，阔叶比狭叶的旱生适应性更强。有些纵向排列规则的方格样式的结构分布于上、下表面的栅栏组织中，有些"方格"结构内有正方体或其他类型的结晶体。

　　从叶脉横断面来看，狭叶叶脉有单维管束，机械组织发达，即厚角组织和薄壁组织细胞层数多（图 3-3 K）。而在阔叶叶脉中出现了双维管束甚至三维管束现象（图 3-3 L），且维管束中木质部所占比例比狭叶大，丰富的维管组织具有机械支撑和水分输送的功能，特别是木质部所占的比重越大其机械支持力和运输水分的能力就越强，抵御不利因素的能力就越大。

　　在胡杨的叶肉细胞中分布着许多晶簇或晶体，主脉附近的分布更为密集（图 3-3 M 和图 3-3 N）。阔叶主脉维管束附近集聚着大量的晶簇，而狭叶主脉维管束周边有许多黏液细胞存在。植物细胞中的晶簇和黏液细胞，可能起到减少叶片水分蒸发、降低有害物质浓度的作用，是叶片对干旱生存环境的一种积极响应。

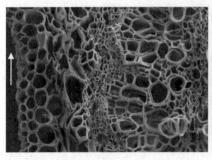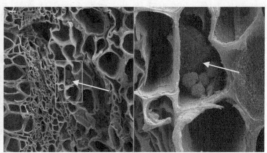

A 胡杨叶片横切，角质层（如箭头指示，下同）　　　　　B 胡杨叶片横切，结晶物

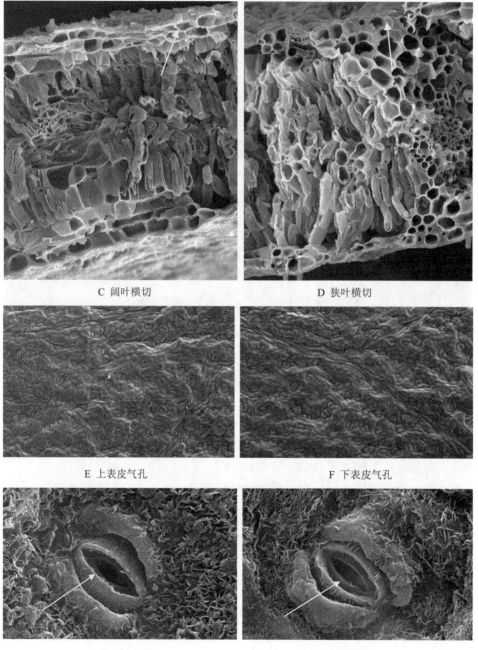

C 阔叶横切　　　　　　　　　　　　　D 狭叶横切

E 上表皮气孔　　　　　　　　　　　　F 下表皮气孔

G 近轴面气孔　　　　　　　　　　　　H 远轴面气孔

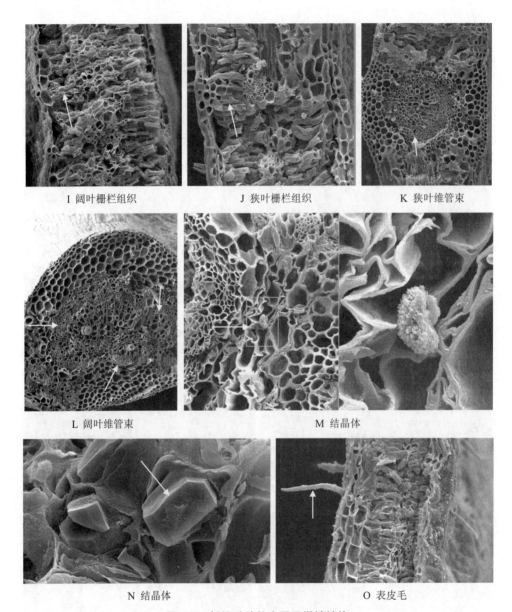

I 阔叶栅栏组织　　　　　J 狭叶栅栏组织　　　　　K 狭叶维管束

L 阔叶维管束　　　　　　　　　　　M 结晶体

N 结晶体　　　　　　　　　　O 表皮毛

图 3-3　胡杨叶片的电子显微镜结构

表3-3　胡杨2种叶片解剖结构电镜观测

结构指标	叶片解剖结构指标	阔叶	狭叶
	叶片厚度/μm	287.63 ± 2.34^a	197.59 ± 0.62^b
近轴面	表皮细胞厚度/μm	24.14 ± 0.47^a	15.39 ± 0.34^a
	角质层厚度/μm	3.67 ± 0.03^a	2.44 ± 0.03^b
	栅栏组织厚度/μm	82.27 ± 0.34^a	66.14 ± 0.48^b
	下皮层厚度/μm	28.73 ± 0.26^a	17.56 ± 0.23^b
	气孔密度/mm^2	102.23 ± 1.16^a	94.28 ± 0.29^b
	气孔开度（长×宽）/μm^2	18.32×9.67^a	16.54×7.68^b
远轴面	表皮细胞厚度/μm	22.48 ± 0.42^a	13.52 ± 0.32^b
	角质层厚度/μm	3.37 ± 0.05^a	2.21 ± 0.03^b
	栅栏组织厚度/μm	86.43 ± 0.54^a	63.47 ± 0.25^b
	下皮层厚度/μm	27.46 ± 0.41^a	19.78 ± 0.29^b
	气孔密度/mm^2	132.47 ± 1.23^a	100.53 ± 1.31^b
	气孔开度（长×宽）/μm^2	20.32×10.17^a	18.67×8.42^b

3.7.3　小结

通过对不同生长发育阶段胡杨植株的叶构件整体观察，根据叶片长度和宽度的比例，将胡杨的叶片整体划分为狭叶和阔叶两种典型形状，经研究发现，幼龄期胡杨叶片以狭叶为主，分布于冠层的各个位置，个别植株冠层上部有少许阔叶；中龄期和成熟期胡杨在冠层下部以狭叶为主，叶片数量较少，在冠层的中上部以阔叶为主，而且叶片的数量最多。对2种典型叶片的形态特征及显微特性进行观察，可知随着叶片外形由狭叶向阔叶的变化，叶片宽度变宽、叶面积增大、叶片肉质化程度增加并且叶柄长度增加，可以让胡杨叶片更加适合在干旱环境中生存。两种类型的叶片都有非常突出的旱生结构特征，其中以阔叶的旱生特性较为突出，呈现出较厚的角质层，下皮层组织发达，气孔开度相对较大，叶片肉质化及叶脉维管组织发达等，而狭叶的旱生特性较弱。因此，在光照剧烈、水分胁迫强的植冠顶部，叶片多发育成更抗旱的阔叶，而在水分状况良好的情况下，下部初萌生的枝条和植冠基部，受胁迫比较小，叶片发育多为狭叶。综上可知，狭叶与阔叶的不同可能是胡杨采用不同方式适应干旱环境的结果。胡杨叶片整体特征、形态结构及解剖特性的差别，表现了胡杨的生态适应性。

3.8　胡杨枝系构型的研究

3.8.1　天然胡杨和人工胡杨枝系构型的研究

3.8.1.1　天然胡杨和人工胡杨枝系的空间分布格局

（1）天然胡杨枝系的空间分布格局

天然胡杨枝系构型的空间分布格局在上、中和下层之间表现出较大的差异（表 3-4）。1 级、2 级和 3 级分枝长度在上层与中、上与下层之间均呈现显著差异；而 1 级、2 级和 3 级分枝长度在中层和下层之间差异不显著；当年生分枝长度在各冠层间差异均不显著，而各层平均分枝长度均呈现显著性的差异。除当年生分枝长度，各级分枝的长度从冠层的顶部到基部（即下层）均表现为逐渐增大的趋势；冠层基部当年生分枝长度、1 级～3 级分枝长度分别是冠层顶部的 0.92 倍、1.78 倍、1.36 倍和 1.32 倍；上、中、下冠层的平均分枝长度分别为 55.11 cm、66.78 cm 和 74.41 cm，这些结果体现了胡杨自身冠型生长的特点。

2 级和 3 级分枝角度在冠层顶部与基部之间呈现差异性显著，而其他各级分枝角度在冠层顶部与基部之间差异性不显著；平均分枝角度在冠层顶部与基部、中部与基部之间呈现差异性显著，而在顶部与中部之间差异性不显著。植冠各冠层的平均分枝角度为 59.19°、61.78° 和 64.76°，由冠层顶部到基部表现为逐渐增大的趋势。

1 级分枝和当年生分枝枝径比（以下简写为 $RBD_{1:0}$）在各冠层之间差异性不显著，$RBD_{1:0}$ 值变化不大，表明 1 级和当年生枝径在各冠层之间相差不大。2 级分枝和 1 级分枝枝径比（以下简写为 $RBD_{2:1}$）在冠层顶部与中部、顶部与基部之间差异性显著，而在中部和基部之间差异性不显著。3 级分枝和 2 级分枝枝径比（以下简写为 $RBD_{3:2}$）在冠层顶部与中部、中部与基部之间差异性不显著，而在冠层顶部与基部之间显著性差异。

表 3-4　天然胡杨枝系构型的空间分布格局特征

枝序	上层	中层	下层
当年生分枝长度/cm	15.07 ± 2.56^a	13.56 ± 1.68^a	13.86 ± 0.98^a
1 级分枝长度/cm	22.11 ± 2.59^a	33.77 ± 1.88^{bc}	39.09 ± 2.73^c
2 级分枝长度/cm	62.44 ± 2.30^a	78.57 ± 2.43^{bc}	85.11 ± 2.74^c
3 级分枝长度/cm	120.83 ± 2.39^a	141.22 ± 2.80^b	159.57 ± 3.05^b
平均分枝长度/cm	55.11 ± 2.46^a	66.78 ± 2.19^b	74.41 ± 2.37^c
当年生分枝角度/°	56.13 ± 2.54^a	57.20 ± 2.04^a	60.96 ± 2.53^a
1 级分枝角度/°	59.64 ± 0.87^a	60.10 ± 1.20^a	62.26 ± 1.72^a
2 级分枝角度/°	60.33 ± 1.20^a	63.50 ± 0.86^{ab}	66.16 ± 1.36^b
3 级分枝角度/°	60.67 ± 1.85^a	66.33 ± 0.89^{ab}	69.67 ± 1.76^b
平均分枝角度/°	59.19 ± 1.04^a	61.78 ± 1.98^a	64.76 ± 1.97^b
$RBD_{1:0}$	1.56 ± 0.08^a	1.57 ± 0.19^a	1.94 ± 0.31^a
$RBD_{2:1}$	1.60 ± 0.13^a	1.84 ± 0.06^b	1.97 ± 0.09^b
$RBD_{3:2}$	2.08 ± 0.36^a	2.18 ± 0.23^a	2.49 ± 0.44^{ab}

（2）人工胡杨枝系的空间分布格局

人工胡杨枝系构型的空间分布格局在上、中和下层表现出明显的差异（表 3-5）。当年生、1 级、2 级和 3 级分枝长度在各冠层之间差异性显著。各级分枝的长度从冠层的顶部到基部均呈现先增加再减小的趋势；中层各级分枝长度最大，除上层当年生分枝长度大于下层分枝外，其他各级上层分枝长度均小于下层；冠层基部当年生分枝长度 1 级～3 级分枝长度分别是冠层顶部的 0.87 倍、1.28 倍、1.35 倍和 1.32 倍。植冠冠层的平均分枝长度分别为 58.73 cm、82.63 cm 和 75.83 cm，各级分枝长度由冠层顶部到基部呈现先增加后减小的趋势。

2 级和 3 级分枝角度在冠层顶部与基部之间差异性显著，而其他各级分枝角度在各冠层之间差异性不显著，平均分枝角度在各冠层之间差异性不显著。植冠各冠层的平均分枝角度分别为 58.73°、63.36° 和 64.44°，由冠层顶部到基部呈现逐渐增大的趋势。

$RBD_{1:0}$ 在冠层基部与顶部、基部与中部之间差异性显著，而冠层顶部和中部

的 $RBD_{1:0}$ 值差异性不显著，$RBD_{1:0}$ 值从冠层顶部到基部分别为 1.69、1.52 和 1.94，呈现出先减小后增加的趋势。$RBD_{2:1}$ 在冠层顶部与基部、中部与基部之间差异性显著，而在冠层中部和顶部之间差异性不显著，$RBD_{2:1}$ 值从冠层顶部到基部分别为 1.67、1.64 和 2.10，与 $RBD_{1:0}$ 呈现相同的趋势，即先减小再增加。$RBD_{3:2}$ 在冠层基部与中部、基部与顶部之间均呈现差异性显著，而在冠层顶部与中部之间差异性不显著，$RBD_{3:2}$ 值从冠层顶部到基部分别为 1.82、1.91 和 2.56，呈现逐渐增加的趋势。上述这些数据从枝条的直径上表现出胡杨不同冠层间的差异。

表 3-5　人工胡杨枝系构型的空间分布格局特征

项目	上层	中层	下层
当年生分枝长度/cm	16.20 ± 0.81^a	18.21 ± 1.18^b	14.20 ± 0.89^c
1 级分枝长度/cm	30.89 ± 1.30^a	47.71 ± 1.16^b	39.54 ± 1.34^c
2 级分枝长度/cm	65.70 ± 0.83^a	97.03 ± 0.70^b	88.95 ± 0.89^c
3 级分枝长度/cm	122.12 ± 1.29^a	167.57 ± 1.62^b	160.60 ± 1.30^c
平均分枝长度/cm	58.73 ± 1.93^a	82.63 ± 1.78^a	75.83 ± 1.94^a
当年生分枝角度/°	57.38 ± 1.10^a	60.09 ± 2.25^a	62.60 ± 1.82^a
1 级分枝角度/°	59.24 ± 2.33^a	60.81 ± 2.02^a	63.58 ± 1.42^a
2 级分枝角度/°	58.90 ± 2.92^a	62.88 ± 2.97^{ab}	67.22 ± 2.36^b
3 级分枝角度/°	59.43 ± 1.45^a	66.75 ± 2.19^{ab}	68.97 ± 2.37^b
平均分枝角度/°	58.73 ± 1.46^a	63.36 ± 2.18^a	64.44 ± 2.53^a
$RBD_{1:0}$	1.69 ± 0.21^a	1.52 ± 0.19^a	1.94 ± 0.28^b
$RBD_{2:1}$	1.67 ± 0.15^a	1.64 ± 0.16^a	2.10 ± 0.08^b
$RBD_{3:2}$	1.82 ± 0.36^a	1.91 ± 0.23^a	2.56 ± 0.44^b

3.8.1.2　天然胡杨和人工胡杨枝系构型特征的研究

（1）天然胡杨和人工胡杨分枝长度特征研究

分枝长度是衡量枝系向外扩展能力的主要参数之一。一般而言，扩展能力较强的植物，其有效利用空间资源的范围也相对较大。同时，根据植株地下部分和地上部分各个构件组成的相关性，这些植株的根系构件也有较高的土壤资源利用的潜能。反之，扩展能力较弱的植株有相对较窄的空间资源利用范围。

　　对天然胡杨和人工胡杨枝条的各级分枝长度分别进行调查（图 3-4），经分析可知：天然胡杨和人工胡杨在长期生长进化过程中所处的环境不同，所以枝条扩展能力存在明显的差异，说明不同生存环境条件下胡杨的环境适生性对策有一定的差异。人工胡杨各级分枝的枝条长度均明显小于天然胡杨的各级分枝枝条长度。整体而言，通过比较可知：从当年生分枝的枝条长度到 3 级分枝的枝条长度为天然胡杨＞人工胡杨，且天然胡杨和人工胡杨枝条的伸展能力从第 3 级分枝到 1 级、当年生分枝呈现相对减弱的趋势。

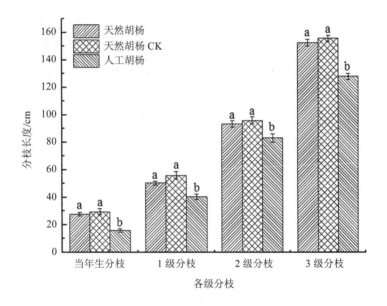

图 3-4　天然胡杨和人工胡杨各级分枝长度

（2）天然胡杨和人工胡杨分枝角度特征研究

　　植物枝条的分枝角度是植物形成冠型的基本要素之一，是衡量植株空间扩展能力的又一重要指标，影响着枝条上着生的叶片利用光照、温度和 CO_2 等的能力。枝条分枝角的大小对各构件的生物量在空间上的分布情况也有影响，即果实、花、叶片和枝条等构件的相对比例。一般而言，枝条的分枝角越大，植物在空间上的展开能力越强，并且有较高的空间资源利用潜能。

通过对天然胡杨和人工胡杨枝条的分枝角度调查，分析与比较发现（图3-5）：天然胡杨和人工胡杨在当年生枝条、1级枝条和2级枝条3组中的分枝角度呈现差异显著性，而在3级分枝倾角之间呈现差异性不显著。不同生存环境的天然胡杨和人工胡杨，由于人工胡杨在其生存条件中对空间资源的竞争压力比天然胡杨要小，因此天然胡杨枝条的分枝角度小于人工胡杨，大体特征为从当年生枝条的分枝角、第1级到第3级枝条的分枝角，即从外向里枝条的分枝角呈现逐渐增加的趋势。

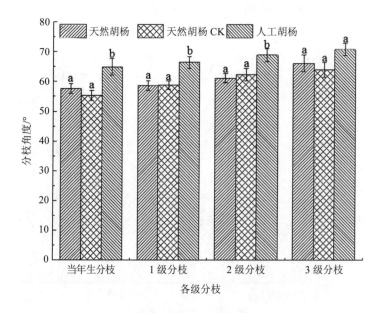

图3-5　天然胡杨和人工胡杨各级分枝角度

经比较发现，天然胡杨在冠层顶部和中部相对年轻的枝条与主干的夹角都比较小，在冠层基部老枝条与主干的夹角相对较大，这体现了植物自身植冠结构的动态变化特征。随枝条年龄的增大，其自身的体积和生物量也在增加，受到重力的制约就变大，枝条受自身重力的影响慢慢下垂，即越靠近冠层下部的枝条与主干的夹角就越大，越靠近上部的年轻枝条与主干间的夹角就越小。这表明植物分枝的表现型既受遗传物质作用，又受环境因素影响。因为就每一种植物整体来说，其枝条分枝角的大小几乎不变，是可遗传的，但枝条的分枝角随生存环境条件的变化呈现出一定的适生可塑性。即使同一植株各冠层间，因其所处的微生境和生长发育程度及所受重力的不同，枝条的分枝角也会发生一定程度的变化。天然胡杨枝条的分枝角自冠层基部到顶部呈现慢慢变小的趋势，而人工胡杨则自冠层基部到顶部呈现先增大再减小的趋势。

（3）天然胡杨和人工胡杨 RBD 研究

RBD 是表示各个分级枝条间荷载能力的一个重要参数。RBD 较大，说明上一级枝条对下一级枝条的承载能力就较大，即可以承载较多数量的下一级枝条。一般而言，枝条间 RBD 较大的植株，其枝条的分枝率相对也较大；而枝条的 RBD 较小的植株，不同分级枝条之间的承载能力则相对较小。不同荒漠植被由于种源的不同、遗传物质变异及生长进化和生存环境的不同，其枝条的 RBD 也存在明显差异。由分析可知，枝条的 RBD 由外向内（即由较低分级到较高分级），天然胡杨和人工胡杨 RBD 的比值逐渐增大。这说明枝条的荷载能力逐渐增强，也说明了特定的荒漠植被在空间格局中的扩展潜能也有一定的受限程度。特定的植株枝条的分枝级别越高，枝条的 RBD 越趋向稳定，即 $RBD_{3:2}$ 比 $RBD_{1:0}$ 更加的稳定。

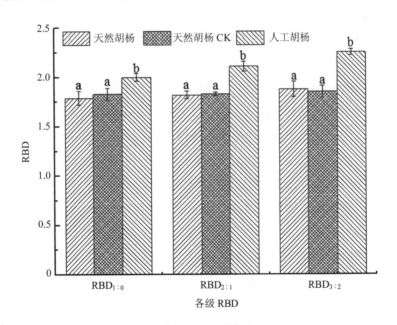

图 3-6 天然胡杨和人工胡杨各级 RBD

由图 3-6 可知，天然胡杨枝条的 $RBD_{3:2}$ 为 1.88，天然胡杨 CK 枝条的 $RBD_{3:2}$ 为 1.85，人工胡杨枝条的 $RBD_{3:2}$ 为 2.25。由此可知，枝条 RBD 的差异表现了其生长发育受生存条件的影响，人工胡杨的 $RBD_{3:2}$，与在荒漠中生长的天然胡杨 $RBD_{3:2}$ 呈现差异显著性。与荒漠生存环境相比，人工生存环境中胡杨生长的水分条件较好，养分相对充裕，枝条的同化作用较强，在枝条上呈现为 RBD 增加较为明显。

天然胡杨、天然胡杨 CK 和人工胡杨枝条 $RBD_{1:0}$ 依次为 1.79、1.83 和 2.00，$RBD_{2:1}$ 依次为 1.82、1.83 和 2.12。由此可知人工胡杨枝条的承载能力显著高于天然胡杨枝条的承载能力。

（4）天然胡杨和人工胡杨分枝率特征研究

在植株分枝格局的研究中，OBR 是一个非常重要的参数，用以说明枝条的分枝能力和各级分枝间的数目分配情况。分枝率的高低与 RBD 和分枝倾角等指标有关，是枝条和叶片合理进行空间分布以充分利用周围资源的一种体现。一般而言，枝条的分枝率越大说明植株对空间资源的有效利用程度越高；反之，对空间资源的利用程度较低。

OBR 从植株整体水平来展现植株的分枝能力，是整合了各分级枝条总数的一个平均值，但忽略了各级分枝数间的比例关系。由表 3-6 可知，天然胡杨和人工胡杨的 OBR 差异显著性，人工胡杨的 OBR 为 2.30，大于天然胡杨的 OBR，这说明了人工胡杨的分枝能力大于自然生存环境中生长的胡杨。

SBR 表示各级枝条的分枝能力。一般情况下，SBR 高，则表明该分级枝条的分枝能力强，对空间资源有较高的利用能力；反之，则表明该分级枝条的分枝能力较弱。

由于枝条的分级越高，其稳定性就越强，所以分级高的 SBR 呈现相对稳定的状态。人工胡杨 2 级分枝与 3 级分枝的 SBR（简写为 $SBR_{2:3}$）、1 级分枝与 2 级分枝 SBR（简写为 $SBR_{1:2}$）和当年生分枝与 1 级分枝 SBR（简写为 $SBR_{0:1}$）依次为 2.55、2.36 和 2.24，天然胡杨的 SBR 均小于人工胡杨，即人工胡杨的分枝能力高于天然胡杨的分枝能力。

表 3-6　天然胡杨和人工胡杨的分枝率比较

项目	天然胡杨	天然胡杨 CK	人工胡杨
$SBR_{0:1}$	1.82 ± 0.11^a	1.79 ± 0.06^a	2.24 ± 0.04^b
$SBR_{1:2}$	2.09 ± 0.07^a	1.89 ± 0.09^a	2.36 ± 0.08^b
$SBR_{2:3}$	2.15 ± 0.12^a	2.12 ± 0.11^a	2.55 ± 0.13^b
OBR	1.94 ± 0.08^a	1.87 ± 0.05^a	2.30 ± 0.05^b

3.8.1.3　讨论

（1）天然胡杨和人工胡杨枝系构型空间分布格局的对比分析

荒漠植物由于遗传物质以及生存环境的差异，使植物的形态具有可塑性，因而也决定了植株个体生长发育植冠构型的变化。通过测定和分析，天然胡杨和人工胡杨植冠构型特征值在各冠层之间变化显著，那么到底是如何变化的，是什么原因引起的呢？

在天然胡杨的植冠构型空间分布格局中，其枝条长度和枝条倾角在各冠层中表现出一定的变化：各级分枝（除当年生分枝外）的长度从冠层的顶部到基部均表现为逐渐增大的趋势，而且下层各级枝条都比较长，这是由于下层受到的光照较其他两层都弱，为使下层叶片接收更多的光照，促使下层各级分枝长度增加；各级枝条倾角从冠层顶部到基部均呈现出逐渐增大的趋势，从而使生长在其上的叶片能够接收充足的光照。天然胡杨植冠构型空间分布格局在各冠层中呈现出明显的差异性，这是因为自然环境中的资源分布存在着异质性。大量研究表明，植株可以通过调节枝条长度、枝条倾角以及分枝率等构型特征，从而有效利用资源如光照、养分等，并在相邻个体竞争时做出相应的反应，个体间竞争时的改变一定程度确定了植株冠层的相对位置，而且分枝率与枝条长度、分枝角度之间可能存在一定的相互作用。

人工胡杨各级分枝的长度从冠层的顶部到基部均表现为先增加再减小的趋势，体现了人工胡杨自身冠型生长的特点；中层各级分枝长度最大，这可能是因为其所处的空间位置在获取各种资源时均比较有利；除上层当年生分枝长度大于下层外，其他各级分枝长度都是上层小于下层，这是由于下层接收到的光照较其他两层都弱，为使下层叶片接收更多的光照，植株促使下层各级分枝长度增加。2

级和 3 级分枝角度在冠层顶部与基部之间差异显著，而其他各级分枝角度差异不显著，平均分枝角度也在各冠层之间差异不显著，各级分枝角由冠层顶部到基部表现为逐渐增大的趋势，从而使生长在其上的叶片能够接收更多的光照。$RBD_{1:0}$ 和 $RBD_{2:1}$ 从冠层顶部到基部呈现出先减小再增加的趋势，而 $RBD_{3:2}$ 值从冠层顶部到基部呈现为逐渐增加的趋势。各级 RBD 中冠层基部 RBD 最大，表明 2 个枝级间枝径相差较大，上一级枝条较多，为下一级枝条提供更多的营养物质，以适应光线较弱的环境；而冠层顶部和中部的 RBD 较小，表明其生长的对策是为了增加原有的生长量，而减少分枝数。

随着枝条年龄的增大，枝条的体积和生物量也在增加，受重力的制约变大，枝条受自身重力的影响慢慢下垂，即呈现出越靠近冠层下部的枝条与主干的夹角就越大，越靠近上部的新生枝条与主干间的夹角就越小。植物分枝的表现型，既是遗传物质相互作用的结果，又是环境因素作用的结果。就植物的整体来说，其枝条的分枝角受遗传影响大小是已确定的，但实际上枝条的分枝角会随生存环境条件变化，呈现出一定的适生可塑性，即使是同一植株各冠层之间，因其所处的微生境、生长发育程度和所受重力的不同，进而枝条的分枝角也会发生一定程度的变化。天然胡杨和人工胡杨枝条的分枝角自冠层基部到顶部呈现慢慢收缩的趋势，而人工胡杨则自冠层基部到顶部呈现先增大再减小的向外展开趋势。

胡杨处在同样的生存环境中具有不一样的构型特征；在不同生境条件下，其构型特征也不相同；同一植株的不同生长层次之间存在不同的空间分枝格局，这与前人的研究结果一致。当然也存在特例。胡杨属于乔木，这与草本和灌木的构型分布格局有比较大的区别，对环境做出的反应也有区别，特别是在自身资源和营养分配方面。植株各构件通过改变自身的形态结构以及生物量的分配，使其对生存环境的变化做出相应的反应。

（2）天然胡杨和人工胡杨枝系构型特征值的对比分析

人工胡杨各级分枝枝条长度均小于天然胡杨的各级分枝枝条长度，因为天然胡杨和人工胡杨在长期生长进化过程中所处的环境不同，所以就枝条扩展能力而言存在非常明显的差异。整体来看，天然胡杨和人工胡杨枝条的伸展能力从第 3 级分枝到当年生分枝呈现相对减弱的趋势。对于特定的荒漠植被而言，其向空间伸展的能力存在一个"阈值"，即随着每级新生枝条向外扩展，其伸展能力呈现逐渐下降的趋势，而这由各级枝条的最大承载力所决定。

天然胡杨和人工胡杨当年生枝条、1 级枝条和 2 级枝条的分枝角度差异显著，而 3 级枝条分枝角差异不显著。就不同的荒漠植被而言，由于遗传物质变异和生存环境不同等原因，在枝条的分枝角上也有一定的差异性。就不同生存环境条件下的天然胡杨和人工胡杨而言，由于人工种植条件下的胡杨其对空间资源的竞争压力比天然胡杨要小，因此天然胡杨枝条的分枝角要小于人工胡杨枝条的分枝角。天然胡杨特征为从当年生枝条的分枝角到第 3 级枝条的分枝角，即从外向里枝条的分枝角呈逐渐增加的趋势。这是因为随着植株枝条向空间中的伸展，自身的枝条构件和叶片构件在空间资源的利用上产生重叠，基于减小枝条和叶片间的竞争和为了更有效地利用空间资源等原因，枝条的分枝结构会表现出一定的向外展开趋势。

天然胡杨枝条的 $RBD_{3:2}$ 为 1.88，天然胡杨 CK 枝条的 $RBD_{3:2}$ 为 1.85；而人工胡杨枝条的 $RBD_{3:2}$ 为 2.25，由此可知，枝条枝径体现了胡杨不同生长发育环境条件的差异。人工胡杨的 $RBD_{3:2}$ 与荒漠环境中生长的天然胡杨的 $RBD_{3:2}$ 差异显著。与荒漠生存环境相比，人工生存环境中水分条件较好，枝条自身同化作用较强，养分相对充裕，枝条枝径增加较明显。随着分枝级数的增加，天然胡杨和人工胡杨枝条的 $RBD_{1:0}$ 和 $RBD_{2:1}$ 逐渐增大，即人工胡杨枝条的承载能力显著高于天然胡杨枝条的承载能力。

天然胡杨和人工胡杨的 OBR 有显著性差异，人工胡杨的 OBR 为 2.30，与天然胡杨的 OBR 差异显著且比值比天然胡杨大，说明人工胡杨的当年生分枝数远远大于自然环境中生长的胡杨。天然胡杨的 SBR 均小于人工胡杨，人工胡杨的分枝能力显著高于天然胡杨的分枝能力，即人工胡杨利用空间资源的潜能比天然胡杨要高。这可能是因为严酷的荒漠生存环境使天然胡杨在生长发育的开始阶段尽可能地长出较多的枝条，进而增加光合作用促进植物生长，但是水分和养分等资源的分配不均会导致下一级枝条数量减少。

（3）天然胡杨和人工胡杨总体构型对比分析

对自然胡杨和人工胡杨的枝条长度、枝条角度、RBD、OBR 和 SBR 分析可知，人工胡杨的枝条长度较自然胡杨的短，但枝条角度、RBD、OBR 和 SBR 均大于天然胡杨。

　　人工胡杨的分枝长度从冠层的基部、中部到顶部呈现先增加再减小的趋势，说明中部枝条的长度比较大；分枝角度在冠层的基部和中部比在冠层顶部要大，冠层顶部分枝角较小；枝条的 RBD 比天然胡杨的 RBD 大，能够承载更多的枝条；分枝率也较天然胡杨的大，说明其对空间资源的利用率较高。由此可知，人工胡杨因受生存条件和空间资源的限制较低，其生长模式是尽可能地向外扩展，扩大自身在空间格局中的占比，人工胡杨的整体构型呈现为半椭球形。

　　天然胡杨的分枝长度从冠层基部到顶部呈逐渐减小的趋势（除当年生分枝长度），基部枝条的长度最大，但各冠层的分枝长度都比人工胡杨长；分枝角度在冠层的基部最大，且从冠层基部到顶部也呈逐渐减小的趋势；枝条的 RBD 较人工的 RBD 小，冠层基部枝条的 RBD 较大，可以承载较多的枝条，越靠近植株的顶部承载的枝条就越少；分枝率也较人工分枝率小。由此可知，天然胡杨由于受生存条件及空间资源的限制较大，其生长模式是通过增加分枝长度、减小分枝角度以使其在空间格局中占据更多有利资源，天然胡杨的整体构型呈现金字塔形。

3.8.2　不同发育阶段胡杨枝系构型特征的研究

3.8.2.1　分枝长度和分枝角度特征

　　不同发育阶段的胡杨在长期生长发育进程中生存环境相似，但枝条的空间延伸能力却有明显的差异。由图 3-7 可知，1 级分枝长度在幼龄期和中龄期之间差异不显著，而幼龄期和成熟期、中龄期和成熟期之间呈现差异显著，且表现为成熟期＞中龄期＞幼龄期。2 级分枝长度和 3 级分枝长度在中龄期和成熟期之间差异不显著，而在幼龄期与中龄期、幼龄期与成熟期之间差异显著。成熟期胡杨 2 级、3 级分枝长度明显大于其他 2 个龄期，成熟期 2 级分枝长度均值分别是幼龄期的 1.69 倍、中龄期 1.09 倍，成熟期 3 级分枝长度均值分别是幼龄期的 1.86 倍、中龄期的 1.15 倍。且成熟期胡杨的 1 级、2 级、3 级分枝长度均大于其他 2 个龄期。整体上，幼龄期、中龄期和成熟期分枝长度从 3 级分枝到 1 级分枝排序为成熟期＞中龄期＞幼龄期，且幼龄期、中龄期和成熟期枝条空间伸展能力从 3 级分枝到当年生表现为逐渐减弱的趋势。对于特定的荒漠植被而言，其向空间伸展的能力存在一个"阈值"，即随着各级枝条向外扩展，其伸展能力表现为逐渐下降的趋势，而这由各级枝条的最大承载力所决定。当年生分枝长度在不同发育期之间差异显著，而且数值排序为幼龄期＞中龄期＞成熟期。除当年生枝外，其他各级分枝长度都随发育程度的增加而增长，虽然可以分出更低级别的分枝，但分枝数较少。

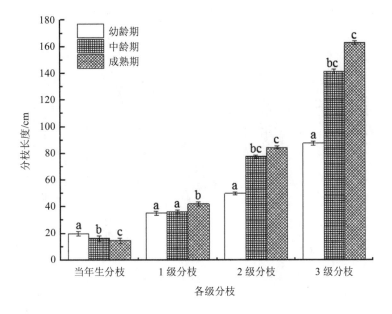

图 3-7　不同发育阶段胡杨各级分枝长度

从图 3-8 可知，胡杨在不同生长发育阶段的各级分枝角度变化不明显，除当年生分枝、2 级分枝和 3 级分枝角度在成熟期与幼龄期、成熟期与中龄期之间差异显著外，其他类型之间差异不显著。同一龄期分枝角度随枝级的增加而增大，而且同级分枝角度也随发育程度的增加而增大。1 级分枝角度在 3 个龄期之间均差异不显著。各龄期的分枝长度相比较以成熟期胡杨的值最大（除当年生分枝长度外），而其分枝角度的值在各龄期相对也较大，表明胡杨的分枝角度与分枝长度之间呈现一定的正相关性。幼年阶段，次级分枝数较少，枝条倾角也较小，则枝条趋于向上内倾；成熟期阶段，分枝数较多，同级枝条的长度和分枝角度较幼年期增大，故其枝条呈现出外倾或舒展的趋势，以充分利用空间资源，减少枝叶构件的竞争，表明胡杨植冠构型随其生长发育表现出一定的动态变化。随着枝条长度的逐渐增长，自身的体积和生物量也逐渐增加，受重力的影响会逐渐增大，表现为逐渐下垂的趋势，即越靠近冠层基部的枝系，枝条倾角就越大，越靠顶端的枝系，枝条倾角就越小，说明了不同龄期胡杨的枝系表现型，既是自身遗传物质的作用的结果，又是对其生存环境适应的结果。

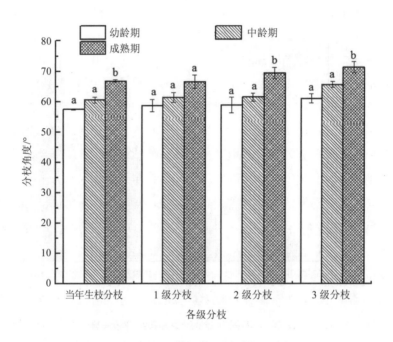

图 3-8 不同发育阶段胡杨各级分枝角度

3.8.2.2 RBD

从图 3-9 可知，不同龄期的胡杨在 RBD 上具有一定的差异。随着胡杨龄期的逐渐增大，同级 RBD 表现为逐渐增大的趋势，且随分枝级别的增大，同龄期 RBD 也表现逐步增加的趋势（除成熟期）。幼龄期与成熟期、中龄期与成熟期的 $RBD_{1:0}$ 以及幼龄期与中龄期、幼龄期与成熟期 $RBD_{3:2}$ 均表现差异显著，其余均为差异不显著。综上表明随着胡杨的生长发育，其枝系之间的承载能力也越来越大。

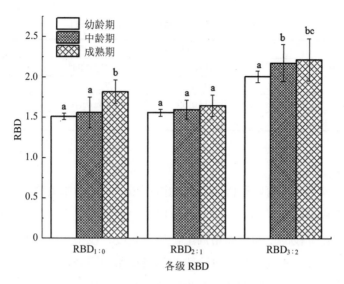

图 3-9　不同发育阶段胡杨各级 RBD

3.8.2.3　分枝率特征

从表 3-7 可知，胡杨在不同生长发育阶段的 OBR 具有一定的差异。随着胡杨龄期的增加，OBR 表现为幼龄期＜中龄期＜成熟期，成熟期与幼龄期、成熟期与中龄期的 OBR 呈现出差异显著，这表明随胡杨的生长发育，植株个体的 OBR 呈现显著的变化。成熟期与幼龄期、成熟期与中龄期 $SBR_{0:1}$ 差异显著，而幼龄期和中龄期之间 $SBR_{0:1}$ 差异不显著。幼龄期的 $SBR_{0:1}$、$SBR_{1:2}$ 和 $SBR_{2:3}$ 都小于成熟期，这与胡杨自身生长有很大关系，因其受生存环境及种内竞争的影响，胡杨在幼龄期阶段会尽可能增加当年生枝条的长度，增大叶片的数量，使植株的光合作用增强，促进植株个体的生长发育，但由于水分、养分等资源的竞争，限制了上一级枝条的数量，从而使胡杨在幼龄期阶段表现出较小的 $SBR_{0:1}$；而在胡杨成熟期阶段，其枝系以向外伸展为主，即分枝长度和分枝角度会增加，而萌生出新枝条的数量相对也较多，所以在胡杨成熟期阶段较幼龄期表现出较大的 $SBR_{1:2}$ 和 $SBR_{2:3}$。这与 Steingraeber 等研究得出的分枝率与分枝长度、枝条倾角之间可能存在相互转换关系的结论相一致。由此可知，植物的生存策略就是尽最大可能扩大自身的生存空间以获得更多有利的资源，完成其生长发育。

表 3-7 不同生长发育阶段胡杨的 OBR

项目	幼龄期	中龄期	成熟期
$SBR_{0:1}$	2.31 ± 0.15^{a}	2.25 ± 0.04^{a}	2.61 ± 0.04^{b}
$SBR_{1:2}$	1.69 ± 0.04^{a}	1.72 ± 0.12^{a}	2.03 ± 0.04^{b}
$SBR_{2:3}$	1.73 ± 0.05^{a}	1.44 ± 0.16^{a}	2.17 ± 0.13^{b}
OBR	1.95 ± 0.15^{a}	1.96 ± 0.07^{a}	2.38 ± 0.05^{b}

3.8.2.4 讨论

胡杨在不同生长发育阶段因其所处的微环境以及所面临的竞争压力都有所不同，故其枝系构型特征在不同生长发育阶段中也表现出很大的差异。枝系构型的差异主要表现在分枝的空间分布格局上，枝条长度、枝条角度以及分枝率均有显著变化。本章通过对不同生长发育阶段的胡杨枝系构型分析发现，从分枝率和当年生枝条长度来分析，幼龄期的主要生长策略是减少枝系的分枝率，增加枝条长度，相应枝条上的叶片数也较多，同时枝条角度比其他 2 个龄期都相对较小，有利于植株适应弱光条件下的生长。中龄期胡杨 OBR 和逐级分枝率均比成熟期的小，当年生枝条比成熟期枝条低，但枝条角度却小于成熟期的，表明中龄期胡杨枝系的伸长生长比较快，分枝格局趋于向上层空间伸展，以充分利用其周围的资源；成熟期胡杨总分枝率和逐级分枝率均比其他 2 个龄期都大，说明其通过增加自身的分枝率来增大冠幅，获得更大的生存空间，以高效的方式利用周围的环境资源完成其生长发育。这与孙书存等的研究结论相符。

3.8.3 不同生长季节胡杨当年生分枝的动态变化特征

广义的植株的生长发育过程是植株由种子发育成幼胚，再到幼苗、幼株，最后生长为成株的过程。从植株整体的形态结构来看，分为以根系为主（地下部分）和以枝系为主（地上部分）的两个部分。枝条是植株冠层的重要组成部分，其生长发育和空间布局几乎决定了植株的冠层结构和营养布局，不但是叶片的依附体，而且也承担着叶片和植株个体间的养分和水分的运送，影响植株的同化作用。很多科研工作者认为可对单个枝条的分枝特点和生长动态进行测定，进而来研究植冠的结构特性和动态变化。

3.8.3.1　胡杨当年生枝长度生长特征

整个生长季节内，天然胡杨和人工胡杨当年生枝累积长度及各季度的绝对增长量变化曲线如图 3-10 所示。天然胡杨和人工胡杨的当年生枝累积长度生长曲线均呈现不明显的"S"形。由二者的当年生枝累积长度生长曲线可知，7 月上旬以前的曲线斜率比较大，说明枝条增长的速度比较快。5 月上旬到 7 月上旬，由于有冬季积雪融水、春季降雨比较充足，以及温度比较温和，天然胡杨和人工胡杨的当年生枝条均处在快速增长阶段，在生长曲线上呈现为较大的斜率，且天然胡杨的当年生枝累积长度与人工胡杨的当年生枝累积长度呈现天然胡杨＞人工胡杨。这可能是因为春末到夏初期间温度上升比较快，土壤中水分条件优良，促进当年生枝条的形成、增长，进而为植株进行光合作用提供了优良条件。7 月上旬以后，枝条增长的速度慢慢降低，在图中表现为曲线的斜率变小，这可能是因为这一时期 WCS 急剧降低的缘故；到 7 月下旬，由于温度的升高，再加上土壤水分得不到及时的补充，WCS 逐渐减小。从 5 月上旬起，二者当年生枝的增长趋势就出现明显的差别；到 7 月上旬人工胡杨当年生枝长度累积的增长量达到最大值，虽然增长量在 7 月上旬就减慢，但增加的幅度仍较大。7 月上旬以后，二者当年生枝的增长逐渐变弱，这可能是由于夏季温度比较高，土壤中含水层降低，进而致使水状况变差。植株当年生枝条长度增长变得缓慢，可以减小水分蒸散的面积，这是胡杨自身对其干旱缺水生存环境的一种适生机制的表现。

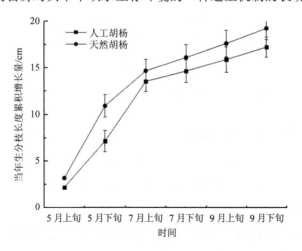

图 3-10　不同生长季节当年生分枝长度累积增长量变化曲线

图 3-10 中的曲线是天然胡杨和人工胡杨当年生枝长度增长的动态曲线。由图可知,天然胡杨当年生枝条累积长度比人工胡杨当年生枝条累积长度要长,由此可以推断天然胡杨的扩展能力大于人工胡杨。

由图 3-11 可知,天然胡杨和人工胡杨从生长季节初期的 5 月上旬至 7 月上旬,为快速增长阶段;5 月上旬至 5 月下旬,当年生枝条长度的绝对增长量为天然胡杨>人工胡杨,但人工胡杨当年生枝条的快速增长时间比天然胡杨持续的时间要长,一直延续到 7 月上旬。就整个生长季节而言,虽然天然胡杨和人工胡杨的当年生枝长度的增加量有一定的差别,但整体趋势是先大幅增加后缓慢增长。

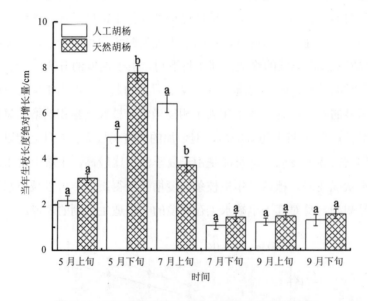

图 3-11   不同生长季节当年生分枝长度绝对增长量

3.8.3.2　胡杨当年生枝枝径生长特征

整个生长季节内,天然胡杨和人工胡杨当年生枝径累积增加量变化曲线如图 3-12 所示。天然胡杨和人工胡杨的当年生枝径累积增加曲线同当年生枝累积增长曲线一样呈现不明显的"S"形。由二者的当年生枝径累积增加曲线可知,5 月下旬至 7 月上旬的曲线斜率比较大,说明枝径增长的速度比较快。5 月枝条长度累积增加量比较大,这时期枝径增加的速度相对较小;从 5 月下旬开始,枝径的增加量逐渐变大，从而为更多叶片的附着提供支撑作用，增加植株叶的光合作用。7 月上旬以后，枝径增长的速度慢慢降低，在图中呈现为曲线的斜率变小，这可能是因为这一时期之后 WCS 急剧降低的缘故；到 7 月下旬，由于温度升高，再加上土壤水分得不到及时的补充，WCS 逐渐降低，树枝的生长受到限制。植株当年生枝径和枝长变化类似，枝径的增加变得缓慢，表现了胡杨自身对其生存环境的一种响应机制。

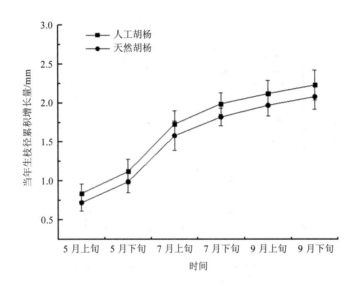

图 3-12 不同生长季节当年生枝径累积增长量变化曲线

3.8.3.3 胡杨当年生枝生长与土壤水分的关系

因为本章研究区域冬季会有一定的降雪，加上春天大量降雨，此时土壤水分状况比较优良，这为胡杨当年生枝条的快速增长提供非常有利的环境。根据图 3-13，将该生长季的 WCS 大致分为 3 个阶段：①5 月上旬至 7 月初的土壤强失水时期，因为胡杨在这一时期当年生枝条快速生长，植株自身的蒸腾作用也加重水分的散失，所以这个时期是整个生长季节 WCS 减小最迅速的时期；②7 月初至 9 月初的土壤弱消耗阶段，此时胡杨当年生枝条的生长也进入缓慢增长阶段，植株自身的蒸腾比上一时期有所减小，该阶段主要是因为温度升高，地表蒸发量大致使水分大量损失，此时胡杨当年生枝长度的生长增量也较小，说明此时期土壤水分不足限制了植株自身的生长；③9月初以后的土壤水分进入缓慢恢复阶段，此时温度有所下降，地表温度也逐渐降低，地表的蒸发也缩小，所以 WCS 有较小的升高。因为气温的降低，T_r 减小，植物生长也变得缓慢，WCS 有所回升。对整个生长季节土壤水分动态变化分析可知，5月上旬至7月初的生长季节内，WCS 下降但 WCS 相对较高；7月初至9月初，随植株生长的变缓，气温越来越高，WCS 渐渐减小，并达到一年中的最低水平；9月初以后，WCS 有所回升，但含量仍相对较低。

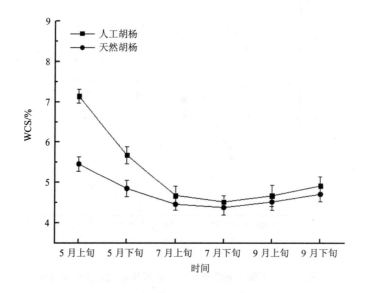

图 3-13　不同生长季节的 WCS 变化曲线

3.8.3.4　讨论

　　天然胡杨和人工胡杨的当年生枝累积长度生长曲线均呈现不明显的"S"形。7月上旬以前的曲线斜率比较大，说明枝条增长速度比较快。5月上旬到7月上旬，由于冬季有积雪融水、春季有比较充足的降雨，水分充足而温度比较温和，天然胡杨和人工胡杨的当年生枝条均处在快速增长阶段，在生长曲线上呈现为较大的斜率，且天然胡杨的当年生枝长与人工胡杨的当年生枝长呈现天然胡杨＞人工胡杨。这可能是因为自然条件下春末到夏初之间温度上升比较快，土壤中的水分条件优良，促进当年生枝条的形成、增长和增加光合作用的面积，进而为植株光合作用提供了优良的条件。7 月上旬以后，枝条增长的速度慢慢降低，这可能是因为这一时期 WCS 急剧降低的缘故，尤其到 7 月下旬以后，由于温度继续升高，而土壤水分得不到及时的补充，WCS 逐渐减小，植株分枝长度生长受限。5 月下旬，天然胡杨当年生枝长度达到最大值，到 7 月上旬人工胡杨达到最大值，虽然增长量在 7 月上旬就减慢，但增加的幅度仍很大。从 7 月上旬以后，二者当年生枝的增长逐渐变弱，这可能是由于夏季温度比较高，土壤中含水层降低，致使水分状况变差，生长变慢。

天然胡杨和人工胡杨的当年生枝径累积增加曲线同当年生枝长度累积增长曲线一样呈现不明显 "S" 形。5 月下旬至 7 月上旬的曲线斜率比较大，说明枝径增长的速度比较快。5 月上旬枝条长度累积增加量比较大，枝径累积增加速度相对比较小；5 月下旬以后，枝径的增加量逐渐变大，从而为更多叶片的附着提供较强的支撑作用，增加植株的光合作用。7 月上旬以后，枝径增长的速度慢慢降低，可能是因为这一时期温度升高，土壤水分得不到及时补充，WCS 逐渐降低，树枝的生长受到限制。

该生长季的 WCS 分为 3 个阶段：5 月上旬至 7 月初的土壤强失水时期，因为胡杨在这一时期当年生枝条生长快速，对水的消耗多，植株自身的蒸腾作用加重水分的散失，所以这个时期是整个生长季节 WCS 减小最迅速的时期；7 月初至 9 月初是土壤弱消耗阶段，此时胡杨当年生枝条的生长也进入缓慢增长阶段，植株自身的蒸腾比上一时期有所减小，该阶段的失水主要是因为温度升高、地表蒸发量大致使水分大量损失，此时胡杨当年生枝长度的生长增量也较小，说明此时期土壤水分不足限制了植株自身的生长；9 月初后是土壤水分缓慢恢复阶段，此时温度有所下降，地表温度也逐渐降低，地表的蒸发量减小，胡杨当年生枝由于气温的降低，T_r 减小，植物生长也变得缓慢，WCS 有所回升。

第二篇

荒漠脆弱区建群种梭梭的
生态适应性研究

第4章　梭梭研究进展的概述

4.1　梭梭的地理分布和资源概况

  张景波等在我国梭梭林地理分布、适生环境及种源变异等的研究中指出，梭梭（*Haloxylon ammodendron*）在我国北纬 35°50′～48°，东经 60°～111°的干旱沙漠地带，自然形成林分或疏林；在新疆的准噶尔盆地古尔班通古特沙漠广为分布，特别是在乌苏市一带集中成片，在哈密盆地东部嘎顺戈壁、诺敏戈壁分布有疏林，在霍城沙漠分布有少量散生林；在天山以南的塔克拉玛干沙漠北部库尔勒市至阿克苏地区、尉犁县一带、塔克拉玛干沙漠以东库姆塔格沙漠南侧，有零星散生林。根据地理、土壤、生态因子影响程度和差异，可将准噶尔盆地梭梭林划分为 4 个分布区，即古尔班通古特沙漠、乌苏沙漠、木垒沙漠梭梭林区及嘎顺荒漠梭梭林区。梭梭的垂直分布梯度较大，除分布在准噶尔盆地、东天山山间盆地海拔 150～500 m 的林区外，一般还分布于海拔 800～1 500 m 处，而在青海柴达木盆地海拔 2 800～3 100 m 地带也有分布。梭梭生态幅较宽，其分布西界为新疆霍城县，东界到内蒙古杭锦旗，北到新疆莫索湾沙漠，南达青海夏日哈镇至大格勒乡一线。在内蒙古额济纳旗巴丹吉林沙漠北部拐子湖附近分布着带状、片状多散生树的林分，阿拉善沙漠吉兰泰镇等地呈带状分布的梭梭林；狼山北博克蒂沙漠、海里沙漠和中国与蒙古国边界亦分布着一条断续的梭梭带，其分布区隶属阿拉善盟、巴彦淖尔市和鄂尔多斯市。在青海省柴达木盆地东部铁圭沙漠、塔尔丁和茫崖市以西山间盆地有梭梭的天然疏林，呈连续或间断性分布。据 2000 年马海波等研究可知，我国现有梭梭林约 652.6 万 hm²，其中新疆、内蒙古、青海、甘肃分别占 56%、39.8%、2.7%、1.5%。

  植被景观的斑块特征可以反映植被空间分布格局的特征。郭泉水等应用地理信息系统（GIS）对我国梭梭的分布状况进行了研究，结果表明，我国现存的梭梭荒漠植被由 180 个斑块组成，斑块大小不均，大斑块少，小斑块多，斑块之间的距离间隔较远，并且面积大小差异大，最大斑块与最小斑块面积相差 17 683 倍，大斑块多集中在新疆，其次为内蒙古。根据郭泉水等 2005 年的研究，我国梭梭荒漠植被分布在东经 107.6°～77.3°，北纬 47.4°～36.1°；集中分布海拔高度在 87～3 174 m；梭梭柴砾漠主要分布在梭梭荒漠的东、南界，梭梭柴沙漠主要分布在梭梭荒漠的西、北界。梭梭柴砾漠的面积约占全国梭梭荒漠植被总面积的 37.3%，梭梭柴沙漠与白梭梭荒漠分别约占全国的 21.3%和 23%。我国梭梭荒漠植被分布区面积虽大，但群落盖度小，内蒙古梭梭群落覆盖不到 30%的面积约占现存梭梭荒漠植被总面积的 70%。

4.2　梭梭的形态特征

藜科（Chenopodiaceae）梭梭属（*Haloxylon*）超旱生植物在我国有 2 个种，即梭梭和白梭梭。梭梭，也叫梭梭柴、梭梭树、琐琐，花两性，于叶腋单生，果实宿存花被，叶片退化成鳞片状，可用幼嫩光合枝进行光合作用，周培后发现梭梭遇到夏季高温或生长期严重缺水时脱落幼枝。梭梭株丛高度和植冠变异幅度大小有关，高度超过 2 m 的植株，生得粗糙而且呈现扭曲状的主干，为小乔木状；而高度低于 2 m 的植株，则无明显主干，由基部生出分枝，形成圆丛形状的外观，因为有一部分当年生的小枝枯落，因此称其为"小半乔木"。梭梭根系粗大，主根呈曲轴状下伸，最深可达 7 m 左右，自沙表到 1 m 深的范围内分布有强大的侧根系统。在条件好的生境，梭梭可存活 50～100 年。梭梭耐土壤瘠薄、抗干旱、抗风蚀性极强，是干旱荒漠区的优良固沙植物树种，也是亚洲荒漠生态系统分布最广的荒漠植物种类。

因为梭梭具有较强的抗干旱和耐盐特性，并且大量分布在荒漠区的沙丘、戈壁滩还有剥蚀山地上，甚至可以在干旱到龟裂的土地上存活生长，所以它被认为是荒漠区重要的优质固沙先锋树种和该区群落的主要建群种。梭梭木质坚硬，其气干材含水率只有 1.02%，热值高（梭梭枝条和干的热值分别为 19 500 kJ·kg^{-1} 和 18 000 kJ·kg^{-1}），为当地居民提供了优质廉价的薪柴资源，因此梭梭被称为"沙漠活煤"。同时，梭梭因其植物体含有大量的粗蛋白质等营养物质，成为沙漠区骆驼和牛羊等牲畜的优良饲料，为动物提供充足的矿物质和钙物质。这都体现了梭梭的实用价值和经济价值。寄生在梭梭根部的肉苁蓉（*Cistanche deserticola*）是名贵的中药材，其性温，具有很好的滋补效果，具有"沙漠人参"的美称，这体现了梭梭的药用价值。此外，梭梭可以抵抗风蚀，减缓荒漠区沙漠化的进程，这主要是通过梭梭植株体能覆盖部分裸露地表同时阻挡沙土侵袭来减缓地表正在加速的荒漠化。因为梭梭具有这么多的应用价值，所以其对荒漠区生态系统平衡有着至关重要的作用。

4.3　梭梭同化枝解剖结构特征

国外对梭梭的研究较多，主要集中在梭梭的无性繁殖、地理分布及其生态适应条件、梭梭对沙漠的改善、梭梭苗的形态学等方面。贾志清等总结概括了国内对梭梭的研究过程，即首先对天然梭梭林的地理分布、生物形态学及应用梭梭人工固沙技术等宏观方面进行研究，而后随着天然梭梭群落的严重破坏和人工梭梭林的衰退，我国开始对梭梭林更新复壮技术及其生理生化对生态环境响应等方面进行研究。

苏培玺等研究发现梭梭的同化枝呈圆柱形，角质层厚，两层表皮细胞排列整齐，为复表皮，其下为一层下皮细胞，中间分布着含晶细胞。下皮细胞以下是一层栅栏细胞，排列密集，内含叶绿体，栅栏细胞之间有许多含晶细胞，外形巨大，部分深入到下皮层。栅栏细胞以下是含有叶绿体的维管束鞘细胞。维管束鞘细胞以下是贮水组织，占较大比例，靠近维管束鞘细胞的贮水组织中，也有一些含晶细胞，而且有的形状巨大。较大的维管束位于同化枝中央，贮水组织内及近维管束鞘处还分布有小维管束，髓不发达，髓射线狭窄。在贮水组织内有两束大的纤维细胞，其内可见细胞核，可能是生活细胞，纤维组织具有生活细胞是沙生植物的普遍特征。

梭梭幼嫩同化枝的旱生与盐生显微结构总体特点：叶片退化，并肉质化，呈鳞片状。表皮具有两种不同的气孔器，其中一种气孔器相对较小，另一种气孔器深陷于低凹处，形成较大的孔下室；凹陷的孔下室在其内形成了较湿润的小环境，进而阻止叶肉水分蒸腾，维持植物内环境的稳定。表皮层下均具有发达的海绵组织，其主要是起到保水贮水的作用。表皮层以内的栅栏组织细胞，排列整齐，由于栅栏组织细胞中散生着许多叶绿体，因此该组织能有效地增加光合作用效率，是幼嫩同化枝进行光合作用的主要场所之一。叶肉细胞之间分布着大量的盐晶粒，这些是由发育良好的栅栏组织和海绵组织细胞分泌的，可以维持细胞间较低的水势水平，由于它们可以产生较大的拉力，可以降低水分子由细胞间隙逸出的数量，因此起到抗旱的作用。栅栏组织细胞内侧分布着一些黏液细胞，形成黏液细胞层，它可增大细胞内的渗透压，增强细胞的吸水能力。再向内的薄壁组织细胞，面积较大。位于中央的维管束，导管的孔径较大。

侯彩霞等为研究水分胁迫下超旱生植物梭梭的结构变化，采用半薄切片与超薄切片相结合的方法，观察到梭梭同化枝的栅栏细胞层下为第二层光合细胞，它是一种胶质细胞，其内充满着泡状叶绿体，叶绿体基粒不发达，其功能与碳四（C$_4$）植物维管束鞘细胞类似，能在梭梭遭遇水分胁迫时维持较高的光合速率。将梭梭离体同化枝自然风干 4 天失水处理时，结构改变不明显；浸水 42 h 后，细胞结构发生很大变化，栅栏细胞的质膜弯曲，内陷，叶绿体膨胀，液泡体积增大，有大量细胞渗出物出现，核膜也略有肿胀。公维昌等对梭梭光合器官形态解剖结构的生态适应性进行了研究，结果表明，梭梭是 C$_4$ 植物，依靠当年生绿色同化枝进行光合作用，同化枝具有发达的贮水组织与栅栏组织，其中栅栏组织富含叶绿体，是典型的超旱生、稀盐盐生植物；梭梭主要依靠其系统演化性状和特殊适应性结构，通过提高光合作用效率，进一步增强梭梭对荒漠干旱、盐渍化环境的适应能力。为揭示梭梭对干旱环境的适应性，周朝彬等对古尔班通古特沙漠南缘梭梭次生木质部进行了解剖观测，发现梭梭次生木质部解剖结构中，导管有宽导管和窄导管 2 种，导管频率和导管复孔率较高，导管个数较多，导管壁和纤维壁明显增厚，Vulnerability 值和 Mesomorphy 值较小，因此梭梭对干旱环境的适应性强。两种土壤类型中，沙质类型土壤生长的梭梭的导管壁厚、导管复孔率、纤维壁厚和导管长度相对于土质类型土壤生长的梭梭来说其数值明显升高，而纤维长度则极显著低于土质类型梭梭，表明沙质类型比土质类型梭梭具有更强的抗旱性。梭梭次生木质部解剖结构对水分条件具有较强的可塑性，使得古尔班通古特沙漠的梭梭具有更宽的生态幅和更好的抗旱性，从而成为该沙漠的优势种。杨雄等研究梭

梭幼苗木射线解剖特征表明：梭梭木射线为单列或多列共存，根据 Kribs（1935
年）归类标准属 Kribs 异形Ⅰ和 Kribs 异形Ⅱ，其中多列射线居多。除上述研究外，
国内对于梭梭同化枝解剖特征、抗旱性综合评价以及对不同生境条件的生态适应
性响应机制的研究尚未见报道。

4.4　梭梭生理生态适应性

若预使梭梭的抗旱性能和抗寒力得到显著提高，韩超等通过设定低温条件和
高盐浓度条件，对梭梭幼苗进行预处理，来探索梭梭嫩苗耐温度胁迫和盐胁迫的
能力及两者交叉作用的机理，研究结果显示经过低温预处理（5~7℃）后或盐溶
液（0.3 mol·L^{-1} NaCl）预处理 24 h 后梭梭幼苗的抗旱能力都得到了提高，同时经
过干旱预处理再转低温处理，也能提高其抗寒能力。究其原因，发现在寒冷和高
盐条件下植株细胞内的水分丢失，酶系统不活跃，故而呼吸作用减慢，植株的合
成代谢便大于分解代谢，幼苗的生存能力就得到了提高。张金林等对梭梭的生理
实验研究表明，植株体内游离氨基酸的含量随植株位置高度上升而升高，即从根
部，到茎再到同化枝，氨基酸含量逐渐增多；可是与少浆旱生植物相比较，少浆
植物整株游离 Pro 大于梭梭。梭梭植被中缬氨酸、甲硫氨酸、半胱氨酸、赖氨酸、
精氨酸的绝对含量和相对含量都不同程度地增加。在梭梭不同部位，氨基酸的含
量有很大差异，例如，丙氨酸和异亮氨酸的含量在很多部位均较高；异亮氨酸在
宿茎中含量高达 32.95%、丙氨酸在同化枝中达 23.69%，这样的含量高出其他种
类的氨基酸很多。另外，在梭梭根、宿茎中半胱氨酸的相对含量也较高，同化枝
中的游离 Pro 含量高于其根和宿茎。

除分析梭梭同化枝内多种氨基酸成分和含量外，姚云峰等研究不同渗透势梯
度对梭梭幼株内各种保护酶活性的作用，发现如果渗透压低于 –1 500 kPa，SOD、
CAT 和 POD 活性降低；在低渗透胁迫时，SOD 活性随渗透胁迫的增强而降低，
然而 CAT 和 POD 酶活性随渗透压升高而加强，MDA 含量并没有随着渗透压的
变化而变化，在这种情况下，它与细胞膜透性都有相似变化，以上这些特性使梭
梭可以更好地耐旱。

4.5 梭梭种群性状结构与空间分布格局的初步研究

李建贵等在新疆甘家湖梭梭林自然保护区，用同样方法对梭梭种群进行了定位调查，分别从种群的疏密度与空间分布、径级、树高等方面展开调查。研究发现，梭梭地径结构和株高结构表现为典型的倒"J"形，这种形态的曲线图表明梭梭种群中年龄小的植株个体数量占多数，对于整个种群的作用就是种群数量会越来越多，呈现增多的趋势。看种群的空间分布形态如何，关键看研究区域的大小，因此，当梭梭的研究区域小的时候，梭梭种群空间格局是集中分布，反之，研究区域大，其空间分布格局会发生变化，呈随机分布或者均匀分布。将白梭梭和梭梭的群落分布形态及群落间关系进行对比研究，研究区选在新疆准噶尔盆地玛纳斯河流域下游附近荒漠梭梭—白梭梭群落，常静等发现，当研究区域设在 50 m 范围之内时，两个种群都是聚集分布；白梭梭种群的集中程度和强度都有异于梭梭，在最大聚焦规模上较弱于梭梭；在研究区域是划分在 50 m 之内时，两个种群的关系并不呈正相关，相互之间彼此镶嵌分布。

4.6 梭梭同工酶及分子水平的研究

张林静等通过随机扩增多态性 DNA，即 RAPD 方法对新疆阜康地区梭梭居群的遗传多样性水平和位于荒漠地区的植物群落物种多样性机理进行了研究，分析结论显示该地区梭梭在亚居群内的遗传变异小于亚居群间的遗传变异。Sheng 等对新疆古尔班通古特沙漠东南地区的梭梭进行了分析讨论，通过简单重复序列区间扩增多态 DNA 分析（ISSR）和 RAPD 标记法对 4 个非人工梭梭居群的遗传结构及遗传多样性水平进行了分析发现，居群内的遗传多样性非常高（138.2%，PAPD；89.4%，ISSR）。在使用 ISSR 分子标记时，得到基因多样性特别，数值只有 10.6%，但是在使用 RAPD 方法时，并没有发现群体与群体之间基因多样性的异同。此外，基于 ISSR 标记对内蒙古境内以及新疆部分区域的 9 个居群的遗传结构研究发现种群之间的遗传多样性非常高，运用分子生物学方差（AMOVA）分析方法对 DNA 序列进行分析，发现梭梭的大部分遗传多样性来自居群内，存在于种群间的遗传变异性都极其小。张萍等对中国西北部新疆地区不同梭梭居群的遗传多样性进行了 ISSR 分子标记研究，结果发现本区梭梭的 218 个个体、8 个居群总的多态位点百分率为 89.23%，通过遗传变异分析表明，物种水平的基因分化系数为 63.78。从种的层面去研究的 Nei's 基因多样度指数为 0.336 2，Shannon's 多样性指数为 0.506，居群与居群之间基因流为 0.284。钱增强等针对新疆阜康地区绿洲荒漠过渡带 40 株梭梭个体的同工酶遗传多样性进行分析，结论显示物种水平上的多态位点比率为 60%，而平均每个位点的等位基因数为 1.8。

第5章 不同生境下梭梭同化枝解剖结构的对比研究

5.1 研究背景与意义

5.1.1 研究背景

5.1.1.1 叶片抗旱性研究

植物抗旱性指陆生植物在干旱环境中生长、繁殖和生存的潜在能力，还包括其在干旱胁迫消除以后快速复苏的能力。植物的抗旱性是一个复杂的性状，是植株全面的综合反应，其研究方向具体归纳为植物的生理生态解剖特征、光合器官、原生质结构等特点。植物长期处于特定环境下，其叶片的形态、解剖结构会趋向于适应该环境的方向进行演变。在不同条件压力下，环境中的水分、温度、光照等因子的变化能诱导叶片形态和内部解剖结构的生理响应和适应。

陆地植物常面临干旱的胁迫，在长期的适应进化中形成不同抗旱潜质。叶片是植物进行光合和呼吸作用的主要场所，其中光合作用是植物物质积累和生理代谢的基本过程。叶片是植物暴露在复杂的外界环境中变化敏感且可塑性较大的器官，其结构的变化必定影响植物生理生态功能的变化。从形态学的角度来看，耐旱的陆生植物叶表面角质层厚、栅栏组织细胞排列紧密，一些叶子具有表皮毛，一些落叶植物在干旱胁迫下将叶片卷成圆筒形；从生理学的角度来看，植物通过调节气孔的开闭来调整自身的蒸腾作用；从生物化学的角度来看，植株通过增加体内糖和蛋白质的含量来增加其对水分的吸收，并且通过限制一些分解代谢酶的活性来调节在干旱胁迫下的生理代谢平衡等。因此，了解叶片解剖结构特性的改

变与植物抗旱性的关系，是分析和评价植物抗旱性的重要组成部分，是探究植物
对生境变化的适应性机制和相应对策的基础。

（1）叶肉结构与干旱胁迫的关系

植物抗旱性可通过环境诱导而增强，并与植物叶片外观形态解剖结构呈现一
定的相关性。姚雅琴等运用电子显微镜观测了具有不同抗旱能力的 6 个品种的小
麦幼苗栽培种，在不同程度水分处理的胁迫下叶肉细胞超微结构的改变。结果表
明小麦叶肉细胞超微结构受到轻度水分胁迫时，几乎没有影响，但在中度和严重
水分胁迫下会发生不同程度的变化。其叶肉细胞结构的变化模式基本相似，胁迫
致使叶片内部的细胞发生质壁分离现象，液泡膜破裂；叶绿体变成球形排布于细
胞的中央，线粒体基质变稀，脊减少，最终叶绿体、线粒体解体；其他细胞器均
消失，细胞中出现许多的小泡。抗旱能力强的栽培品种，其角质层较厚，栅栏组
织细胞丰富且排列紧密，层次较分明清晰，维管束较多，主脉的维管束中具有机
械作用，侧维管束比较丰富，叶肉细胞中有丰富的细胞质，有些品种的上、下表
皮之间具有大量单细胞表皮毛，且下表皮细胞突起呈刺毛状，增强植物的抗旱
能力，表皮气孔下陷且下表皮细胞向外突起，说明其具有旱生结构，在叶片横
切面中，栅栏组织所占比例大，有 3 层柱状细胞，而不具抗旱能力的栽培品种
其栅栏组织细胞排列相对疏松，层次不分明也不太清晰，海绵组织细胞占据较
大的比例。

陈健辉研究了干旱胁迫对不同耐旱性大麦栽培品种叶片超微结构的变化，得
出 3 个大麦栽培种在没有受到胁迫的情况下其超微结构特征没有任何差异。经历
干旱胁迫之后，耐受性较小的大麦品种其叶片细胞核中染色质的聚集程度变大，
叶绿体变形，外被膜出现较大幅度的波浪状形变和膨胀现象，同时基粒出现弯曲、
膨胀、排列混乱的情况，线粒体的形状和内膜受到破坏；耐旱性较高的大麦栽培
种其叶片细胞中染色质虽也有聚集的现象，但聚集程度较小，其叶绿体及线粒体
与没有受到胁迫时基本一致，大部分没有看到明显的损伤，叶片的主脉相对发达，
其中一些形成较大的空腔，可能与空气、水分、特殊物质的储存相关。耐旱性较
高的大麦栽培种，其叶片主脉中的厚角组织细胞中含叶绿体，可提高光合效率，
促进叶片内有机物合成；此外，厚角组织细胞还能在保水与机械支撑等方面发挥
作用。在叶肉细胞中，发达的维管束组织，为其自身水分及营养物质的运输提供

了保障。有些薄壁细胞中分布着一些晶簇，可以调节细胞的渗透压，增强细胞吸水与贮水的能力。

（2）形态结构与干旱胁迫的关系

刘飞虎等研究了干旱胁迫下不同苎麻栽培种的形态解剖特征，指出抗旱能力强的苎麻栽培种在正常水分条件下，叶片表面茸毛多、叶片着生倾角小、比叶重较大；而在受到干旱威胁的情况下，叶片衰老慢、根冠比大、根活跃吸收面积大、萝卜根数量多且直径大，纤维细胞直径和细胞壁厚度降低幅度小；抗旱能力强的苎麻在正常水分及干旱胁迫情况下，叶片气孔密度以及茎导管和根系维管束均较大。王慧娟等研究刚毛柽柳当年生同化枝在干旱威胁下的旱生植物特征发现，其同化枝表皮具有较厚的角质层以及稠密的表皮毛，表皮气孔开度较小，且具有孔下室，同化枝皮层中具有叶绿体，因此具备同化功能。除此之外，输导组织细胞发达，髓部面积较小。与对照相比，处理组叶片较厚，远轴面拥有密集的栅栏组织细胞；同化枝中的叶绿体数目减少，蛋白质和淀粉等物质的含量减少，海绵组织细胞孔隙显著增多，栅栏组织细胞的厚度减小，排列相较于对照组的疏松。陈晓旭观察分析内蒙古地区生长的柳树叶的形态解剖变化，结果表明，不同种类柳树在相同的环境下其叶的栅栏组织排列紧密程度不同，其中旱柳的栅栏组织细胞排列最为紧密，海绵组织空隙最大，机械组织以及纤维组织最为发达；而垂柳的海绵组织细胞排列最紧密，蒿柳与垂柳的栅栏组织细胞的排列相对疏松。仙人掌为了适应干旱环境变化，增加其抗旱性，其叶退化变为刺状。为了减少植物水分散失，提高水分利用效率，干旱地区植被具有较低的比叶面积，此特征反映出植物对于水分胁迫的适应策略。比叶面积随降水量的降低而变小；比叶面积与叶片厚度或组织密度存在一种负相关的关系；叶片厚度或组织密度变大（比叶面积减少）有助于加大叶片内部水分向叶片表面移动的距离或阻力，从而减少植物内部水分损失。

5.1.1.2 叶片解剖结构与生态因子的关系

气候变化对很多植物的形态结构产生了明显的影响，气候变化会导致气温上升或下降，降水量增加或减少，从而影响植物的形态和生长发育，甚至会导致植物死亡。植物作为生态系统的第一生产者，通过长期的进化与生态适应，形成相应的形态结构。叶片是植物同化作用的主要场所，它是植物最敏感的器官，反映植物与外部环境的密切关系，受光照、温度、水分及盐分等生态因子的影响显著。

（1）光照因子

光照是影响叶片形态解剖结构的环境因子之一，在自然条件下，光强和光质对叶片结构和生理代谢活动都有不同程度的影响。在强光的条件下，叶片面积小而厚，叶片解剖结构在表皮细胞和栅栏组织细胞两方面表现出适应性，主要表现在表皮结构呈现出气孔数变多，细胞层数变多，表皮角质膜发达，细胞体积缩小、海绵组织分布紧密等方面。叶片小而厚可减少叶片表面的蒸腾作用，对光的照射具有反射的作用。有些植株表皮细胞外壁有突起，而叶片下表皮突起尤为明显，大小不一的突起能反射强的紫外线，防止强辐射对植物的灼伤，这在植株抗旱方面具有一定的意义。在光质研究方面，可以看出光质对植物形态构成也具有重要的作用。波长直接影响植物叶片对太阳光的吸收以及反射程度，植物叶片对波长较长的红光敏感性小，而对波长较短的蓝光敏感性大。赵晶研究了光照对两种栎属植物幼苗叶形态结构的影响结果表明，栓皮栎的叶形特征对光照因子的变化相对不敏感，在不同光照情况下，栓皮栎叶肉栅栏组织细胞厚度与海绵组织细胞厚度的比值、叶片上表皮厚度以及韧皮部厚度具有明显的差异性，但其变化趋势不明显。对于蒙古栎来说，光照越强，叶片越短，叶片厚度越大，叶肉栅栏组织厚度越小；而蒙古栎叶肉栅栏组织厚度在不同光照条件下具有显著差异，但不明显。在某一环境条件下栅栏组织细胞与海绵组织细胞比例会随着环境条件的变化不断变化，直到最佳比例，该比例不仅会随光照强度的增强而增大，同时还会受叶肉组织细胞本身光合作用能力的影响发生不一样的变化。相比在自然状况下，在某一范围内，叶片栅栏组织厚度、海绵组织厚度及其内叶绿体数量等指标与蓝光成分的数目呈现出一定的正相关性，而红光和远红光成分的数目对叶片解剖结构的影响不显著。覃凤飞等研究了 3 个不同秋眠型紫花苜蓿栽培种叶片解剖结构与其光生态适应性，得出以下结论：伴随光照强度的减小，各紫花苜蓿栽培种表皮结构上、下表皮的角质层厚度、气孔密度和气孔开放程度显著降低，上、下表皮厚度表现为逐渐增加的趋势；伴随遮阴强度的增大，叶肉组织细胞中海绵组织细胞宽度显著增长，而栅栏组织细胞厚度、细胞层数以及栅栏组织细胞厚度/海绵组织细胞厚度的比值明显下降；3 个栽培种间海绵组织细胞厚度和栅栏组织细胞大小的变化表现出一定的差异性；在叶片结构整体布局上，叶片厚度、叶肉厚度、中脉厚度、组织结构密集程度伴随光照强度减小而降低，组织结构疏松程度增加，叶脉突起没有变化。3 个紫花苜蓿栽培种间各叶片解剖性状变幅及可塑性指数具有显著的差异，说明其对弱光环境表现出差异的适应性。

（2）温度

温度是影响植物生长发育的重要环境因子之一，研究温度变化对叶片的影响对于了解植物生态适应具有重要的意义。在低温条件下，叶肉细胞层数目不变，体积增大，进而使叶片的厚度变厚；叶片常长有表皮毛，能起到御寒的功能。为了适应低温环境，叶肉细胞中单宁含量会增多；此外，叶片栅栏组织细胞层数增多，抗寒品种叶肉栅栏组织细胞的总厚度比不抗寒的栽培种的要厚，且占完整叶片相当大的部分，即栅栏组织细胞厚度以及叶的总厚度都会随温度的降低而变厚。

而在高温条件下，植物会面临大量的失水，叶片蒸腾作用增强，水分利用率下降，因此植物叶片会发生相应的改变，其主要表现为叶片厚度增大，气孔器面积减小，叶肉细胞排列紧密，气孔长宽指数减小，气孔密度增加等特点。韩梅等研究了温度升高对 11 种植物叶片解剖特征的影响，通过比较生长在温度严格控制的叶片栅栏组织细胞厚度、海绵组织细胞厚度以及叶片总厚度的变化严格控制温度的变化，结果表明，当温度升高时，C_4 植物的叶片厚度增大，而 C_3 植物叶片厚度的变化不明显；植物叶片解剖特征伴随二氧化碳浓度和温度的变化而表现出线性和曲线变化趋势；不同物种的同一组织厚度和同一物种的不同组织厚度，对温度增加的响应表现出显著的差异；随着温度的升高，植株的高度与地径变大，分枝数量增加，植物总生物量增加，根、茎、叶重量也加大。

（3）水分因子

植物在生长发育过程中，水分是必需的因素，只有保持水分的均衡才能使植物正常的生长发育。随着叶表皮角质膜厚度增大、气孔数减少，导管直径减小，植物的 T_r 提高，水分传输能力增强，气孔的气体交换量降低，以上结构参数的变化是植物叶片对环境湿度的适应性响应。根据植物对水分利用的能力可将其分为节水型和耗水型植物。段喜华等对干旱条件下拟南芥莲座叶的解剖结构进行研究分析，结果发现由于叶片是水分消耗的重要器官，拟南芥莲座叶的直径、叶片面积、花序、水势等指标随着干旱胁迫的变化而发生显著变化，从而维持植物体内水分平衡使拟南芥能良好的成长发育。除此之外，干旱胁迫促使植物叶片数量减少、叶面积减小、叶片生物量降低、比叶面积减小以及色素含量降低，这是因为植物为了维持体内水分的相对充足，通过减少叶片的数量以及减小叶面积来降低植物的蒸腾作用，提高水分的利用率。

王顺才等通过轻度、中度和重度 3 种不同程度干旱胁迫对 3 种苹果属植物叶片解剖结构的影响进行了研究与分析，指出随着干旱胁迫的增强，叶片厚度减小、栅栏组织厚度减小，叶肉组织结构紧密度变小，叶片海绵组织分布疏松，栅栏组织分布密度减小，叶肉组织细胞结构逐步变厚。曲桂敏等为了研究水分对苹果叶片的影响，通过不同程度的水分胁迫对苹果叶片进行实验研究，结果表明，随着水分胁迫程度的增强，植株幼叶厚度增大，叶表面积减小，栅栏组织厚度增大。在水分条件差的情况下，下表皮细胞变扁且呈波浪状分布。而成龄叶的叶片厚度减小，栅栏细胞的厚度也不同程度地减小，叶片下表皮细胞解体，细胞形状变化不明显，叶片上表皮细胞的纵横径比减小。幼嫩叶在生长过程中，因其组织建成尚未完善，所以它可通过改变自身的形态微观结构，以适应土壤水分条件的变化，增加其对生态环境的防御能力；而成龄叶形态构建已经完成，很难再通过改变自身的解剖结构来适应水分条件降低的情况，只能被动地适应其周围的环境条件。当植物根吸收的水分小于蒸腾作用等散失的水分时，叶表皮细胞减小，表皮细胞外壁与角质层厚度增大，能有效地减小水分损失，表明水分的减少会阻止细胞的延伸，进而表现出对环境胁迫的适应性。在水分胁迫下，栅栏组织细胞增大，细胞间隙缩小，网状叶脉增多，维管束鞘细胞增大，气孔主要遍布于叶片下表皮，既可促进植物与外界环境气体交换，又能保持水分。以上各指标的变化可以看作是植物对水分短缺的一种生态响应。

（4）盐因子

盐分也是影响植物叶片解剖特征的重要因子之一，盐分主要是通过植物水分运输的过程遍布植物体内，是调节植物体内渗透势的重要因素之一。植物在盐碱环境中生长时，植物体内的水分会因为周围环境的渗透压高，而向外界流失，使其生长受到水分的胁迫。德国生态学家 Breckle S K 以盐生植物耐盐性的生理机制和结构及生态特征，将植物分为真盐生植物、泌盐盐生植物和假盐生植物 3 种类型。这 3 种类型的盐生植物利用对盐分环境的抵御以及对盐分的逃避等不同方式来适应盐生环境。盐生环境下，盐生植物叶片肉质化，其体表附有盐斑，栅栏组织发达，贮水组织增强，叶肉细胞的细胞液含有高浓度的盐分，能从渗透压比自己低的土壤中吸收水分，从而维持其体内渗透势平衡，增强叶片的光合效率，提高水分的利用率。一些植物在盐分胁迫下，气孔下陷，G_s 减小，角质膜增厚，表皮由一层平坦而分布密集的长方形或方形细胞组成，覆有密集的纤毛，能析出结晶盐。这种植物结构可有效地降低蒸腾作用，增强排盐作用，使其内部环境稳定。除此之外，盐生植物结构有效地吸收外部水分到植物体内，从而降低细胞中的渗透势，避免盐的毒害作用，同时还能高效地利用光能以适应高盐环境。苏坤梅发现在不同浓度 NaCl 胁迫下，盐地碱蓬营养器官肉质化程度变大，维管束组织比重增加，导管口径显著增大，导管数目增多；伴随 NaCl 浓度变大，叶片整体逐渐变得小而厚，单位叶面积上的表皮细胞个数减少，叶表面积与体积的比值小，表皮细胞的体积增大，叶的肉质化程度增加，角质层变厚，单位面积上的气孔数量减少等变化，可以使植物的 T_r 降低，降低植物体内水分损失；此外同化组织细胞厚度与贮水组织厚度分别占叶片厚度的比例趋势正好相反；叶片中贮水组织的比重变大，促进叶片的保水贮水能力；通过蒸腾作用可以将植物体内的盐分分泌出来。

（5）污染物

因为工业的快速发展，环境中污染物越来越多，致使环境污染问题越来越严重。根据污染物影响的环境要素，可分为大气污染、水污染及土壤污染。大气污染物主要是二氧化硫、臭氧、氟化氢等有害气体，水污染与土壤污染主要多为重金属污染物。由于污染物存在于环境中会影响生态因子的变化，所以污染物也会对植物的形态结构间接地产生不同程度的影响。

臭氧在欧美是排首位的大气污染物，20 世纪 60 年代中期，Sutinen 等报道了臭氧以及臭氧、二氧化硫复合污染对叶超微结构的影响，发现臭氧浓度的增加将导致叶绿体超微结构的变化，降低了叶绿体的长度以及淀粉体积的大小，基质的密度增加，从而影响线粒体，接着细胞质瓦解，针叶结构发生的变化由外层细胞转向内层细胞。汪玉秀等探讨了大气化学污染物对植物的危害作用机理，臭氧主要通过损害叶片的栅栏组织和海绵组织，从而使植物受到危害。李梅等研究了高浓度臭氧对水蜡成年叶片表皮气孔及叶组织结构特征影响的变化规律，结果表明，与对照相比，高浓度臭氧处理水蜡叶片远、近轴端气孔长度、宽度、周长、面积均降低，而叶片近轴与远轴端的栅栏组织细胞厚度均增加；气孔开度与海绵组织厚度降低；但大气臭氧浓度升高对气孔密度与叶片总厚度没有显著影响。黄辉认为臭氧浓度增加，大豆叶片的受损程度增加，肉眼可见其凋落物增加，黄叶凋落率增高；根冠比、叶面积比及产量明显降低；粗蛋白含量升高，Pr 含量上升，粗脂肪含量减小；叶片抗坏血酸、SS 下降明显，结荚后脱落酸明显增加，由此可见结荚后豆荚脱落率升高。

纪楠楠等研究了小叶丁香在不同浓度重金属处理下，在叶片组织结构、栅栏组织厚度、海绵组织厚度、上表皮、厚皮厚度、角质层厚度与对照组相比有明显变化。其中，伴随 6 种重金属质量分数的增加，小叶丁香栅栏组织厚度增大、上表皮厚度与下表皮厚度均增大，海绵组织的厚度则表现出逐渐减小的趋势。随着重金属胁迫时间越长，小叶丁香的栅栏组织和海绵组织变化差异性变大。廖飞勇等研究发现长期处于低浓度二氧化硫条件下，油桐的生长发育缓慢，叶片变小，叶片的颜色由绿色逐渐变为黄色，使其捕获光能的效率下降，光合能量转换效率下降，叶柄之间的距离缩短，叶柄长度变短。何培明等为了研究叶片组织结构变化与大气污染的相关关系，通过石蜡制片对 75 种植物叶片进行解剖观测，发现在大气污染条件下，旱生结构的叶片表现为叶较厚、角质层厚、气孔开放度减弱、叶片有发达的贮水组织等；阴生结构的叶片较薄，而栅栏组织细胞层数、栅栏组织厚度和叶片厚度之比变化不明显，说明这 2 个结构指标与植物周围大气污染环境可能没有直接相关性。

5.1.2　研究意义

水分因子是影响梭梭分布和生长的主要限制因子。由于干旱、沙漠化仍在不断地扩大，干旱、土壤沙化已成为危及人类生存的世界性生态环境问题，因此开发与改善干旱区生态环境是全世界所面临的重大挑战。目前对旱地与沙地的改善主要采取了两种措施：一是土壤改良，二是培育与筛选抗旱植物进行生态恢复治理。因为土壤改良会消耗大量的人力、物力及财力，而筛选培育抗旱植物，成本低、见效快，具有广阔的前景。

梭梭主侧根发达，幼嫩枝具关节，叶退化为鳞片状，其耐寒性、耐旱性、抗风性与截流在水土保持和防风固沙方面中均起着重要作用。叶片是植物进行光合作用和呼吸作用的主要场所，是植物暴露在复杂外界环境中变化敏感且可塑性较大的器官，叶片结构的变化必定影响植物生理生态功能的变化。

本章通过研究比较我国西北地区不同生境条件下的天然梭梭的同化枝（能进行光合作用的枝条）形态以及微观结构，结合变异系数和可塑性指数，观测分析梭梭同化枝的形态解剖特征与不同生境下其抗旱结构的变化，并且分析解剖结构与环境因子的相关性，揭示梭梭的抗旱能力及其生态响应机制，为干旱区生态环境保护和梭梭资源的保护与利用提供理论依据。

5.2 技术路线

不同生境下梭梭同化枝解剖结构对比研究技术路线如图 5-1 所示。

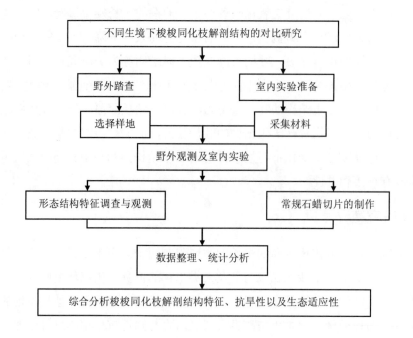

图 5-1 技术路线

5.3　研究区概况

5.3.1　研究区自然地理概况

按自然降水梯度从东到西分别选择以梭梭为主要建群种的典型分布区，即内蒙古阿拉善地区（以下简称 na）、甘肃民勤地区（以下简称 gm）、新疆奇台地区（以下简称 xq）、新疆阜康地区（以下简称 xf）、新疆石河子地区（以下简称 xs）和新疆精河地区（以下简称 xj）6 个样地，具体地理概况如下：

阿拉善左旗地处于内蒙古自治区西部，地势东南高、西北低，平均海拔 800～1 500 m。主要为荒漠、半荒漠草原有腾格里、乌兰布和两大沙漠。该地区属温带荒漠干旱区，具有典型大陆型气候特点：风沙大、降水量少、日照充足、蒸发量大。年降水量 80～220 mm，年蒸发量 2 900～3 300 mm，年日照时间 3 316 h，无霜期 120～180 d。

民勤县地处甘肃省河西走廊东北部，地理位置在东经 101°49′～104°12′和北纬 38°3′～39°27′之间。平均海拔 1 400 m，该地区属温带大陆性干旱气候区，由沙漠、低山丘陵和平原 3 种基本地貌组成，具有明显的大陆性沙漠气候特征。冬冷夏热、降水稀少、光照充足、昼夜温差大，年均降水量 110 mm，年均蒸发量高达 2 644 mm，年日照时间为 3 073.5 h，无霜期 162 d。

阜康市位于新疆中北部，地处东经 87°46′～88°44′，北纬 43°45′～45°30′，地势自东南向西北缓缓倾斜，其地貌南部为博格达山、中部为山前冲积平原、北部大部分为古尔班通古特沙漠。该地区属中温带大陆性干旱气候，冬季时间长，春秋季节不明显，夏季酷热，昼夜温差大。年均降水量 145 mm，年均蒸发量 2 292 mm，无霜期 174 d，光照充足，热量丰富。

奇台县位于新疆东北部，地理位置为东经 89°13′～91°22′，北纬 42°25′～45°29′。奇台县属中温带大陆性半荒漠干旱性气候。风向盛行南风，灾害性天气多西北风，最大风力 12 级，年平均风速 2.9 m/s，年平均降水量 269.4 mm，无霜期 153 d。风沙土分布在沙漠边缘，砾石土分布在沙漠壁

石河子垦区地处天山北麓中段，古尔班通古特沙漠南缘，位于东经 84°58′～

86°24′，北纬43°26′～45°20′，自东南向西北倾斜，地势平坦，平均海拔高度450.8 m。石河子属典型的温带大陆性气候，冬季长而严寒，夏季短而炎热，北部地区气温低，南部高。年降水量为125.0～207.7 mm，无霜期为168～171 d，日照充沛，年日照时间为2 721～2 818 h，北部地区日照时数多于南部地区。

精河县位于新疆西北部，地处东经81°46′～83°51′，北纬44°02′～45°10′，天山支脉婆罗科努山北麓，准噶尔盆地西南边缘。精河县地形呈凹字形，地势南高北低，垂直高度相差悬殊。其南部为天山山区，中部为博尔塔拉河冲积平原，北部为艾比湖区。精河县气候属典型的北温带干旱荒漠型大陆性气候。光照充足，冬夏冷热悬殊，昼夜温差大，干燥少雨，蒸发量大，春季多风沙、浮尘天气。日照时间长，年平均降水量102 mm，年平均日照时间达2 700多h，无霜期170多d。

5.3.2　实验地概况

2014年7月末到8月初，用全球定位系统（GPS）定位样品采集地的经纬度和海拔高度，向当地相关气象单位索取气象数据，并分析总结年均气温、年均降水量及年均相对湿度等环境因子数据。观察采样点梭梭的生境并记录，表5-1中气象数据为3年数据的均值。

表 5-1　实验地地理位置及近 3 年气温降水情况

环境参数	na	gm	xq	xf	xs	xj
经纬度/°	39.34°N 105.44°E	39.08°N 103.38°E	44.14°N 90.04°E	44.22°N 87.53°E	45.07°N 86.02°E	44.36°N 83.13°E
海拔/m	1 066	1 307	732	449	335	217
1月均温/℃	−7.9	−8	−18.9	−16	−15.7	−15.3
7月均温/℃	15.2	23.5	22.6	24	25.1	25.8
年均温/℃	7.2	8.3	5.8	5.9	6.8	8.2
年均降水量/mm	211.3	114.7	189.8	145	199.1	103.3
年均相对湿度/%	66	50.4	60	58.8	65	68
梭梭生境	干旱砾漠、荒漠较深处	干旱沙漠、荒漠较边缘	荒漠较深处	荒漠无灌溉实验地	干旱沙漠、荒漠较边缘	靠近人类活动区

5.4　材料的选取

5.4.1　取样标准

取样时尽量遵循一定取样标准，取样标准原则如下：①多样性原则，通过结合样品的形态特征、分布及生境特点，讨论梭梭同化枝形态特征的变化规律及其成因和对生境的适应。②区域性原则，按照相同的时间段、坡向及位置采样。③代表性原则，尽量选择可以代表原地地形、地貌的地点取样，尽可能选取发育水平近似健康、成熟的叶片进行观测取样。取样时，尽量缩小时间或空间上的差异，减小人为的误差。

5.4.2　材料采集

2014 年 7 月末到 8 月初分别在以上 6 个梭梭种群分布进行同化枝采集，每个样地采用随机抽样的方式，分别选取 9 株生长健康且基径、株高、冠幅基本一致的梭梭植株。每株植株选取发育良好且无病虫害的当年生同化枝，尽量在同一位置选取同化枝，立即放入准备好的 FAA 固定液（70%酒精、福尔马林、冰醋酸体积比为 90∶5∶5）中固定。

5.4.3　材料存放

将采集好的梭梭同化枝中上部切取 0.5～1 cm 长的小段，尽快于 FAA 溶液中固定，借助固定液对于梭梭同化枝的内部形态和结构具有较好的保存作用，使同化枝的新陈代谢瞬间停止，保持刚采集时的形态结构不发生改变，并使其长期浸泡不易腐烂，同时固定液还对植物组织起到硬化作用，从而使材料利于切片和组织着色。固定后标好标签，放置保存，样品可在固定液中保存一年以上。

5.5　研究方法

5.5.1　WCS 的测定

见 3.4.2 土壤含水量的测定。

5.5.2　石蜡制片法

见 2.5.1.2 常规石蜡切片制片。

5.5.3　数据统计分析

（1）方差分析

方差分析是用于检测分析 2 个及 2 个以上样本均数差异显著性。引起实验数据产生波动的因素包括：一是由多因素实验结果造成的可控制因素，另外一个是不可控制的随机因素。本研究需要采用多因素方差分析分析各个因素对变量的独立影响，还要分析各个控制因素之间的交叉作用，最后找出最优组合。

（2）主成分分析

主成分分析法（PCA），主要利用降维思想，是模式识别中的一种降维映射法，把多个相互有一定相关性的指标转化为少量几个彼此不相关的综合指标。主成分分析常常用于缩小数据集的维数，同时表现出数据集对方差贡献最大的特征，因此主成分分析应用在分析环境因子方面十分适合。

（3）变异系数和可塑性指数

变异系数是反映数据离散程度的绝对值。当单位和平均值不同时，比较植物变异程度需用标准差与平均数的比值来比较。标准差与平均数的比值称为变异系数。

$$变异系数（CV）= 标准差/算术平均数 \qquad (5-1)$$

表型可塑性是指同一个基因型对不同环境响应产生不同表型的特性，其本身可以遗传，也可以接受选择而发生进化，是植物适应周围环境的表型基础。

$$可塑性指数（PI）=（最大值 - 最小值）/最大值 \qquad (5-2)$$

（4）隶属函数值法

应用模糊数学中隶属函数值法算出各种群同化枝的多个抗旱性指标的综合评判值。隶属函数值计算公式为

$$U(x_i) = (x_i - x_{\min}) / (x_{\max} - x_{\min}) \tag{5-3}$$

式中，$U(x_i)$ 为隶属函数值；x_i 为指标测定值；$x_{\max}$、$x_{\min}$ 为某一指标的最大值和最小值，下同。若某一指标与植物的抗旱性呈负相关，则用反隶属函数进行计算，其公式为

$$U(x_i) = 1 - (x_i - x_{\min}) / (x_{\max} - x_{\min}) \tag{5-4}$$

（5）层次聚类分析

层次聚类分析是在样本相似系数的三角矩阵基础上建立的，通常根据不同样本间的相似系数，通过等级建立树的层次，在低维空间中反映相似矩阵信息。本章利用软件 SPSS 20.0 中的类平均法进行分层聚类分析。

5.6　结果与分析

5.6.1　不同梭梭种群降水量与 WCS 的关系

6 个不同梭梭种群分别为阿拉善地区梭梭种群（NA），民勤地区梭梭种群（GM），奇台地区梭梭种群（XQ），阜康地区梭梭种群（XF），石河子地区梭梭种群（XS），精河地区梭梭种群（XJ）。由图 5-2 可知，在 6 个梭梭种群样地中不同土层深度的 WCS 具有大致相似的变化趋势，且波动性较大，这是因为接近地表的表层土壤受当年降水量的影响较大。其中 NA 0～20 cm 土层的 WCS 较高，因为在采集该研究区域土壤之前，该地区发生了大量的降雨，所以这时的表层 WCS 相对较高。其他 5 个种群样地的 WCS 随着年降水量的减少而逐渐减小。XJ 样地在 0～20 cm 土层的 WCS 是除 NA 外其他 5 个种群样地中最高的，因为 XJ 样地靠近人类活动区，其附近有艾比湖湿地，所以该种群样地周围的 WCS 增加，土壤中水分状况相对优良，为梭梭同化枝快速增长提供非常有利的条件，使 XJ 的梭梭长势优良。

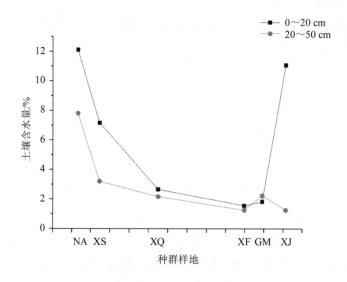

图 5-2　不同种群样地、不同土层深度的 WCS

5.6.2　不同梭梭种群同化枝的解剖特征

6 个梭梭种群的幼嫩同化枝的旱生显微结构横切面形状相似，均呈现为近圆形（图 5-3 A～图 5-3 F），同化枝显微结构总体特点如下：当年生同化枝呈淡绿色，同化枝叶片为退化型，叶片肉质化，只保有瘤状突起，呈鳞片状，由同化枝代替叶进行光合作用。同化枝表面皱折，具节和节间。梭梭同化枝解剖结构由表皮、皮层和维管柱 3 部分组成。其中表皮光滑，无被毛，表皮细胞的形状差异不大，排列紧密；角质层相对于同化枝直径较薄，最大厚度仅有 1.46 μm；表皮上有两种气孔器分布，一种气孔器相对较小，另一种气孔器为半下陷的气孔，气孔下陷形成孔下室，但不发达（图 5-3 G，图 5-3 K），形成较湿的小环境，可阻止同化枝水分的蒸腾，还可以降低较强光线对内部结构的辐射损伤。表皮层以内为一层排列疏松、大小几乎相等的细胞组成的皮下层，这一层细胞的细胞核多靠近内壁（图 5-3 H）。皮下层细胞内侧的栅栏组织由单层形状细长的栅栏组织细胞紧密排列组成，其内富含叶绿素，能有效提高光合效率。栅栏组织内侧是一层由排列紧密且富含树胶物质的长方形细胞组成的维管束鞘细胞，又称花环细胞，略小于表皮细胞，其内含叶绿体，增加了光合作用效率，花环细胞组成的整个结构呈波浪形轮廓（图 5-3 I）。花环细胞内侧是起着贮水和保水作用的贮水组织，其间或内部分布着大量盐晶粒，贮水组织中最外面一圈的贮水细胞较大，呈较规则的多边形，由外向内逐渐变小，贮水组织中散生着许多小的维管束（图 5-3 J）。在栅栏组织、贮水组织和髓部薄壁组织内均分布含晶细胞，这些含盐晶的细胞，能维持细胞间较低的水势，使水分子由细胞间隙逸出的数量降低，从而起到抗旱的作用。在贮水组织中央的是大维管束，导管的孔径较大，其外套一圈厚壁组织。髓射线狭窄，不发达（图 5-3 L）。

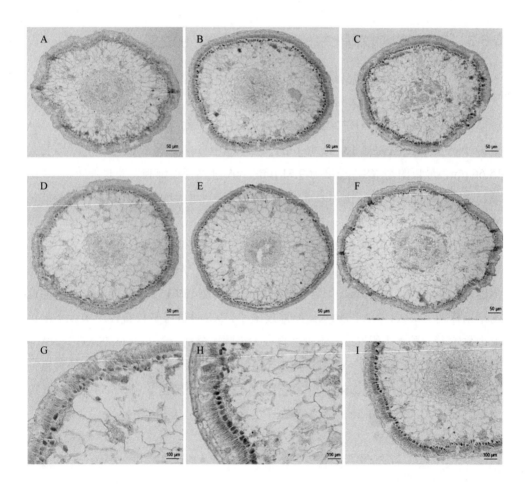

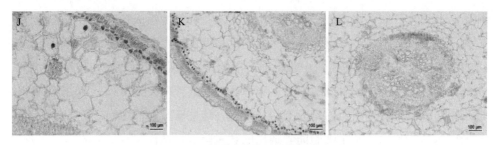

图 5-3　6 个种群梭梭同化枝解剖结构

注：A～F 分别代表 NA、GM、XQ、XF、XS、XJ 同化枝横切面的完整结构；G～L 分别代表 NA、GM、XQ、XF、XS、XJ 同化枝横切面局部示意图。

5.6.3　不同梭梭种群同化枝解剖结构特征参数的比较

对不同梭梭种群的解剖结构特征进行观测统计，数据见表 5-2。同化枝直径大小顺序为 XJ＞XF＞XQ＞XS＞NA＞GM，变化范围是 506.47～785.9 μm。角质层厚度大小顺序为 XJ＞XF＞GM＞XQ＞XS＞NA，XJ 的特征参数最大，而 NA 为最小，变化范围为 1.18～1.46 μm。栅栏细胞径向长最长的是 XF，长度为 15.66 μm，最短的是 XS，长度为 9.51 μm；NA 种群栅栏细胞切向长最短，XS 的最长；栅栏细胞密度的范围为是 8～13 个/100 μm，最大的是 GM 种群，最小的是 XF。它们的大小顺序分别为：栅栏细胞径向长 XF＞XQ＞XJ＞GM＞NA＞XS；栅栏细胞切向长 XS＞XF＞GM＞XJ＞XQ＞NA；栅栏细胞密度 GM＞XJ=XQ＞NA＞XS＞XF。小维管束个数/直径的变化范围是 5～9 个/mm。贮水组织厚度的变化范围是 119.52～211.04 μm，维管柱直径变化范围是 139.15～269.28 μm，XJ 的这两个指标均为最大，NA 的贮水组织厚度最小，XF 种群维管柱直径最小。小维管束个数/直径、贮水组织厚度、维管柱直径大小顺序分别为 XJ=GM=XS=XF＞NA＞XQ，XJ＞XF＞XS＞XQ＞GM＞NA，XJ＞NA＞XS＞GM＞XQ＞XF。导管直径的大小顺序为 XJ＞XF＞XS＞XQ＞GM＞NA，变化范围是 2.11～6.53 μm；XJ 的导管直径最大，为 6.53 μm；而 NA 的导管直径最小，为 2.11 μm。

表 5-2　6 个种群梭梭同化枝解剖结构特征参数

测定指标	梭梭种群					
	NA	GM	XQ	XF	XS	XJ
同化枝直径/μm	520.57± 33.76	506.47± 59.83	565.36± 44.05	567.98± 32.23	546.85± 31.77	785.9± 54.43
角质层厚度/μm	1.18± 0.1	1.31± 0.16	1.28± 0.06	1.34± 0.33	1.26± 0.14	1.46± 0.09
栅栏细胞径向长/ μm	11.20± 0.84	13.88± 1.59	15.08± 2.86	15.66± 1.18	9.51± 1.53	14.34± 0.80
栅栏细胞切向长/ μm	1.39± 0.07	1.77± 0.35	1.52± 0.05	1.85± 0.42	1.97± 0.4	1.62± 0.18
栅栏细胞密度/ （个/100 μm）	10±1	13±3	11±1	8±1	9±1	11±1
小维管束个数/直 径/（个/mm）	6±1	7±3	5±1	7±2	7±1	7±1
贮水组织厚度/ μm	119.52± 7.88	137.27± 15.96	158.75± 19.78	160.3± 9.11	159.4± 12.61	211.04± 22.47
维管柱直径/μm	197.17± 45.37	151.55± 9.73	141.24± 28.26	139.15± 9.03	151.66± 7.00	269.28± 18.09
导管孔径/μm	2.11± 0.40	2.35± 0.52	2.48± 0.35	3.89± 0.41	2.89± 0.53	6.53± 0.46

5.6.4　梭梭同化枝抗旱结构指标的筛选

　　植物为了适应所处生态环境的变化，从形态结构和生理特性等方面做出了更有利于生存的适应性改变，通过方差分析表 5-3 中解剖结构参数的显著程度、F 值以及变异系数，发现 9 项解剖结构指标的 F 值均具有显著差异（$P < 0.05$），且变异系数较大，这说明 9 项旱性指标在 6 个种群中均具有较高的敏感度且存在较大差异性，对抗旱性评价具有显著的意义。筛选出的梭梭同化枝抗旱性指标分别为同化枝直径、小维管束个数/直径、角质层厚度、栅栏细胞径向长、贮水组织厚度、栅栏细胞切向长、栅栏细胞密度、维管柱直径、导管孔径，其中同化枝直径与每一指标变化相关，是同化枝解剖指标的总和，反映了梭梭的同化枝解剖结构特征。

表 5-3　6 个种群梭梭同化枝组织结构参数的方差分析及变异系数

测定指标	F 值	变异系数/%
同化枝直径/μm	23.24*	7.42
角质层厚度/μm	4.54*	15.20
栅栏细胞径向长/μm	10.56*	11.18
栅栏细胞切向长/μm	2.78*	13.62
栅栏细胞密度/（个/100 μm）	6.25*	12.35
小维管束个数/直径/（个/mm）	1.97*	22.78
贮水组织厚度/μm	17.93*	9.15
维管柱直径/μm	19.11*	11.21
导管孔径/μm	58.72*	10.49

注：*表示差异显著（$P<0.05$）。

对以上 9 项抗旱指标都可作为抗旱性评价指标，但相关性指标过多，不利于揭示抗旱性的综合特性，还会在结果上出现一定的偏差，因此本研究使用主成分因子提取方法，选择彼此独立且具有代表性的指标作为抗旱性综合评价的最优方案，对 9 项指标依照累计贡献率＞85% 的原则进行提取。

由表 5-4 可看出，前 3 个主成分的特征值大于 1，方差累积值率达 85.215%，这表明前 3 个主成分保留了同化枝抗旱性指标的大部分信息。各指标相对应于 3 个主成分的特征值具有极大差异。载荷值越大，主成分的方差累积值越大，其旱性指标的典型特征也越强。第 1 主成分的方差累积值 45.259%，其中同化枝直径、角质层厚度、贮水组织厚度具有较大的载荷值，这 3 个指标可以选作主要反映同化枝形态结构特征的典型。第 2 主成分的方差累计值达 69.435%，其中栅栏细胞切向长、小维管束个数直径有较大的载荷值。第 3 主成分的方差累积值达 85.215%，其中栅栏细胞径向长、栅栏细胞密度有较大的载荷值，2 个主成分皆反映了梭梭同化枝同化组织的结构特点。综上所述，9 项解剖结构特征参数均能表达同化枝的旱生结构特征。

表 5-4　主成分分析

成分	初始特征值			因子提取结果		
	特征值	方差百分比/%	方差累积值/%	特征值	方差百分比/%	方差累积值/%
1	4.073	45.259	45.259	4.073	45.259	45.259
2	2.176	24.176	69.435	2.176	24.176	69.435
3	1.420	15.781	85.215	1.420	15.781	85.215
4	0.893	9.921	95.136			
5	0.438	4.864	100.000			
6	5.277×10^{-17}	5.864×10^{-16}	100.000			
7	-2.381×10^{-17}	-2.646×10^{-16}	100.000			
8	-8.786×10^{-17}	-9.762×10^{-16}	100.000			
9	-1.969×10^{-16}	-2.188×10^{-15}	100.000			

注：提取方法为因子分析。下同。

5.6.5　梭梭同化枝抗旱性综合评价

通常认为一组指标中变异系数大的指标能够为抗旱性分析提供相对较准确的结果。由表 5-5，表 5-3 中可以看出，在第 1 主成分中，比较角质层厚度、同化枝直径与贮水组织厚度 3 个指标的载荷值和变异系数，角质层厚度的参数值明显高于同化枝直径、贮水组织厚度，因此选择角质层厚度作为第 1 主成分的典型指标。第 2 主成分中，尽管小维管束个数/直径的载荷值比栅栏细胞切向长的低一些，但其变异系数更大，所以选择小维管束个数/直径作为第 2 主成分的典型指标。第 3 主成分中，即便栅栏细胞密度的载荷值比栅栏细胞径向长的低，但其变异系数更大，因而选择栅栏细胞密度作为第 3 主成分的典型指标。这样可从原来的 9 个指标中筛选出角质层厚度、小维管束个数直径以及栅栏细胞密度 3 个指标作为 6 个种群抗旱性综合评价的典型指标。

计算所筛选出的抗旱指标，应用隶属函数值法，求各指标相对平均值，从而对不同种群梭梭抗旱性进行综合评价（表 5-6），依隶属函数值进行排序，得出 6 个种群梭梭的抗旱能力顺序为 XQ＞NA＞GM＞XS＞XF＞XJ。XJ 在形态与解剖结构方面均不同于其他 5 个种群，其具体表现为植株同化枝呈深绿色，主干高度与冠幅较大，小维管束个数/直径的个数较小，能有效地提高水分利用率，促使同化枝良好的生长，栅栏细胞密度较大，能促进同化枝的光合作用，这样的形态结构变化是植物对强光和水分的适应性响应。而 XS、NA、GM、XF 和 XQ 的生境类型皆是开阔无遮挡的荒漠地区，风力强度大，由于环境条件不同，得出 4 个梭梭种群的抗旱性不同，其顺序为 XQ＞NA＞GM＞XS＞XF。一般地，随着降水递减，温度升高，年相对平均湿度小，蒸发量增大，风力加强等环境条件越差，梭梭的抗旱性能力越强。

表 5-5　主成分载荷矩阵

指标	主成分		
	1	2	3
同化枝直径/μm	0.934	−0.313	−0.099
角质层厚度/μm	0.993	−0.073	−0.076
栅栏细胞径向长/μm	0.410	−0.093	0.881
栅栏细胞切向长/μm	0.163	0.894	−0.179
栅栏细胞密度/（个/100 μm）	−0.099	−0.580	0.008
小维管束个数/直径/（个/mm）	0.466	0.605	−0.435
贮水组织厚度/μm	0.927	−0.053	−0.013
维管柱直径/μm	0.675	−0.558	−0.417

表 5-6　6 个梭梭种群解剖结构抗旱性综合评价结果

指标	NA	GM	XQ	XF	XS	XJ
角质层厚度评价得分	0.541 7	0.542 9	0.571 4	0.540 2	0.435 9	0.350 0
小维管束个数/直径评价得分	0.500 0	0.333 3	0.500 0	0.550 0	0.600 0	0.500 0
栅栏细胞密度评价得分	0.400 0	0.514 3	0.400 0	0.133 3	0.300 0	0.625 0
综合得分	0.480 6	0.463 5	0.490 5	0.407 8	0.445 3	0.350 0
抗旱性排序	2	3	1	5	4	6

5.6.6　不同梭梭种群的层次聚类分析

利用类平均法对 6 个梭梭种群同化枝的解剖结构指标特征（表 5-2）进行层次聚类分析，在欧式距离为 5 时，可将梭梭种群分为两大类（图 5-4），其中将 XQ、XF、XS、NA、GM 分为第一类，XQ、XF、XS 这 3 个种群先聚合在一起，紧接着与 NA 和 GM 相聚，这一类的形态结构变化较相似，其所处的生境主要为开阔的荒漠地区，土质以砂质壤土为主，年均降水量接近，同化枝的解剖特征主要表现为栅栏细胞径向长和栅栏细胞切向长较长，栅栏细胞密度较大。第二类为 XJ，该种群所在地的生境在艾比湖湿地附近，土壤主要为盐碱沙土或戈壁黏土，年均降水量为 103.3 mm，这一类的主要特点为植株长势良好，幼枝同化枝颜色呈深绿色，角质层厚度，贮水组织厚度较厚，能使同化枝的保水贮水能力增强，且同化枝直径、维管柱直径以及导管孔径较大。

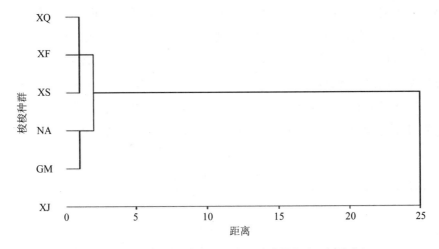

图 5-4　梭梭各种群聚类分析（方法：类平均法，标准化）

注：0～25 表示不同类之间的距离。下同。

5.6.7　不同种群梭梭同化枝的变异系数和可塑性指数

表型可塑性是决定植物为适应环境变化调节形态和生理能力的重要指标，在物种进化中，可塑性扮演着重要角色。叶片变异系数可以反映叶片的可塑性，具备较高叶片变异系数的植物对环境具有较强的潜在适应能力。

在表 5-7，表 5-8 所测定的指标中，NA 解剖结构指标中维管柱直径的变异系数与小维管束个数/直径的可塑性指数最大，分别为 0.230 1 与 0.406；栅栏细胞切向长变异系数与同化枝直径的可塑性指数是解剖结构指标中最小的。GM 解剖结构指标中变异系数与可塑性指数最大分别为小维管束个数/直径与导管孔径，具体数值为 0.428 6 和 0.545 5；维管柱直径变异系数最小，为 0.064 2，小维管束个数/直径的可塑性指数最小，为 0.128 5。XQ 解剖结构指标中维管柱直径的变异系数最大，为 0.200 1，栅栏细胞切向长变异系数最小，为 0.032 9；小维管束个数/直径的可塑性指数最大，为 0.419 9，栅栏细胞径向长的可塑性指数最小，为 0.074 5。XF 解剖结构指标中小维管束个数直径的变异系数最大，而导管孔径的可塑性指数最大；同化枝直径变异系数与可塑性指数均最小。XS 解剖结构指标中栅栏细胞切向长的变异系数最大，为 0.203，维管柱直径变异系数最小，为 0.046 2，栅栏细胞径向长的可塑性指数最大，为 0.380 5，小维管束个数/直径的可塑性指数最小，为 0.110 4。XJ 解剖结构指标中小维管束个数/直径的变异系数最大，为 0.142 9，栅栏细胞径向长变异系数最小，为 0.055 8；导管孔径的可塑性指数最大，为 0.250，角质层厚度的可塑性指数最小，为 0.124 3。对于表 5-7 与表 5-8 中 6 个种群梭梭的变异系数和可塑性指数的均值，结果表明 6 个种群梭梭同化枝的变异系数和可塑性指数排序一致，顺序为 GM＞XF＞XQ＞XS＞NA＞XJ。

表 5-7 不同种群梭梭同化枝的变异系数

测定指标	变异系数					
	NA	GM	XQ	XF	XS	XJ
同化枝直径/μm	0.064 9	0.118 1	0.078 7	0.056 7	0.058 1	0.069 3
角质层厚度/μm	0.084 7	0.122 1	0.046 9	0.246 3	0.111 1	0.061 6
栅栏细胞径向长/μm	0.075 0	0.114 6	0.189 7	0.075 4	0.160 9	0.055 8
栅栏细胞切向长/μm	0.050 4	0.197 7	0.032 9	0.227 0	0.203 0	0.111 1
栅栏细胞密度/（个/100 μm）	0.100 0	0.230 8	0.090 9	0.125 0	0.111 1	0.090 9
小维管束个数/直径/（个/mm）	0.166 7	0.428 6	0.200 0	0.285 7	0.142 9	0.142 9
贮水组织厚度/μm	0.065 9	0.116 3	0.124 6	0.056 8	0.079 1	0.106 5
维管柱直径/μm	0.230 1	0.064 2	0.200 1	0.064 9	0.046 2	0.067 2
导管孔径/μm	0.189 6	0.221 3	0.141 1	0.105 4	0.183 4	0.070 4
平均值	0.114 1	0.179 3	0.122 8	0.138 1	0.121 8	0.086 2
顺序	5	1	3	2	4	6

表 5-8 不同种群梭梭同化枝的可塑性指数

测定指标	可塑性指数					
	NA	GM	XQ	XF	XS	XJ
同化枝直径/μm	0.126 8	0.267 9	0.193 3	0.125 7	0.148 3	0.140 5
角质层厚度/μm	0.161 5	0.222 6	0.399 2	0.183 3	0.338 0	0.124 3
栅栏细胞径向长/μm	0.128 3	0.353 8	0.074 5	0.372 0	0.380 5	0.219 2
栅栏细胞切向长/μm	0.181 8	0.437 5	0.230 8	0.300 0	0.200 0	0.166 7
栅栏细胞密度/（个/100 μm）	0.155 6	0.274 3	0.272 1	0.137 6	0.163 2	0.216 2
小维管束个数/直径/（个/mm）	0.406 0	0.128 5	0.419 9	0.157 0	0.110 4	0.140 7
贮水组织厚度/μm	0.358 3	0.439 7	0.315 8	0.242 9	0.342 2	0.146 8
维管柱直径/μm	0.183 8	0.237 9	0.106 2	0.427 2	0.262 9	0.125 2
导管孔径/μm	0.285 7	0.545 5	0.333 3	0.444 4	0.250 0	0.250 0
平均值	0.220 9	0.323 1	0.260 6	0.265 6	0.244 0	0.170 0
顺序	5	1	3	2	4	6

5.6.8 梭梭同化枝结构指标与生态因子的相关性

采用双变量相关分析，分析 9 个解剖结构指标与 8 个生态因子相关性（表 5-9），结果得出：同化枝直径与 7 月均温以及年均相对湿度呈显著负相关，这说明随着 7 月均温升高，年均相对湿度增加，同化枝直径减小。栅栏细胞切向长和维管柱直径分别与 7 月均温呈极显著和显著正相关，这说明了随着 7 月温度的升高，栅栏细胞切向长与维管柱直径均增大。除此之外，维管柱直径与年平均相对湿度呈极显著的正相关，说明随着年平均相对湿度的增加，维管柱直径也增大；贮水组织厚度与经度和海拔呈显著负相关，即随着经度以及海拔的降低，贮水组织厚度呈现升高趋势，符合植物抗旱性特点。

表 5-9 6 个种群梭梭同化枝解剖结构指标与生态因子间的相关关系

测定指标	经度	纬度	海拔	1 月均温	7 月均温	年均温	年均降水量	年均相对湿度
同化枝直径	−0.668	0.463	−0.682	−0.358	−1.000*	−0.551	−0.551	−1.000*
角质层厚度	−0.239	0.268	−0.267	−0.249	−0.629	−0.166	−0.621	−0.156
栅栏细胞径向长	−0.195	0.114	−0.014	−0.320	−0.660	−0.586	−0.586	−0.660
栅栏细胞切向长	−0.664	0.626	−0.433	−0.605	0.966**	−0.539	−0.539	−0.542

测定指标	经度	纬度	海拔	1月均温	7月均温	年均温	年均降水量	年均相对湿度
栅栏细胞密度	0.433	−0.542	0.600	0.431	−0.034	−0.428	−0.428	−0.034
小维管束个数/直径	−0.194	0.044	−0.264	0.260	0.359	−0.571	−0.571	0.359
贮水组织厚度	−0.86*	0.698	−0.80*	−0.593	−0.629	0.565	−0.566	−0.629
维管柱直径	−0.198	−0.026	−0.320	0.162	1.000*	−0.394	−0.394	1.000**
导管孔径	−0.744	0.483	0.332	−0.303	0.521	0.341	−0.621	−0.156

注：*表示 $P<0.05$ 水平相关性显著；**表示 $P<0.01$ 水平相关性极显著。

5.7 讨论

5.7.1 梭梭同化枝解剖结构的差异性

植物的生长与分布是植物对外界环境长期适应的结果。植物在长期适应各种变化的生态因子时，内部结构发生相应改变。然而，不同植物对各种生态因子的敏感度不同，导致在内部结构上的变化程度也会不同，且有其自身的变化规律。

植物叶片为了能更好地适应高温、缺水等干旱胁迫，不仅在生理生化方面发生变化，同时还会改变自身的形态结构来适应多变的环境。不同的环境条件会导致叶片厚度、栅栏组织、海绵组织、胞间隙等内部结构发生不同改变，其中叶片厚度是植物保水贮水的重要指标，栅栏组织细胞中含有大量的叶绿体，两者与植物的光合作用有关，并且可以有效地提高水分含量。因此栅栏组织的厚度与叶片厚度是植物光合作用能力强弱的指标。在植物体中维管束主要是用来运输营养物质与水分，因此维管束越发达，植物的生命力越旺盛，植物的抗逆性越强；此外，维管束还具有一定机械支撑的作用。梭梭同化枝在某种程度上取代了叶片，具有叶片的同化功能，并且与环形叶、栅型叶在结构上具有许多的相似处：表皮外层有角质层，表皮层内层有排列紧密的栅栏组织、花环结构、疏松的贮水组织，在栅栏组织与贮水组织之间存在着含晶细胞与黏液细胞。这些结构细胞不仅可以提高光照利用率，还能防止细胞组织失水，提高植物的保水和吸水能力，在一定程度上增强了同化枝的耐旱性。梭梭表皮细胞和角质层相对较薄，且气孔半下陷，这种结构虽与旱生植物的结构有差异，但因为梭梭是典型的超旱生植物，其必定有适应荒漠环境的特殊机制。以上结果与公维昌等对梭梭植物同化枝的解剖学研究结果相似。

5.7.2　梭梭抗旱能力的比较

干旱威胁是人类目前面临的最严重问题之一。据统计，干旱沙漠地区的占全球土地面积的 36%，约占耕地面积的 43.9%。选择抗旱性植物进行栽培已经成为治理干旱荒漠化的重要途径之一，植物与其生长环境构成统一整体，环境因子可以决定植物的形态结构、生理生化功能以及生态特征。叶片的解剖结构特征是反映植物抗旱性的重要途径，可以作为判断植物是否适应环境变化的重要指标。水分、温度和光照对于植物叶片来说是十分复杂的环境因子，它们交叉作用于植物的生长过程。本章研究了不同生境下种群梭梭同化枝之间在形态解剖结构，发现 6 个梭梭种群采集点经纬度、海拔、年均温度、年均相对湿度等的差异性，使不同种群梭梭同化枝在形态解剖结构上也存在一定的差异性。

本章中经纬度、年均温度、海拔、1 月均温、年均降水量、7 月均温、年均相对湿度在 6 个梭梭种群中共同作用其生长发育，通过聚类分析发现 6 个种群梭梭可分为两大类：第一类是 XJ，该种群的生境主要为平原戈壁，与其他 5 个种群存在明显差异。由此得出，不同植物在相似环境条件下，其形态与解剖结构变化具有趋同现象；相反，同一植物在不同环境下，其形态和解剖结构一般表现出明显的趋异现象。在干旱荒漠地区，水分是影响植物正常生长发育的主导因子，降水量和蒸发量、地下水深等因素影响着土壤湿度，XJ 位于艾比湖湿地附近且临近公路，其水分来源途径除了能从自然降雨得到外，还能从地下吸收，因此 XJ 的 0～20 cm 土层土壤湿度高于其他 5 个种群。较好的水分条件促使 XJ 梭梭相较于其他 5 个种群的植株生长优良，冠幅面积大，树干高且粗，同化枝呈深绿色，且同化枝的直径、贮水组织厚度、维管柱直径等结构参数较大。

除了水分使 XJ 形态解剖结构不同于其他种群，风力与地理位置也会对其产生影响。强风会使温度降低，而温度是影响植物叶片蒸腾作用的重要因素，因为艾比湖湿地附近的建筑与树木形成了小环境，能有效地阻挡强风的干扰，所以减小了 XJ 受到由于强风干扰所引起的蒸腾作用和机械损伤。作者认为，同化枝直径越大、贮水组织厚度越厚，维管柱直径越大，抗旱性越弱，所以从形态解剖学角度，可认为 XJ 种群的抗旱能力较其他种群弱。

第二大类包括 NA、GM、XF、XQ、XS 5 个种群，梭梭主要生长在沙垄之上，其生境都处在开阔无遮挡的荒漠地区。风力强度大，土壤为砂质壤土，其 1 月均温、7 月均温、年均温、年均降水量、年均相对湿度等环境参数比较接近，且不同于 XJ，所以它们的形态解剖结构表现出相似性，其主要特点是：同化枝直径、贮水组织厚度及导管孔径较小，而栅栏细胞径向长、栅栏细胞切向长以及栅栏细胞密度较大；这充分说明了在开阔无遮挡的荒漠地区，风力加强与光照强度增加能增强周围干旱环境胁迫能力，而同化枝直径减小，栅栏细胞密度增加，能有效地减小蒸腾作用，降低强光的辐射，促进光合作用的正常进行，使植物在生长发育过程中所需的营养物质得到满足。这与邢毅等研究的在相似生境种群具有相似表型特征的结论相一致。

本章得出，采自同一时间段（2014 年 8 月）的不同梭梭种群其同化枝解剖结构特征具有差异性，表明梭梭能通过调节自身的解剖结构变化来适应不同生境。在 9 个解剖结构特征中，角质层厚度、栅栏细胞径向长、栅栏细胞切向长、栅栏细胞密度、小维管束个数/直径变异系数相对较大，变异系数分别为 15.2%、11.18%、13.62%、12.35% 和 22.78%；而同化枝直径和贮水组织厚度的变异系数相对较小，分别为 7.42% 和 9.15%，这表明在不同环境条件选择下，角质层厚度、小维管束个数/直径、栅栏细胞径向长、栅栏细胞切向长、栅栏细胞密度受干旱环境胁迫的影响程度较大。同化枝表皮细胞上的角质层厚度越厚，说明其抗旱能力越强。角质层除具有保温、保水作用外，还起到了机械支撑作用，角质层越厚，含蜡质越多，硬度越坚硬，从而使植株在干旱条件下，同化枝不会立即萎蔫。角质层的厚度可以反映出同化枝是否可以有效阻止蒸腾失水从而提高水分利用效率，是反映植物抗旱性能的重要指标，其厚薄通常反映了同化枝对干旱环境适应能力。梭梭同化枝中角质层厚度从内蒙古阿拉善到新疆精河种群有增大的趋势，这与赵小仙等研究的蒙古沙拐枣同化枝角质层变化的结果相似。6 个种群梭梭同化枝的栅栏组织细胞因含有大量的叶绿体，所以栅栏细胞径向长、栅栏细胞切向长、栅栏细胞密度是反映 6 个种群梭梭光合作用能力强弱的指标。栅栏组织越发达，梭梭同化枝的光合作用越强，更能有效地提高光合效率，为植物的生长与发育提供营养保障。

　　本章采用主成分分析方法，研究各因素的贡献值，选择出彼此独立且具有代表性的抗旱指标。结果显示第 1 主成分的方差累积值达 45.259%，同化枝直径、角质层厚度、贮水组织厚度有较大的载荷值。主要反映了同化枝形态组织的结构特点，XJ 的同化枝直径、角质层厚度、贮水组织厚度在 6 个种群中最大，但其抗旱性差，说明同化枝直径、角质层厚度、贮水组织厚度在抗旱机制中占有主导地位。XJ 海拔在 6 个种群中最低，年均降水量最少，年均相对湿度高，年均温较高，1 月均温较低，7 月均温高，这样的环境极大地影响了梭梭同化枝的内部结构变化。水分增多会导致同化枝直径增大，贮水组织发达，导管孔径增大，从而使植物的光合作用与贮水能力增强。因此随着干旱胁迫越强，梭梭同化枝的同化枝直径、贮水组织厚度越小，越有利于植物的抗旱能力增强，从而能长期适应干旱环境。

　　一般认为，同化枝的角质层越厚，栅栏组织越厚且排列紧密，抗旱性越强。由于植物抗旱性不是由单一指标决定的，而是由多个指标相互作用而决定的，因此需要进行抗旱性综合性评价，才能得出接近事实的抗旱结果。本章研究发现不同地理位置梭梭种群都具有很强的旱生结构，但是根据各单项指标分别对 6 个种群梭梭抗旱性进行排序时所得结果不同。本章采用主成分分析筛选出了角质层厚度、小维管束个数/直径以及栅栏细胞密度 3 个指标作为典型抗旱指标。而后通过隶属函数法对 6 个不同种群梭梭的抗旱性进行排序，得出 XQ 的抗旱性最强，NA、GM、XS 与 XF 依次降低，XJ 最弱。由此可得到，随着干旱胁迫越强，水分条件越差，梭梭的抗旱性越强。梭梭是通过自身的生理调节及形态结构变化来适应周围的环境变化，这与赵小仙等对 3 个地理种群蒙古沙拐枣同化枝解剖结构抗旱性综合评价结果相似，即 3 个地理种群蒙古沙拐枣的抗旱性随着水分条件的降低而增强。白潇等研究观测了河西走廊 6 个居群唐古特白刺叶片解剖特征，并比较分析其抗旱性综合评价，得出随着降雨减少，大气温度升高，水分蒸发量增大等环境条件越差的地方，唐古特白刺表现出的抗旱能力相对越强。邹婷等对不同生境下梭梭对降水变化的生理响应进行了研究，分析了其形态特征为适应环境做出相应调节的规律，得出沙土中生长的梭梭相较于黏土中生长的梭梭对不同降水处理响应更明显，同化枝 T_r 和水分利用率增强，但同化枝的形态调节不大；而黏土中的梭梭对不同降水处理的响应不敏感；综合生理与形态调节说明，不同质地土壤生长的梭梭为了能在不同降水处理下进行稳定的光合作用，需要使其同化枝进行有效的形态调节。这与本章实验通过形态解剖结构分析研究不同种群梭梭抗旱能力的结果有所出入，而随着年降水量的减小，各样地梭梭种群同化枝的抗旱能力逐渐增加，这与梭梭种群周围的环境差异有关。由此可见植物在内部生理生化和形态解剖构方面，对抗旱性的反应程度大不相同，因此需要进一步将两者结合起来去分析评价其抗旱性，从而做出更客观的评价。

5.7.3　梭梭生态适应性

在长久的进化过程中，每一种植物趋于在一个适合其生长发育的地理环境中生长，从而形成了与生态因子（例如温度、降水、光照等）相互适应的分布格局。通常认为，决定大尺度植被分布格局及植物形态结构差异的因素主要是温度和降水等气候因子。而在小尺度上，影响植物形态结构差异的主要因素是微环境，如地形条件（海拔）、土壤水分条件及其他生物因素。叶片是植物暴露在外部环境中最大的器官，因此其形态解剖结构对周围环境的响应与适应性最强。本章主要从结构解剖方面来分析，生长在不同生境条件下的梭梭，通过改变自身结构来响应环境变化规律。

本章采用相关分析法分析了梭梭同化枝解剖结构的变异系数、可塑性指数及其与生态因子的关系。结果得出，6 个种群梭梭中小维管束个数/直径与贮水组织厚度的变异系数较高，而小维管束个数/直径与维管柱直径的可塑性指数相对较高，这说明小维管束个数/直径、贮水组织厚度与维管柱直径在应对不同生态因子变化时起着主导作用。而植物解剖结构指标的变异系数和可塑性指数越高，说明其对环境的生态适应性越强。

通过对比 6 个种群梭梭的变异系数和可塑性指数，并对变异系数和可塑性指数排序，得出 6 个种群梭梭变异系数与可塑性指数一致，由此可知：6 个种群梭梭的生态适应性强弱顺序为 GM＞XF＞XQ＞XS＞NA＞XJ。GM、XF、XQ、XS 和 NA 的梭梭所处的生境类型相似，它们均生长在开阔无遮挡的荒漠地区，植物体吸收的水分完全依靠自然降水，随着年均降水量与年相对湿度的降低，干旱程度越高，梭梭对生态适应性越强。根据本章实验中变异系数和可塑性指数的变化趋势，可看出 5 个种群中，小维管束个数/直径的变异系数、贮水组织厚度可塑性指数均相对于 XJ 的较高，这说明，在资源缺乏的不良环境条件下，梭梭同化枝通过以上指标来自我调节，维持必要的生理功能，以适应干旱环境，从而提高其植株整体生态适应能力。而 XJ 的抗旱性较差，其应对恶劣环境能力也较差，这可能是因为 XJ 主要生长在艾比湖湿地附近且临近公路，其水分来源途径除了能从自然降雨中得到外，还能从地下得到充足的水。XJ 种群维管柱直径和角质层厚度指标变异系数与可塑性指数较小，同化枝直径与栅栏细胞密度指标的变异系数与可塑性指数参数值较大，以上指标反映其对生境的适应性改变。同时艾比湖湿地周围的建筑和树木能有效地阻挡强风对植株的干扰，从而减小蒸腾耗水量，因此 XJ 梭梭的长势相较于其他 5 个种群具有显著差异。较薄的角质层会提高同化枝的水分蒸腾量，降低水分的利用率，较小的维管柱直径会减弱植物体的机械支撑能力，又会促进植物体内水分的蒸发，降低水分的利用率。而栅栏细胞密度增大，会使植物的光合作用提高，充分满足植物所需的营养。在抗旱性和生态适应性的顺序中，XJ 的抗旱性与适应能力都小，这可能是因为良好的生境为植物生长提供了相对稳定的生长发育条件，避免了不利因素的干扰，从而使植物的抗旱性与生态适应性响应能力低于其他 5 个种群。而变异系数和可塑性指数的大小及顺序，说明随着干旱胁迫的加剧，植物在一定程度上能够通过自身结构的调节维持必要的生理功能，从而提高其整体的生态适应能力。这与前人的研究具有相同的结果。

　　在经度、纬度、海拔、1 月均温、7 月均温、年均温、年均降水量和年均相对湿度 8 个生态因子中，梭梭同化枝部分解剖结构指标与这些因子有着不同程度的相关性。本章研究结果显示，各项指标中，同化枝直径、维管柱直径、栅栏细胞切向长和贮水组织厚度等指标与在环境因子间均差异显著，这些指标包含了梭梭的形态特征和解剖特征，反映出了 6 个种群梭梭在不同生境条件下的差异性，这种差异性充分说明了同化枝形态结构和解剖结构对不同生境的生态适应性响应。随着 7 月均温和年均相对湿度的升高，同化枝直径减少；随着 7 月均温的升高，栅栏细胞切向长与维管柱直径增大；贮水组织厚度随着经度和海拔的降低而呈现升高趋势。其中同化枝直径、维管柱直径与 7 月均温以及贮水组织厚度与经度、海拔有显著的相关性，栅栏细胞切向长和维管柱直径分别与 7 月均温和年平均相对湿度有极显著的相关性。本章实验通过相关性分析得出，6 个种群梭梭的小维管束个数/直径、贮水组织厚度与维管柱直径均与其生态适应有关，因此推测年均相对湿度是影响同化枝解剖结构的关键因子。综合植物的外观形态、同化枝解剖结构特征在干旱胁迫下的具体变化，可看出除了 XJ 的抗旱性与生态适应性一致外，其他种群的变化并不一致。其具体的原因有待分析，需结合生理可塑性进行更为深入的研究。

5.8　结论与展望

5.8.1　结论

（1）梭梭同化枝结构是对干旱荒漠环境积极适应的结果，其具有明显的旱生植物结构特征，主要表现为具有连续的栅栏组织、花环结构、含晶细胞和贮水组织等结构；表皮细胞和角质层较薄，气孔半下陷且气孔下室不发达。

（2）采用方差分析与主成分分析得到：6 个天然种群梭梭除导管孔径外，其余各指标在种群间均存在显著差异，9 项抗旱性指标能全面体现梭梭同化枝的抗旱能力，并由 3 个独立因子最为典型，即角质层厚度，小维管束个数/直径，栅栏细胞密度。

（3）聚类分析所得结果与不同梭梭种群的生境类型、地理分布的划分基本一致，6 个梭梭种群的抗旱能力依次为 XQ＞NA＞GM＞XS＞XF＞XJ。表明随着干旱程度加剧，梭梭的抗旱能力越强。

（4）应用变异系数和可塑性指数，探究梭梭同化枝解剖结构特征对不同生境的适应能力，6 个种群梭梭同化枝的变异系数和可塑性指数的排序一致，6 个种群梭梭的生态适应能力强弱顺序为 GM＞XF＞XQ＞XS＞NA＞XJ，可塑性指数越大，生态适应能力越强。

（5）对解剖结构指标与环境因子进行相关性分析，得到不同种群梭梭的同化枝直径、栅栏细胞切向长、维管柱直径和贮水组织厚度与经度、海拔、7 月均温和年均相对湿度有不同程度的显著相关性，结合结论（2）可得出，年均相对湿度是影响同化枝解剖结构的关键因子。

5.8.2　展望

　　植物在长期进化过程中，对干旱等环境胁迫无论是在生理生化还是在结构形态水平上都会产生适应性变化，从而增加其在逆境中的存活率。本章虽然通过对不同生境下梭梭同化枝的解剖结构特征进行对比，探讨了梭梭抗旱能力与生态适应性，但是对生理层面如何变化的并未谈到，所以今后将把生理指标同植物的解剖结构结合起来进行研究。梭梭抗旱性与生态适应性是形态解剖、生理生化反应与当年实验地土壤养分、光照等多种环境因素相互作用而形成的综合反应。到目前为止，本章只涉及不同生境下天然梭梭同化枝解剖结构的对比研究，但对梭梭地下部分，即根系的解剖结构并未涉及，所以今后的研究将把地上部分和地下部分结合起来，对梭梭在整体上有一个全新的认识。

第 6 章　梭梭对模拟气候变化因子的
生理生态特征响应

6.1　研究背景与意义

6.1.1　研究背景

　　由温室气体增加导致的全球气候变暖已成为一个毋庸置疑的事实，且在国际上也引起了各阶层的广泛关注。据联合国政府间气候变化专门委员会（IPCC）预测，未来全球地表气温仍将继续升高，人类活动很可能是引起其变化的主要原因和推动力量。此外，根据相关气候预测模型预测，到 21 世纪末全球气温将升高 1.1~1.6℃。不同地区、不同季节的升温幅度却存在一定的差异，如北半球中纬度地区升温幅度将明显大于其他地区。新疆地处中纬度欧亚大陆腹地，加之其特殊的地形地貌使得该地区生态环境极为脆弱，对全球变化的响应也十分敏感，1960—2013 年的气温变化也呈现出明显升高趋势（图 6-1）。该地区的气温变化对荒漠植被进行原生境下的增温研究具有极其重大的意义。

　　随着全球气温的持续升高，全球或局部的降雨格局、总量、强度以及其时间分配均将发生变化。据 IPCC 和大气环流模型（GCM）预测，未来中、高纬度地区的降雨量将会增加，极端降雨事件及降雨密度也将会增多。但也存在着明显的空间差异，例如我国黄土高原地区降雨量呈现减少趋势，而新疆北部则呈现增加趋势。此外，通过查阅新疆近 54 年的气象数据也发现其全年的年平均降水量呈逐年升高的趋势（图 6-2），且大部分降水均出现在夏季。

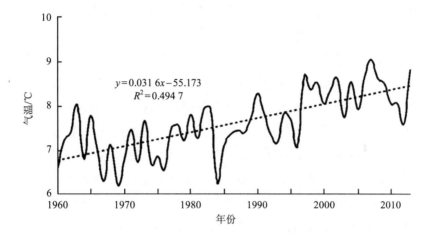

图 6-1　1960—2013 年新疆年平均气温变化情况

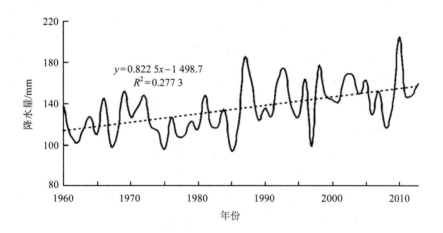

图 6-2　1960—2013 年新疆年平均降水量变化情况

在干旱、半干旱地区，除温度与降水外，氮素是限制植物生产力最主要的环境因子之一。同时，随着全球气候变化的加剧，氮沉降也已成为现阶段备受人们关注的全球性生态环境问题。自 20 世纪中叶，受各种人类活动和自然原因的影响，大气中活性氮物质激增，之后经过各种化学反应，大部分又经降水（降雨和降雪）进入生态系统。据估计，全球氮沉降量在 20 世纪末已达到 $1.56 \times 10^8 \, \mathrm{g \cdot a^{-1}}$，是 1860 年的 10.4 倍，预计到 2050 年将达到 2×10^8 g·a^{-1}。而我国已成为继欧洲和美国之后的第三大氮沉降集中区之一。对此，这些环境因子的变化必定会对植物的生长发育及其繁殖产生一定的影响，进而影响整个生态系统的结构与功能。

干旱、半干旱区作为陆地的特殊组成部分，其生态环境脆弱，对人类活动和全球环境变化的响应十分敏感，甚至可将其作为全球环境变化的指示器。我国干旱、半干旱区主要分布于西部地区，约占我国国土总面积的 42%，约占我国西部地区国土总面积的 83%。该地区由于常年干燥少雨，地表蒸发量大及降水时空分配不均等问题，使得其植被稀疏；而近年来又由于受到全球气候变化及人类活动等原因的影响，造成该地区植被大面积衰减、死亡，使得荒漠植被面临着极大的生存挑战。梭梭作为中亚荒漠地区分布最为广泛的植被类型之一，具有较强的耐干旱、耐高温、耐严寒、耐盐碱、耐风蚀以及耐土壤贫瘠等能力。在我国西北干旱荒漠地区，梭梭已成为固沙造林面积最大的树种，在这一地区有着不可替代的生态地位及重要的利用价值。

近年来，随着全球温度升高及降水格局、氮沉降量的变化，使得关于全球气候变化与陆地生态系统的相互作用成为当今的研究热点之一。在干旱、半干旱的荒漠地区，由于长期高温、少雨以及极度匮乏的土壤营养条件，造成该区域生态系统生产力及其结构受到极严重的影响，所以针对不同植物对某一种或两种环境变化因子的响应也已有了大量的研究报道。

6.1.1.1　植物光合作用特征与全球气候变化的研究进展

（1）植物光合作用特征对增温的响应

植物的光合作用是地球上最重要的生物化学反应之一，是陆地生态系统物质循环与能量流动的基础。自 20 世纪以来，由于国内外众多研究人员致力于对光合作用的研究，现已对其光合结构、反应过程及机理等方面有了清楚的认识。中国在 1997 年将光合作用的研究列为国家自然科学基金"九五"重大项目，2 年后科学技术部更是将其列为首批 15 项国家重点基础研究发展计划（973 计划）之一。

植物光合作用易受植物自身的生长状况和外界环境条件等多方面因素的影响。其中，温度是影响植物光合作用最重要的环境因素之一，它能通过影响催化反应的酶活性和膜的透性来影响植物的光合作用。可将温度对植物的影响分为直接和间接 2 类：直接影响是通过温度升高或降低对植物光合作用特性的改变来影响植物生长，进而改变植物物候特征；间接影响则是温度通过改变植物生境的土壤特性来对植物生物量的生产分配、群落结构及生物多样性产生影响。从以往的研究结果发现，植物光合作用对温度升高既可以表现出增加，也可以表现出下降或无影响的情况，这种研究结果的差异可能与各自的研究方法、植物种类和生态型对温度的敏感性以及植物光合作用的最适温度不同有关。通常，当植物所处的环境温度低于其最适温度时，一定程度的增温有利于植物光合作用的进行；反之，则会不利于植物的光合作用。其主要原因在于植物光合作用本身是由一系列酶促反应过程组成，温度的改变对其酶活性的影响极大。在最适温度范围内，植物光合作用反应酶的活性会随着温度的升高而增强；可一旦温度超出其最适温度范围，升高温度则会减弱核酮糖-1,5-二磷酸羧化酶对二氧化碳的亲和力、降低二氧化碳的可溶性，使其光呼吸强度增加，从而降低植物的光合作用能力。此外，高温胁迫造成植物光合速率降低的情况也可分为 2 种，即由于植物胞间二氧化碳浓度升高，而 G_s 变化不明显所引起光合速率降低的气孔限制因素以及由于植物叶肉细胞羧化能力降低，而造成气体扩散受阻，二氧化碳溶解度及核酮糖-1,5-二磷酸羧化酶对二氧化碳的亲和力降低，抑或是植物光合作用的某些关键成分热稳定性降低所引起光合速率降低的非气孔限制因素。

但也有大量研究表明，植物在随着增温时间的延长，其光合速率增加现象将会逐渐减弱或消失，即光合适应现象。而产生这一现象的原因可能是植物光合产物的生成与传输速度失调，从而造成氮素上传受阻，也有可能是其体内的核酮糖-1,5-二磷酸羧化酶减少、暗呼吸速率增强或 G_s 降低引起。

（2）植物光合作用特征对降水的响应

水分是调节生物生长发育过程的关键因子，直接或间接地影响着陆地生态系统中的碳、氮循环。近年来，随着全球气候变化，使得降水格局也随之发生改变。据 IPCC 预测，未来中纬度地区降水将会增加，而我国西北干旱区的降水也可能出现增加的趋势，但气候变化所导致的极端降水事件和降水时间的不确定性也将对脆弱的荒漠生态系统产生重要影响。

水是一切生命活动之源，是植物正常生长发育和完成光合作用不可或缺的原料之一，也是植物物质吸收和运输的溶剂。植物光合作用所消耗的水，仅是其从土壤中获取的很少一部分，其余大部分则通过蒸腾作用散失。在干旱、半干旱地区，降水是植物生长、光合作用、进行氮循环以及植被恢复等主要生理生态过程的重要限制因素，是该地区生态系统结构和功能的主要驱动因子之一，其对碳交换的影响要比温度增加所造成的影响更大。研究表明，在水分胁迫条件下，植物为避免过度失水而使气孔关闭导致的 G_s 下降并非光合速率降低的主要原因，而是由植物体内活性氧代谢失调引发的生物膜结构与功能破坏这一非气孔因素限制所致。光合速率下降的内部机理可能与水分胁迫导致植物叶绿体中色素蛋白复合体含量降低，从而抑制光合作用过程中的光能转换，降低电子传递速率，阻碍光合磷酸化作用及降低丙酮酸激酶活性等因素有关。也有研究表明，植物光合速率、G_s 及 T_r 会随着降水量的增加而升高，水分利用效率随之降低，同时水分胁迫程度随之减弱。土壤水分适量的增加可对高温引起的植物光合作用影响起到一定的补偿效应；但过分增加则会降低土壤通气性，妨碍植物根系的活动，进而间接影响其光合作用能力。

（3）植物光合作用特征对氮沉降的响应

氮元素作为植物生长及生态系统初级生产力的主要限制性元素之一，是植物重要的营养元素，也是光合作用主要化合物的重要组成元素，在维持生态系统结构与功能方面起着极其重要的作用。植物的光合作用是为其自身生长提供能源物质的方式，在光合作用过程中植物利用叶绿素将光能转变为化学能、将无机物变成有机物，供植物体本身及其他有机体所利用。但近年来由于人为因素等原因造成大气中某些氮化物的含量迅速增加，之后随雨雪等方式沉降到地表，此过程即为大气的氮沉降。目前，在全球范围内，氮沉降的增加呈现持续上升趋势，结果将导致生物多样性降低。而植物氮元素代谢是其适应环境的一个重要前提，土壤有效氮含量的多少决定着陆地生态系统的初级生产力和碳固定的能力。

植物光合速率对氮沉降的响应取决于氮沉降速率及其自身特性。相关研究表明，氮沉降对植物光合作用的影响主要是由叶片中光合作用相关酶浓度和活性的改变所致。通常由于氮沉降的增加，叶片含氮浓度、叶绿素含量、核酮糖-1,5-二磷酸羧化酶浓度及活性也随之增加，进而增加最大羧化效率，最大电子传递速率以及核酮糖-1,5-二磷酸羧化酶的含量，所以氮沉降促使植物光合能力增强，使地上和地下生物量积累。但过量的氮沉降也会导致土壤酸化、pH 降低、相关营养离子有效性降低以及植物体内的营养代谢失衡，使合成核酮糖-1,5-二磷酸羧化酶的含量减少，反而不利于植物的光合作用及其生长发育。另外，叶片含氮浓度的升高会使植物受病虫害、病菌及非生物因素（如干旱、雾等）破坏的风险增加。氮供应不足会通过生物量积累降低而限制光合作用有关酶的表达及蛋白质的合成。氮沉降对不同植物物种的光合作用影响不同，甚至同一物种也会由于各种原因导致研究结果存在差异。例如在对温带针叶林中的日本柳杉进行研究时发现，随着氮沉降的增加，其 P_n 随之增加，而生长在同一地带的赤松则在高氮沉降时 P_n 开始降低；徐瑞阳等在模拟两种草本植物的氮同化产物积累对氮沉降的响应时发现，氮沉降对禾本科牧草的促进作用高于豆科牧草。

（4）植物光合特征对增温、降水及氮沉降耦合效应的响应

目前，有关增温、降水和氮沉降耦合方面的研究很少，尤其对植物而言，而对水氮耦合与光合作用之间的关系已有大量研究，多集中于小麦、水稻、玉米、棉花和大豆等粮食作物与经济作物方面。植物光合作用是其生长发育及生物量形成的基础，而环境中的温度、水分及养分含量的变化则是影响其光合作用的重要限制因素。以往的研究几乎都是从单一环境因子对植物的影响方面着手，而有关交互作用对植物影响的研究较少。直到后来才有研究发现，氮素和水分对植物的影响存在相互依赖的关系，且还会因研究对象及条件的不同而使研究结果存在一定的差异。例如孙霞等的研究结果表明，不同水氮组合条件下，红富士苹果的光合作用均具有明显的"午休"现象，但其响应情况却不尽相同。其中，中水高氮与高水高氮条件下，植物 G_s 升高，有利于光合作用的进行并使光合速率维持在一定水平；低水中氮条件下，由于植物 T_r 最低，而使其有着最佳的保水效果。此外，李银坤等对温室中不同生育阶段黄瓜的研究发现，在初瓜期时，其水分利用效率最高；在盛瓜期时，黄瓜的光合速率与 T_r 最高；同时，在正常灌水条件下，氮含量的增加有利于提高黄瓜的光合速率与 T_r。水氮耦合提高植物光合速率的主要原因则在于充足的水氮供应具有明显增大植物叶片面积的效果，进而使叶片 T_r 增强、G_s 增大以及胞间二氧化碳浓度降低。然而在水分胁迫下的施氮植株则常常由于其具有较大的 G_s，使二氧化碳在通过气孔扩散时所受的气孔限制较弱，反而有利于提高植物的光合作用速率。

6.1.2 植物抗性生理特征与全球气候变化的研究进展

（1）植物抗性生理特征对增温效应的响应

热害是由高温引起植物体损伤的一种现象。当植物处于高温胁迫时，其体内的活性氧等物质会大量积累，细胞渗透调节物质发生变化，使植物体光合作用受到抑制，最终导致其正常的生长发育受阻碍。MDA 是植物在逆境胁迫条件下细胞膜脂过氧化作用产生的一种过氧化产物，具有很强的毒性及破坏作用，其含量的高低可代表细胞膜损伤程度的大小，因此通常将其作为细胞膜脂过氧化程度和植物对逆境胁迫条件反应强弱的重要指标之一。细胞膜脂过氧化作用越强烈，MDA含量越高，则细胞膜损伤程度越大。但同时，植物体也会通过调节自身的一些生理活动（如通过渗透物质和抗氧化酶等）来避免或减轻胁迫所造成的伤害。通常认为 SS、Pro 等对植物细胞具有渗透调节及保护细胞膜结构稳定的作用。在胁迫条件下，植物体内的有机小分子物质如 Pro 开始积累，之后随着胁迫程度的增强其 SS 也随之增加。同时，植物体内的正常蛋白质也会因高温胁迫而分解成游离氨基酸，增加的游离氨基酸会导致植物氨中毒。而 Pro 则有利于增强高温胁迫下植物体内正常蛋白质的水合作用，维持细胞结构和功能的稳定，从而减轻植物由于游离氨基酸增加所造成的氨中毒，最终起到保护植物的作用。如在对梭梭的研究中发现，随着温度升高其同化枝内的游离 Pro 含量随之增加；但也有研究认为植物体内 Pro 含量的增加并非起着保护植物的作用，而是其胁迫伤害的一种结果。因此，关于植物体内游离 Pro 含量在高温胁迫中增加的作用，还需进行更全面的研究。

同样，植物体内 SS 与 Pr 含量在高温胁迫下的变化情况也表现出不尽相同的结果。李建贵等在研究梭梭内源激素与渗透调节物质对高温胁迫的响应时发现，在高温胁迫下，梭梭叶片内 SS 含量随温度的升高而升高。而王喜勇等的研究则发现，随着持续高温时间的延长及胁迫强度的增加，梭梭体内的 SS 含量会逐渐下降并保持在较低水平，之后在胁迫减弱时才开始缓慢回升。周瑞莲等在对沙生植物的研究中发现，在高温胁迫过程中流动沙地上的沙米、欧亚旋覆花叶片内的 Pr 含量下降，固定沙地的白草和狗尾草 Pr 含量增加。还有研究表明，毛尖紫萼藓的 Pr 随着高温胁迫时间的延长呈先升后降趋势。

活性氧是植物体正常代谢的副产物。在高温胁迫条件下，植物体内的活性氧会大量产生，而过剩的活性氧会导致细胞膜系统受到损伤，严重时还会导致细胞死亡。对此，植物体本身为避免或减轻过剩活性氧所造成的伤害，在进化过程中逐渐形成了一套完整的活性氧自由基清除系统，即抗氧化保护系统。通常植物体内活性氧的增加会诱导与其相关的抗氧化酶活性增强、抗氧化物质含量增加，以降低胁迫对植物体的伤害。其中，植物体内的 SOD、POD 及 CAT 是主要的抗氧化酶；而抗坏血酸和维生素 E 等则是主要的抗氧化物质。SOD 主要是对细胞内的超氧阴离子进行歧化反应，CAT 主要是对细胞内的过氧化氢进行分解，POD 清除自由基。

研究表明，在高温胁迫下，POD 活性升高能增强植物抗膜脂过氧化的能力，是植物对高温胁迫的一种适应性生理反应。但由于植物物种及增温处理的不同，会使植物自身的抗氧化酶活性发生改变，影响植物的总抗氧化能力。如袁媛等在研究小苍兰幼苗对高温胁迫的生理响应中发现，SOD 活性在高温胁迫的前 2 h 呈下降趋势，之后显著上升，直到 72 h 后又开始下降直至胁迫结束；CAT 和 POD 活性的变化趋势则相似，均在胁迫前期轻微下降，然后持续显著上升。郭盈添等在研究金露梅幼苗对高温胁迫的生理生化响应时发现，随高温胁迫时间的延长，SOD 活性呈下降趋势，POD、CAT 活性呈先上升后下降趋势。而段九菊等对观赏凤梨的研究则发现，在高温胁迫的前 8 h 内，观赏凤梨叶片 SOD、POD 及 CAT 活性显著升高，之后随胁迫时间的延长，均逐渐下降至对照组活性以下；同时，叶片内的超氧阴离子产生速率加快，过氧化氢和 MDA 含量升高，游离 Pro 及 Pr 含量降低。

（2）植物抗性生理特征对降水效应的响应

随着全球气候变化背景下大气环流及水文循环的改变，使区域降水格局也发生了相应的变化，而降水量作为陆地生态系统净初级生产力的主要控制因素之一，对陆地生态系统结构和功能有着深刻影响。在干旱、半干旱地区，水分是植被生长发育最主要的限制因子之一，直接影响植物渗透调节物质与活性氧酶促保护系统的响应。其中，渗透调节物质分为无机离子（如 K^+、Cl^-、Na^+、Ca^{2+} 和 Mg^{2+} 等）与有机溶质（如 SS、Pro 和甜菜碱等），其作用在于干旱胁迫下，植物体内各种有机物质与无机物质主动积累，导致细胞渗透势降低和维持植物体内水分的稳定，最终使其适应所处的胁迫环境。

Pro 作为植物细胞质内重要的有机渗透调节物质，在植物对抗水分胁迫时起着平衡细胞代谢充当渗透调节保护剂的作用，消除植物体内活性氧积累所造成的毒害。邵怡若等在研究 5 种绿化树种幼苗对干旱胁迫和复水的生理响应时证实了 Pro 含量在干旱胁迫期间逐渐增加。钟连香等在研究干旱胁迫对木荷幼苗生长及生理特性的影响中也得出，随着干旱程度的加剧，游离 Pro 含量不断增加。另外，有研究发现 Pro 的积累还能直接影响蛋白质的稳定性。

在干旱胁迫时，植物体内的 SS 也是主要的渗透调节物质之一，同时也起着维持体内蛋白质稳定的重要作用。据报道，随着干旱胁迫程度的加重，文冠果、紫薇两种植物体内的 SS 含量逐渐增加。可见，植物在面临干旱胁迫时，体内 SS 含量的增加有利于降低渗透势，进而维持其正常生长所需的水分供应。但也有研究发现，黄金香柳、润楠植物体内的 SS 含量在随着干旱胁迫时间的延长和胁迫程度的加重时，表现为先增加后降低的变化趋势。

植物体内的 Pr 含量则常作为细胞内渗透势稳定性的标志之一，其含量的增加可降低植物体内的渗透势。但在不同植物中 Pr 对干旱胁迫的响应则不尽相同，如崔豫川等的研究表明，栓皮栎幼苗叶片中的 Pr 含量随着干旱胁迫程度的增强呈现先升高后降低的变化趋势；而张刚等在 5 个种源的 2 年生文冠果幼苗的研究中发现，随着干旱胁迫程度的加重，其 Pr 含量则随之逐渐增加；相反，刘旭等在研究水分胁迫对紫薇生长及生理生化特征的影响时发现，其 Pr 含量随着胁迫程度的加重呈现出先降低后升高的现象。

通常植物体内活性氧自由基的产生与清除在正常的生长条件下均处于一种动态平衡状态，仅当其受到胁迫伤害后，该平衡才会被破坏，从而产生有害于植物正常生长发育的不利影响。大量研究表明，植物在受到干旱胁迫时其体内的活性氧会大量积累，进而产生脂质过氧化物，其中，以 MDA 含量的增加最为显著，因此，在后来的研究中均将植物体内的 MDA 含量变化作为衡量其抗性能力强弱的重要生理指标之一。植物体内产生大量过剩脂质过氧化物的同时，还会诱导抗氧化清除系统对过剩的活性氧自由基进行清除，进而维持正常的动态平衡。在植物保护酶系统中，其最重要的 3 种酶分别为 SOD、POD 及 CAT。其中，SOD 是活性氧自由基代谢过程中，首先发挥清除过剩活性氧自由基，维持植物体内活性氧自由基代谢平衡，保护植物细胞免受胁迫伤害的保护酶；而 POD 与 CAT 则通过升高其活性，从而起着保护膜的作用，其中，CAT 对 H_2O_2 进行快速分解从而避免羟基自由基大量产生，以缓解植物细胞膜的过氧化。

（3）植物抗性生理特征对氮沉降的响应

目前，根据有关植物与氮素方面的研究得出，植物受干旱胁迫时，适量的氮素增加可增强其抗旱能力，其原因在于氮素可促进植物的渗透调节能力以及提高细胞酶促防御系统的活性；但当氮素供过于求时，植物体也会将过剩的氮素进行暂时的贮存以供日后生长的需要。植物贮存氮的形式有许多种，其中叶片中过剩的氮通常以 Pr、游离氨基酸等形式贮存，这也在后来的大量研究中得到了充分的证实。

植物叶片中 Pr 含量的高低，通常可作为衡量植株氮代谢水平以及对环境变化敏感度响应的重要指标之一。如高氮可促进植物幼苗叶片中游离氨基酸、Pr 含量的增加。周晓兵等的研究得出 Pr 含量随着氮浓度增加而增加的结论，且不同种间存在着差异性。徐瑞阳等在模拟氮沉降对两种草地植物氮同化物积累的影响研究中也发现，一定范围内随着氮沉降浓度增加植物叶片中的 Pro、Pr 含量呈增加趋势。

SS 是高等植物光合作用的主要产物之一，同时也是碳水化合物代谢及暂时贮藏的主要形式，在植物碳代谢中占有重要地位。目前关于氮输入与 SS 含量间的关系的研究存在较大争议。一般认为氮素可利用性的提高会促进植物对光合产物的利用效率，从而间接降低植物对 SS 的积累。

植物的酶系统参与很多氧化还原反应、介导和调节新陈代谢及细胞分化等重要过程。氮素作为植物体内蛋白质的主要组成元素之一，所以与植物的抗氧化酶有着密切的联系。朱鹏锦等在对油菜幼苗的研究中发现，随着施氮水平的增加其 SOD、POD 及 CAT 活性随之增强；而胡红玲等在对巨桉幼树的研究中则发现，施氮对其 SOD 活性影响不大，但对 POD 和 MDA 有着显著的影响。同时，孙明等在对结缕草进行施氮研究时发现，在相同干旱胁迫下，施氮后第 19 天，结缕草叶片中的游离 Pro 和 SS 含量均随着施氮量的增加而呈现升高趋势，但在施氮后第 41 天时，反而呈现出随施氮量的增加而降低的趋势；其叶片中的 MDA 含量呈现增加的趋势。

（4）植物抗性生理特征对增温、降水及氮沉降耦合效应的响应

氮素是大部分植物所必需的营养元素，也是陆地生态系统生物生长和光合作用的主要限制因素之一。研究表明，氮素的有效性受土壤水分状况的制约，同时土壤水分有效性不足也是制约植物生长的主要因素之一。水分与氮素是植物生长、发育所必需的资源，其有效性对植物叶片的生理功能有着重要的影响；同时也是控制植物生长及生产力的两个最重要因素，且二者之间存在显著的耦合效应。水分和氮素对植物的综合效应往往通过植物复杂的生理过程起作用。但目前有关水氮耦合作用的研究多集中于农作物与经济作物方面，以及两者对作物产量、品质及地下根系生理指标影响的方面。已有的大量研究表明，无论在正常供水还是在缺水条件下，较高的氮素水平对植物的氮代谢均有积极的影响。孙誉育等在研究红桦幼苗根系对水氮耦合作用的生理响应时发现，在土壤水分胁迫下，红桦幼苗根系内 Pro 和 Pr 含量均随着施氮浓度的增加而显著增加。李静静等在对草地早熟禾的研究中得出，在同等干旱胁迫下，适当增施氮素可提高草地早熟禾叶片中 Pr含量，而 MDA 含量则随着施氮量的增加呈现出先降低后增加的变化趋势；在相同氮素水平下，CAT 活性随着水分的增加而增强，MDA 含量则随着水分胁迫的加重而增加，SOD、POD 活性也均随着水分的降低而呈现出先升高后降低的变化趋势。水氮耦合作用对红小豆根系的影响则表现出，在干旱胁迫条件下，其根系中的 Pr 含量随施氮量的增加呈现出先升高后降低的变化趋势，SS 含量的变化情况则与之相反，其根系中的 SOD 和 POD 活性则随施氮量的增加而增强，而 MDA含量对氮素的变化却并不敏感；但在相同施氮条件下，其根系中的 SOD 和 POD活性则随着灌水量的增加而减弱，SS 和 Pr 含量则随之降低，而 MDA 含量对水分也并不敏感。倪瑞军等在对藜麦幼苗与水氮耦合作用的研究中得出，在同一灌溉水平条件下，藜麦根系中的 POD 活性、MDA 含量等生理指标均随氮肥用量的增加呈现出先下降后升高的变化趋势；但在施氮量相同条件下，其根系中的 POD 活性、MDA 含量等生理指标则均随灌水量的增加而显著减小。王海茹等对（黍）稷幼苗的研究发现，在水分相同条件下，（黍）稷幼苗根系中的 POD 活性、MDA含量、SS 含量均随施氮量的增加而降低；而在施氮量相同条件时，三者均随灌水量的增加而降低；在干旱胁迫条件下，适当地增施氮肥可降低根系中 MDA 含量，

在一定程度上缓解植物干旱胁迫的影响。

6.1.3　研究意义

　　梭梭作为多年生超旱生灌木或小乔木，具有较强的耐干旱、耐高温以及耐土壤贫瘠等能力，同时因其较高的生态与经济价值而成为我国西北干旱、半干旱荒漠地区的建群种及优良固沙树种。据全球气候变化模型预测，未来全球气温、降水及氮沉降将进一步加剧。目前，虽已有大量有关全球增温、降水及氮沉降变化对植物影响方面的研究报道，但其绝大部分是围绕其中某一单因素或双因素耦合作用展开研究的，而实际气候变化却是一个极其复杂的多因素综合体，所以进行多因素耦合作用方面的研究能更全面、更真实地反映气候变化所造成的影响。

　　因此，本章在野外梭梭原始生境下，通过采用开顶式生长室（Open Top Chamber，OTC）来进行全球变化（即增温、降水及氮沉降变化）模拟；从荒漠植物光合作用生理生态学特征出发，探究梭梭光合作用特征及抗性生理特征对未来全球气候变化的响应，力求更深入地揭示梭梭属物种对全球气候变化的适应机制。同时，为荒漠植物资源的管理和合理利用，荒漠生态系统的恢复以及生态环境的保护提供科学参考和技术支撑；也为预测荒漠植物在未来全球性气候进一步变化环境下的生长、分布情况提供科学理论依据。

6.2　研究内容

　　（1）不同模拟气候因子对梭梭同化枝气体交换特征的影响

　　通过研究增温、降水量、氮沉降量变化及其耦合效应对梭梭同化枝气体交换特征的影响，探究未来全球性气候变化对梭梭生长发育及生存状况的影响情况。

　　（2）不同模拟气候因子对梭梭抗性生理特征的影响

　　通过研究增温、降水量、氮沉降量变化及其耦合效应对梭梭抗性生理特征的影响，探究梭梭在未来全球性气候变化条件下的生理调节机理机制及适应策略。

6.3　技术路线

准噶尔盆地南缘梭梭生理生态学特征对模拟全球气候变化因子的响应机制如图 6-3 所示。

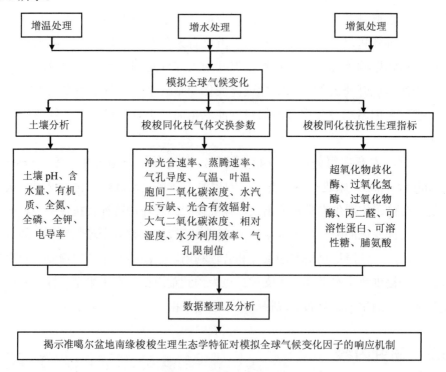

图 6-3　研究技术路线

6.4　研究区自然概况

实验地点位于中国科学院新疆生态与地理研究所的阜康荒漠生态系统国家野外科学观测研究站（以下简称研究站）。研究站位于新疆阜康市境内（44°26′N，87°54′E，海拔 436.8 m），地处天山北麓、准噶尔盆地南缘，三工河流域，该区域属温带大陆性干旱半干旱气候。年平均气温为 6.6℃，最高值为 42.6℃，最低值

为 $-41.6℃$，平均日较差为 $12.9℃$，$≥5℃$ 积温为 $3\,892℃$，$≥10℃$ 积温 $3\,574.6℃$，无霜期为 $174\,d$，年平均降水量为 $187.5\,mm$，年蒸发量为 $2\,064.1\,mm$，年平均风速为 $2.4\,m·s^{-1}$，最大冻土深 $1.85\,m$。地貌类型多样，自然景观丰富，具多样的荒漠生态类型。

6.5　野外实验布置与实施

于 2014 年年初在研究站实验基地的围栏沙地内，选取具有代表性的、地势平坦且梭梭植被分布均匀的地段作为实验样区。实验设置增温、增水和氮素添加 3 个因素，共 8 个处理条件（$W_0N_0T_0$，$W_0N_1T_0$，$W_0N_2T_0$，$W_1N_0T_0$，$W_1N_1T_0$，$W_1N_2T_0$，$W_0N_0T_1$，$W_1N_1T_1$），且每个处理条件重复 4 次实验。其具体实施如下：

模拟增温处理：分为对照（T_0）和增温（T_1）。增温处理采用 OTC 方式来进行温室效应的模拟，该装置可实现全年全天候增温，一般来说可以增加空气温度 $2～6℃$。选用上下端直径均为 $4\,m$、高为 $2\,m$、各边长为 $1\,m$ 的正十二边形 OTC 固定在样地上，通过温度探头监测 OTC 内外的温度差计算平均增温值。同时，在 OTC 的南、北侧各开一个高 $2\,m$，宽 $1\,m$ 的小门，以便于定期的观察及采样。

模拟增水处理：分为自然降水（W_0）和在自然降水基础上增加降水量30%（W_1）（增加值为阜康市过去 30 年年降水量平均值 $200\,mm$ 的 30%，即总共增加降水 $60\,mm$）。其中，增加降水 30% 在春、夏、秋季 3 个季节分别增加，即每个季节分别增加 $20\,mm$。春季增加降水于每年的 3 月 25 日开始，每周增加一次，每次增加 $5\,mm$，共增加 4 周；夏季增加降水于每年的 6 月 20 日开始，每周增加一次，每次增加 $5\,mm$，共增加 4 周；秋季增加降水于每年的 8 月 20 日开始，每周增加一次，每次增加 $5\,mm$，共增加 4 周。同时，为保证增水处理的顺利完成和更好地模拟自然降水，结合小区面积和模拟降水量，准确计算出每次增水量，提前一天联系好水车将水运输到样地，之后将其存储于样地旁边的 5 个 $2\,m^3$ 水桶里，采用喷灌装置定量地将其以淋洗的方式洒入样地。

模拟增氮处理：分为自然氮沉降对照（N_0）、在自然沉降基础上增加氮素 $30\,kg·hm^{-2}·a^{-1}$（N_1，目前阜康市氮沉降量约为 $30\,kg·hm^{-2}·a^{-1}$，增氮量与自然沉降量相当，是基于 2050 年前后氮沉降量比 20 世纪末将增加 1 倍水平设计的）和在自然沉降基础上增加氮素 60 kg·hm^{-2}·a^{-1} [N$_2$，增氮量模拟我国氮沉降热点地区（华北平原）的未来增量，代表一种极端情况]。结合该地区氮沉降的主要离子形式，增加的氮素以硝酸铵（NH$_4$NO$_3$）的形式添加。同时为了植物更好地吸收和模拟氮沉降，将硝酸铵溶于 100 L 水中，用喷雾器均匀地喷入样方中，对照则喷入等量的水，也分为春季、夏季和秋季 3 次增加，与模拟增加降水同时进行。

图 6-4　研究地区位置现场

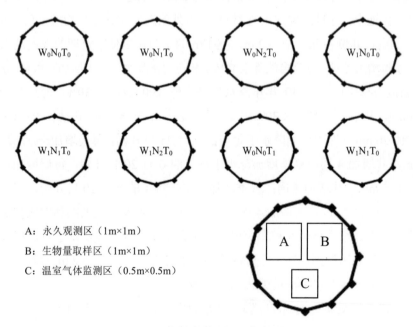

A：永久观测区（1m×1m）

B：生物量取样区（1m×1m）

C：温室气体监测区（0.5m×0.5m）

图 6-5　野外实验一小区示意

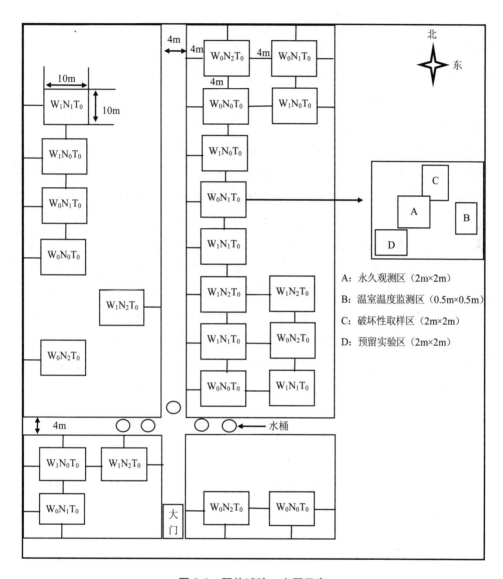

图 6-6 野外试验二小区示意

6.6 模拟气候变化因子对梭梭生境土壤重要养分的影响

全球气候变化与陆地生态系统的相互作用已成为当前生态环境研究的热点问

题之一。其中，全球气温变暖、降水格局变化以及氮沉降增加等环境因子变化已是一个不争的事实。土壤作为陆地生态系统的重要组成部分，控制着陆地生态系统的物质循环、能量流动以及生态系统生产力等众多方面。一般情况下，温度升高会引起 WCS 下降，土壤有机质的分解、土壤养分含量及养分迁移等，进而影响植物对土壤水分、养分的吸收利用及其生长发育过程，同时温度升高引起的 WCS 下降也会削弱温度对植物生长的促进作用。而降水量的改变也将直接影响 WCS，从而影响土壤微生物的活性和植物对有机物的利用。大气氮沉降增加则会打乱原有的土壤营养平衡，引起土壤酸化，从而影响土壤有机物及凋落物的分解过程。

然而，前人对这方面的研究主要集中于单因素影响，很少有从多因素耦合方面来展开全面研究的，即使有也仅局限于森林生态系统、农田生态系统及草原生态系统方面；而对荒漠生态系统的研究则十分少见，尤其是进行原生境下的多气象因子耦合模拟研究。对此，本章在野外荒漠植物生长的原生境条件下，模拟增温、降水量、氮沉降量变化及其耦合作用对荒漠生态系统建群种及优势种梭梭生境土壤的含水量、电导率、酸碱度及其重要养分方面展开研究，旨在探究未来全球气候变化对荒漠生态系统的影响。

6.6.1　研究方法

6.6.1.1　土壤理化特性的测定

本章所有用于理化特性指标测定的梭梭生境土壤，其采样时间均与梭梭气体交换参数测取时间一致，在野外通过土钻钻取各处理样方内相同方位上距地表 60 cm 深的混合土样，盛于事先准备好的干燥铝盒中进行湿重称量，随后将其带回实验室立即进行各项理化特性指标的测定。每组每项指标进行 4 次重复。其具体测定方法如下：

（1）WCS 的测定

见 3.4.2 土壤含水量的测定。

（2）土壤电导率（EC）的测定

称取 10 g 土壤试样于 250 mL 振荡瓶中，加入 50 mL 蒸馏水（25±1℃），盖上瓶盖，放在振荡器上振荡 30 min，取下静置 30 min 后过滤，然后将滤液转移至

50 mL 小烧杯中。根据电导仪（MP521 型号）的使用说明书，温度校正为 25℃时，测定土壤提取液的 EC 并记录。

（3）土壤 pH 的测定

称取过筛（筛孔 1 mm）的风干土样 20 g 放于烧杯中，加无二氧化碳蒸馏水 100 mL，之后间歇搅拌或摇动 30 min，放置 30 min 后过滤；然后将所得滤液移入 50 mL 小烧杯中；最后用酸度计（MP521 型号）测定并记录。

（4）土壤有机质（SOM）含量的测定

重铬酸钾容量法-外加热法。在外加热的条件下（油浴温度为 180℃，沸腾 5 min），用一定浓度的重铬酸钾-硫酸溶液氧化 SOM，剩余的重铬酸钾用硫酸亚铁来滴定，以所消耗的重铬酸钾量计算有机质的含量。

（5）土壤总氮（TN）含量的测定

重铬酸钾-硫酸消化法，用重铬酸钾-硫酸共煮并消化分解土壤样品，使土壤中复杂的含氮化合物经硫酸水解为简单的化合物，之后在重铬酸钾的作用下转化成氨，进而与硫酸结合生成硫酸铵，使有机物最终被转化成硫酸铵。然后再加热蒸馏出氨，经硼酸吸收后，以标准溶液滴定。用福斯 1035 全自动定氮仪测定。

（6）土壤总磷（TP）含量的测定

氢氧化钠（NaOH）熔融-钼锑抗比色法。土壤样品与 NaOH 熔融，使土壤中含磷矿物质及有机磷化合物转化为可溶性的磷酸盐，用水和稀硫酸溶解熔块，在规定条件下使样品溶液与钼锑抗显色剂反应，生成钼蓝。用分光光度法定量测定。

（7）土壤总钾（TK）含量的测定

氢氧化钠熔融-原子吸收分光光度法。土壤样品与 NaOH 熔融，使土壤中有机物和矿物质分解成可溶性化合物，水提取后制成硫酸溶液，之后用原子吸收分光光度计测定。

6.6.1.2　数据统计与分析

采用方差分析模拟增温、降水量、氮沉降量变化及其耦合作用对梭梭生境 WCS 和土壤 EC、pH、SOM、TN、TP 及 TK 的影响，并采用最小显著性差异法（least significant difference，LSD）进行多重比较；此外，还采用配对样本 T 检验比较各处理的作用效应，以及对各处理土壤理化特性进行相应的相关性分析。所有数据的统计分析均运用分析软件 SPSS 20.0 完成，用制图软件 Origin 8.5 作图。

6.6.2 结果与分析

6.6.2.1 不同模拟气候变化因子对梭梭生境土壤物理特性的影响

方差分析结果表明，模拟增温、降水量、氮沉降量变化及其耦合作用均极显著地影响了梭梭生境土壤的 WCS 及土壤 EC，而对土壤 pH 的影响，除增温、降水量、氮沉降量变化三者耦合作用（$W_1N_1T_1$）条件下无显著性差异影响外，其余模拟气候变化因子均对其产生了显著或极显著差异性影响（表 6-1）。

表 6-1　模拟增温、降水量、氮沉降量变化及其耦合作用对梭梭生境
土壤物理特性影响的方差分析

因素	WCS/%	土壤 EC/（$\mu S \cdot cm^{-1}$）	土壤 pH
增温（T）	**	**	*
降水量（W）	**	**	**
氮沉降量（N）	**	**	**
W×N	**	**	**
$T_1 \times W_1 \times N_1$	**	**	0.05

注：*表示 $P < 0.05$ 的显著性水平；**表示 $P < 0.01$ 的显著性水平；W×N 为水氮耦合条件。下同。

通过图 6-7 可清楚看到，与对照（$W_0N_0T_0$）相比，在模拟增温（$W_0N_0T_1$）条件下，梭梭生境 WCS、土壤的 EC 及 pH 均表现为降低，且均达到了极显著性差异；而在模拟降水量增加变化（$W_1N_0T_0$）条件下，梭梭生境 WCS、土壤的 EC 及 pH 变化情况则与增温条件下相反。在模拟氮沉降量变化（$W_0N_1T_0$、$W_0N_2T_0$）条件下，除土壤 pH 随施氮量增加呈先升后降趋势外，其余土壤物理特性均随着施氮量的增加而增加，且彼此间差异性极显著；而在水氮耦合作用（$W_1N_1T_0$、$W_1N_2T_0$）条件下，梭梭生境 WCS 和土壤的 EC 则均随着施氮量的增加而呈极显著地先升后降趋势，pH 值则随施氮量的增加而升高，且较对照组而言，均表现出明显的差异。在增温、降水量、氮沉降量变化三者耦合（$W_1N_1T_1$）作用条件下，梭梭生境 WCS 和土壤的 EC 均表出为极显著升高现象，而土壤 pH 值则表现为下降现象，但其差异性却不显著。

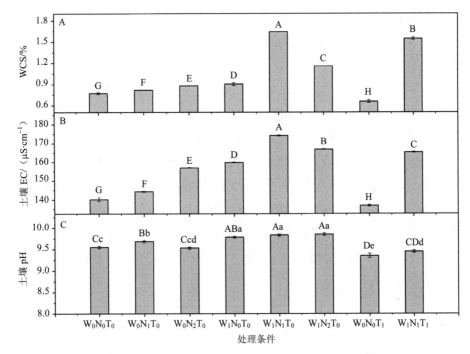

图 6-7　模拟增温值、降水量、氮沉降量变化及其耦合作用对梭梭生境土壤物理特性的影响

注：不同大、小写字母分别表示各处理间差异极显著（$P<0.01$）和差异显著（$P<0.05$）。下同。

6.6.2.2　不同模拟气候变化因子对梭梭生境土壤化学特性的影响

从梭梭不同生境土壤化学特性的方差分析结果中，我们可以清楚地看到模拟增温、降水量、氮沉降量变化及其耦合作用均对梭梭生境 SOM 和土壤 TN、TP 及 TK 含量产生了极显著的影响（表 6-2）。

表 6-2　模拟增温、降水量、氮沉降量变化及其耦合作用对梭梭生境土壤化学特性影响的方差分析

因素	SOM 含量/ (g·kg^{-1})	TN 含量/ (g·kg^{-1})	TP 含量/ (g·kg^{-1})	TK 含量/ (g·kg^{-1})
增温（T）	**	**	**	**
降水量（W）	**	**	**	**
氮沉降（N）	**	**	**	**
W × N	**	**	**	**
T$_1$ × W$_1$ × N$_1$	**	**	**	**

从图 6-8 可知，与对照（$W_0N_0T_0$）相比，在增温（$W_0N_0T_1$）条件下，梭梭生境土壤的各化学特性指标含量均表现为极显著升高；而降水量增加（$W_1N_0T_0$）条件下，则导致了梭梭生境 SOM 及 TK 含量的极显著降低，TN 及 TP 含量的极显著升高。在氮沉降量变化（$W_0N_1T_0$、$W_0N_2T_0$）条件下，梭梭生境土壤的有机质、TN 及 TP 含量均表现出随施氮量的增加而极显著升高，仅 TK 含量表现为随施氮量增加而呈先升后降趋势，但 $W_0N_2T_0$ 条件下的 TK 含量仍高于对照条件；而在水氮耦合（$W_1N_1T_0$、$W_1N_2T_0$）作用条件下，除土壤 TN 及 TP 含量的变化趋势与氮沉降量变化条件下相同外，其余土壤化学特性指标，如有机质含量则随着施氮量的增加表现为先降后升的变化趋势，但 $W_1N_1T_0$ 与对照差异不显著，土壤 TK 含量则表现为极显著的先升后降趋势。然在增温、降水量、氮沉降量变化三者耦合作用（$W_1N_1T_0$）条件下，梭梭生境土壤的各化学特性指标含量的变化情况则完全与增温条件下相同。

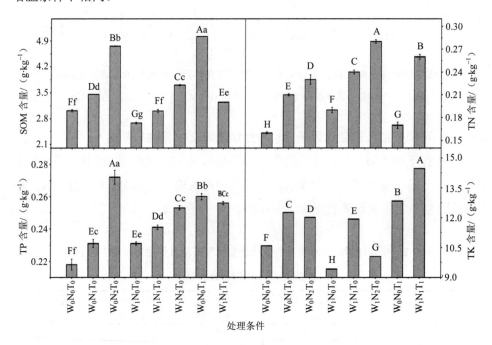

图 6-8　模拟增温、降水量、氮沉降量变化及其耦合作用对梭梭生境土壤化学特性的影响

6.6.2.3　梭梭不同生境土壤 EC、pH、SOM、TN、TP、TK 与 WCS 的关系

通过相关分析结果表明（表 6-3），在模拟增温、降水量、氮沉降量变化及其耦合作用的不同条件下，梭梭生境土壤的 EC、pH、SOM、TN、TP、TK 与 WCS 存在着不同程度的正负相关性。

表 6-3　不同生境土壤 EC、pH、SOM、TN、TP、TK 与 WCS 的相关性分析

因素	$W_0N_0T_0$	$W_0N_1T_0$	$W_0N_2T_0$	$W_1N_0T_0$	$W_1N_1T_0$	$W_1N_2T_0$	$W_0N_0T_1$	$W_1N_1T_1$
	WCS	WCS	WCS	WCS	WCS	WCS	WCS	WCS
EC	0.618*	0.245	−0.397	−0.677**	−0.995**	−0.298	−0.682**	0.132
pH	−0.610*	1.000**	0.645**	0.540*	−0.687**	0.334	−0.513	−0.681**
SOM	0.622*	−0.759**	−0.444	0.121	0.953**	−0.047	−0.614*	0.030
TN	0.004	0.779**	−0.396	0.399	0.676**	0.239	0.000	−0.371
TP	0.975**	0.019	−0.995**	0.959**	0.215	0.461	0.080	−0.059
TK	0.369	0.953**	0.463	−0.223	0.885**	0.969**	0.000	0.315

其中，在对照（$W_0N_0T_0$）条件下，除土壤 pH 与 WCS 呈显著负相关外，其余指标与 WCS 均呈正相关关系，且土壤 EC、SOM 与其显著相关，土壤 TP 与其为极显著相关。在氮沉降变化（$W_0N_1T_0$）条件下，除 SOM 与 WCS 表现为极显著负相关性外，其余指标与 WCS 也均呈正相关关系，且土壤 pH、TN、TK 与其为极显著相关。然而在另一个氮沉降变化（$W_0N_2T_0$）条件下，土壤 EC、有机质、TN、TP 与 WCS 均呈负相关关系，TP 与其相关性极显著，而土壤 pH、TK 与 WCS 则呈正相关关系，且土壤 pH 与其关系表现出极显著相关。在降水量增加（$W_1N_0T_0$）条件下，土壤 EC、TK 与 WCS 呈负相关关系，且土壤 EC 与其相关性极显著，其余指标与其呈正相关关系，其中，土壤 pH 与其显著相关，土壤 TP 与其极显著相关。在水氮耦合（$W_1N_1T_0$）条件下，土壤 EC、pH 与 WCS 均呈极显著负相关，其余指标除 TP 与其呈不显著相关性外，均与 WCS 表现为极显著正相关关系。在另一个水氮耦合（$W_1N_2T_0$）条件下，土壤 EC、SOM 与 WCS 呈负相关关系，土壤 TK 与其极显著正相关性，而其余指标与其则呈不显著正相关。在增温（$W_0N_0T_1$）条件下，土壤 EC、pH、SOM 与 WCS 表现出负相关关系，且土壤 EC 与其相关性极显著，SOM 与其相关性显著，其余指标与土壤 WCS 则表现出不显

著正相关关系。在三者耦合（$W_1N_1T_1$）条件下，土壤 EC、有机质、TK 与 WCS 则呈不显著正相关性，其余指标与其则表现出负相关性，且土壤 pH 与其相关性极显著。

6.6.2.4 梭梭不同生境土壤 EC、pH、SOM、TP、TK 与土壤 TN 含量的关系

从相关分析结果可知（表 6-4），在模拟增温、降水量、氮沉降量变化及其耦合作用的不同条件下，梭梭生境土壤的 EC、pH、SOM、TP、TK 与土壤 TN 也存在着不同程度的正负相关性。

表 6-4 不同生境土壤 EC、pH、SOM、TP、TK 与 TN 含量的相关性分析

因素	$W_0N_0T_0$	$W_0N_1T_0$	$W_0N_2T_0$	$W_1N_0T_0$	$W_1N_1T_0$	$W_1N_2T_0$	$W_0N_0T_1$	$W_1N_1T_1$
	TN	TN	TN	TN	TN	TN	TN	TN
EC	−0.139	0.601*	0.430	−0.159	−0.602*	0.547*	0.104	0.872**
pH	0.099	0.779**	−0.209	0.976**	−0.943**	0.971**	0.449	0.932**
SOM	0.184	−0.465	0.628*	−0.609*	0.559*	−0.252	−0.766**	0.591*
TP	−0.081	0.629*	0.305	0.491	−0.570*	0.753**	0.947**	0.789**
TK	0.692**	0.584*	−0.962**	−0.570*	0.760**	0.050	0.994**	−0.700**

在对照（$W_0N_0T_0$）条件下，仅土壤 TK 与 TN 含量存在极显著正相关性，其余指标与其均为不显著相关关系；其中，土壤 EC、TP 与其呈负相关，土壤 pH、有机质与其呈正相关。在氮沉降量变化（$W_0N_1T_0$）条件下，除 SOM 与 TN 含量表现为不显著负相关外，其余指标与其均呈正相关关系，且土壤 EC、TP、TK 与其关系显著，土壤 pH 与其关系极显著。然在另一个氮沉降量变化（$W_0N_2T_0$）条件下，土壤 pH、TK 与 TN 含量则均呈负相关关系，且 TK 与其相关性极显著，而土壤 EC、TP 与 TN 含量则呈不显著正相关性，SOM 与其则表现出显著正相关。在降水量增加（$W_1N_0T_0$）条件下，土壤 EC、SOM、TK 与 TN 含量呈负相关关系，且 SOM、TK 与其相关性显著，其余指标与 TN 含量均呈正相关关系，其中，土壤 pH 与其相关性极显著。在水氮耦合（$W_1N_1T_0$）条件下，土壤 EC、TP 与 TN 含量存在显著负相关关系，土壤 pH 与其存在极显著负相关关系，其余指标与 TN 含量均呈显著或极显著正相关性。在另一个水氮耦合（$W_1N_2T_0$）条件下，除 SOM 与 TN 含量存在不显著负相关性外，其余指标与其均表现为正相关关系，且土壤

EC 与其显著相关，土壤 pH、TP 与其极显著相关。在增温（$W_0N_0T_1$）条件下，SOM 与 TN 含量表现出负相关关系，且相关性极显著，而其余指标与 TN 含量则均表现为正相关关系，其中土壤 TP、TK 与其相关性极显著。在三者耦合（$W_1N_1T_1$）条件下，土壤 TK 与 TN 含量表现为极显著负相关关系，而其余指标除 SOM 与 TN 含量表现为显著正相关性外，均与其呈极显著正相关性。

6.6.3　讨论

通常气温升高会使土壤蒸散作用加强，从而导致 WCS 下降，进而影响土壤的理化性质。其中，土壤 EC 通常作为评价土壤盐分积累程度的重要参数指标，会随着土壤温度的升高而增大，同时还会受到土壤类型的影响。土壤 pH 除了是最重要的土壤理化特性外，还是衡量土壤肥力的重要指标之一，对各种环境因子变化的影响极其敏感，会随着温度的升高而降低。在书中，模拟增温导致梭梭生境土壤的 WCS、EC 及 pH 显著下降，其结果首先表明 OTC 的确有着很好的增温效果，其次说明增温对土壤理化性质有着直接的影响，且所得 WCS 的结果与王瑞的研究结果一致，土壤 EC 的结果与姚世庭等的研究结论相似，而土壤 pH 的研究结果也与袁巧霞等的研究结论相似。土壤 EC 降低可能是因为此时正好为植物生长季，土壤中的盐溶液被植物生长所吸收，导致土壤 EC 降低。土壤养分是陆地生态系统生产力的主导因素之一，其含量及分布状况往往制约着生态系统的演替过程。一般认为，养分的有效性随着温度的升高而增加，其原因可能在于温度影响了土壤微生物对有机物的矿化速率。在本章中，梭梭生境土壤中的有机质、TN、TP 及 TK 含量均随温度升高而极显著地增加，表明增温可能不会加速土壤贫瘠化，反之还有可能提高土壤肥力。其原因可能在于温度升高抑制了植物的生长，导致其对土壤营养成分的吸收减少，以及增温使土壤微生物对有机质分解增强等，其结果与包秀荣的研究结果相似。但也有研究得出增温导致 SOM 及 TN 含量增加，而土壤 TP 及 TK 含量降低的情况，究其原因可能在于研究对象及处理时间不同而造成结论的不一致。

降水量增加对土壤所造成的直接影响是使其含水量增加，土壤水分又是影响土壤矿化的重要环境因子之一，因此，降水量增加会导致土壤理化性质发生改变。在本章中，降水量增加导致梭梭生境土壤的含水量、EC、pH、TN 及 TP 含量明显增加，与以往已报道的部分有关研究结果一致，但也有降水量增加导致土壤 EC、pH、TN 及 TP 等指标降低或导致土壤 TN 含量无显著影响的相关研究报道。此外，本章还发现降水量增加导致 SOM 及 TK 含量的降低，这与陈亚的研究结果一致，与李琰琰的研究结果则存在一定差异，这可能与研究对象不同有着很大的关系。

氮素是植物生长发育所必需的营养元素之一，也是限制陆地生态系统初级生产力的主要生态因子，然而其对土壤的影响则存在许多不同的结论。其中，徐俊的研究结果得出氮沉降可显著提高土壤含水率及 EC；肖新等的研究结果则表明，施氮量增加可导致 SOM 及 TN 含量的增加；珊丹的研究结果也得到施氮可提高土壤 TN 含量，还能提高土壤的 TP 含量；而这一系列的研究结果均与本章所得结果相同。但也有与本章研究所得结果不同的研究报道，如李秋玲等的研究结果发现，模拟氮沉降对阔叶林、混交林及人工幼林的 SOM、TN 及 TP 含量均无明显的影响。闫建文等的研究结果发现，轻度盐分条件下，土壤 EC 及土壤含水率均随施氮量增加而降低；而中度盐分条件下，土壤 EC 及土壤含水率则均随施氮量增加而增加。导致现有大部分研究结果不同的原因可能与各自所选择的研究对象及研究区域不同有关。氮沉降对土壤 pH 及 TK 含量的影响也存在一定的争议。在本章研究中，模拟氮沉降增加导致梭梭生境土壤 pH 及 TK 含量均呈先升高后降低的趋势变化。其中，所得土壤 pH 的研究结果与陈亚和刘宪斌研究中所得的结果一致，说明适量施氮可导致土壤 pH 升高，而过量施氮则会导致其降低。土壤 TK 含量随着氮沉降量增加的变化，既有随之增加而增加，也有随之增加而降低或无明显变化的研究报道，这与本章所得结果存在一定差异。

有研究表明降水与氮沉降量增加两者间存在明显的耦合作用，同时也存在其最优的耦合比例。如李琰琰的研究表明，在一定水分条件下，施氮量的增加可导致 WCS 随之增加，但当施氮量超过一定量时，WCS 则随之下降，这一研究结果与本章研究所得结果相同。除此之外，本章研究还得出，在降水量增加（W_1）条件下，梭梭生境土壤的 EC 及 TK 含量随着氮沉降量的增加呈现出先增加后降低的变化趋势；其主要原因可能与氮沉降量增加导致 WCS 变化有关。有研究报道，水氮耦合作用既有导致土壤 pH 明显下降或无显著影响的结论，而本章研究则得到土壤 pH 随着氮沉降量的增加而升高，导致这一不同结果的主要原因可能是氮沉降量增加导致 WCS 明显增加，进而导致土壤 pH 随之升高，且作用效应大于氮沉降量增加导致土壤 pH 下降的作用效应。在降水量增加（W_1）条件下，梭梭生境土壤的 TN 及 TP 含量均随着氮沉降量的增加而增加，这一结果与韦泽秀所得研究结果一致；SOM 含量则随着氮沉降量的增加而呈先降低后增加的趋势变化，其主要原因可能也与水氮耦合作用比例有关，因为 SOM 含量在适宜施氮范围内会随施氮量增加而增加，随水分含量增加而降低。

　　然而，在本章研究模拟的水氮温耦合作用条件下，除梭梭生境土壤的 pH 显著降低外，其余土壤理化指标均明显升高。说明未来在大气温度升高、降水量及氮沉降量增加的全球气候变化条件下，将导致干旱、半干旱地区的陆地生态系统土壤水分及养分含量更加丰富；同时，在某种意义上还会减轻该地区土壤的盐碱化程度，使其更加有利于植物的生长发育及繁殖。

6.7　梭梭气体交换参数对模拟气候变化因子的响应

6.7.1　研究方法

6.7.1.1　梭梭同化枝气体交换参数的测定

　　在实验处理 1 年后，于 2015 年 7 月（夏季是梭梭生长旺季）天气晴朗无云的时间，利用 LI-6400XT（美国 LI-COR）便携式光合作用测定系统仪的测量尺寸为 2 cm×3 cm 的标准叶室随机选取各处理中生长良好的梭梭植株进行测定。每次在每一植株上随机选取 3 组（3 个重复）部位相同长势相近的同化枝进行测定，每组测取 5 个数值，最后取其平均值进行统计分析。测定时间为北京时间 8∶00—20∶00，其间每 2 h 测定 1 次。光合作用测定系统仪自动记录同步的各项参数数值，主要包括梭梭同化枝温度（T_l）、P_n、T_r、G_s、C_i、水汽压亏缺（VPD）以及光合有效辐射（PAR）、大气温度（T_a）、大气二氧化碳浓度（C_a）和相对湿度（RH）。而其同化枝瞬时水分利用效率（WUE）与气孔限制值（L_s）则通过以下公式计算得出

$$瞬时\ WUE = P_n / T_r \qquad (6-1)$$

$$L_s = 1 - C_i / C_a \qquad (6-2)$$

6.7.1.2 数据统计与分析

采用方差分析分析模拟增温、降水量、氮沉降量变化及其耦合作用对梭梭气体交换参数（T_l、P_n、T_r、G_s、C_i、VPD、WUE、L_s）及其生境微气象因子（PAR、T_a、RH、C_a）的影响，并采用最小显著性差异法（LSD）进行多重比较；此外，还采用配对样本 T 检验比较各处理的作用效应以及对各处理条件下的梭梭气体交换参数和生境微气象因子进行相应的相关性分析。所有数据的统计分析均采用分析软件 SPSS 20.0 完成，用制图软件 Origin 8.5 作图。

6.7.2 结果与分析

6.7.2.1 不同模拟气候变化因子对梭梭 P_n、T_r 及 WUE 的影响

通过方差分析结果可知，模拟增温、降水量、氮沉降量变化及其耦合作用均能够极显著地影响梭梭同化枝的 P_n 和 WUE；而对其 T_r 的影响，除模拟增温未对其产生显著的作用效果外，其余模拟气候变化因子均对其产生极显著的影响（表6-5）。

表 6-5　模拟增温、降水量、氮沉降量变化及其耦合作用对梭梭叶片温度及
气体交换参数影响的方差分析

因素	P_n	T_r	WUE	C_i	G_s	L_s	T_l	VPD
增温（T）	**	0.065	**	**	**	**	**	**
降水量（W）	**	**	**	**	**	**	**	**
氮沉降（N）	**	**	**	**	**	**	**	**
W × N	**	**	**	**	**	**	**	**
$T_1 × W_1 × N_1$	**	**	**	**	**	**	**	**

从图 6-9 A 可以看到，在模拟增温、降水量、氮沉降量变化及其耦合作用条件下，所有生境下梭梭的 P_n 日变化均呈现出典型的"双峰"形趋势，均由观测始点 8：00 随着光照强度的增强而开始升高，于 10：00 出现日变化过程的第一个峰值，此时 $W_0N_0T_0$、$W_0N_0T_1$、$W_1N_0T_0$、$W_0N_1T_0$、$W_0N_2T_0$、$W_1N_1T_0$、$W_1N_2T_0$ 及 $W_1N_1T_1$ 处理下梭梭的 P_n 数值分别为 17.1 μmol·m⁻²·s⁻¹、16.8 μmol·m⁻²·s⁻¹、24.2 μmol·m⁻²·s⁻¹、17.8 μmol·m⁻²·s⁻¹、20.1 μmol·m⁻²·s⁻¹、20.9 μmol·m⁻²·s⁻¹、

$22.4\ \mu mol\cdot m^{-2}\cdot s^{-1}$ 及 $15.2\ \mu mol\cdot m^{-2}\cdot s^{-1}$；之后则随之逐渐降低，除增温（$W_0N_0T_1$）与水氮温三者耦合（$W_1N_1T_1$）条件下的梭梭同化枝 P_n 于 16：00 降至谷值外，其余模拟气候变化因子条件下的梭梭同化枝 P_n 均于 14：00 降至谷值；随后均又逐渐升高，且同时于 18：00 出现各自的第二个峰值，此时 $W_0N_0T_0$、$W_0N_0T_1$、$W_1N_0T_0$、$W_0N_1T_0$、$W_0N_2T_0$、$W_1N_1T_0$、$W_1N_2T_0$ 及 $W_1N_1T_1$ 处理下梭梭的 P_n 数值分别为 $8.4\ \mu mol\cdot m^{-2}\cdot s^{-1}$、$4.8\ \mu mol\cdot m^{-2}\cdot s^{-1}$、$12.9\ \mu mol\cdot m^{-2}\cdot s^{-1}$、$11.7\ \mu mol\cdot m^{-2}\cdot s^{-1}$、$8.7\ \mu mol\cdot m^{-2}\cdot s^{-1}$、$8.7\ \mu mol\cdot m^{-2}\cdot s^{-1}$、$11.8\ \mu mol\cdot m^{-2}\cdot s^{-1}$ 及 $4.2\ \mu mol\cdot m^{-2}\cdot s^{-1}$；最后，均又开始下降。就梭梭同化枝 P_n 的整个日变化而言，模拟增温及水氮温三者耦合作用均极显著地降低了梭梭的光合作用，且水氮温三者耦合作用的效果更明显。而增加降水量、氮沉降量及水氮耦合作用则均极显著地增强了梭梭的光合作用，同时在相同水分条件下，增氮具有"以氮调水"的作用。

由图 6-9 B 可知，梭梭 T_r 对模拟增温、降水量、氮沉降量变化及其耦合作用的响应不尽相同。其中，对照（$W_0N_0T_0$）条件下的梭梭 T_r 在整个观测过程中表现出明显的"多峰"趋势，其日变化过程中的峰值分别出现于 10：00、14：00 和 18：00，其峰值分别为 $3.77\ mmol\cdot m^{-2}\cdot s^{-1}$、$4.99\ mmol\cdot m^{-2}\cdot s^{-1}$ 及 $3.63\ mmol\cdot m^{-2}\cdot s^{-1}$。在模拟增温（$W_0N_0T_1$）及水氮温三者耦合作用（$W_1N_1T_1$）条件下，虽然梭梭的 T_r 仍然表现为"多峰"趋势，但较对照条件下所不同的是其第一和第二峰值出现的时间均提前了 2 h，且水氮温三者耦合（$W_1N_1T_1$）条件下的梭梭 T_r 日变化整体极显著低于对照条件，模拟增温（$W_0N_0T_1$）则无显著差异。在模拟降水量增加（$W_1N_0T_0$）条件下，梭梭 T_r 日变化呈典型的"双峰"趋势，其峰值分别出现于 12：00 及 18：00，数值分别为 $8.48\ mmol\cdot m^{-2}\cdot s^{-1}$ 和 $8.20\ mmol\cdot m^{-2}\cdot s^{-1}$。而在氮沉降（$W_0N_1T_0$ 和 $W_0N_2T_0$）及水氮耦合作用（$W_1N_1T_0$ 和 $W_1N_2T_0$）条件下，随着施氮量增加梭梭 T_r 日变化却表现出明显不同的变化趋势：在不增加降水量（W_0）水平下，梭梭 T_r 日变化随着氮增加由"多峰"趋势变为"单峰"趋势，在增加降水量（W_1）水平下则由"多峰"趋势变为"双峰"趋势，且随着施氮量增加，在 N_2 时其第一峰值出现的时间均向后延迟了 2 h。

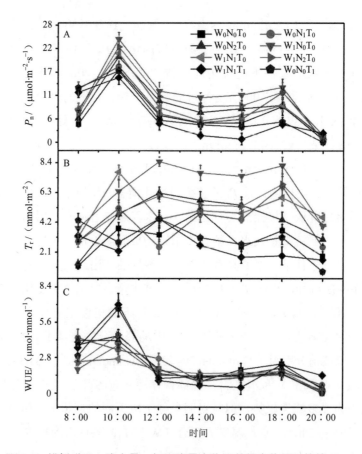

图 6-9　模拟增温、降水量、氮沉降量变化及其耦合作用对梭梭 P_n、

T_r 及 WUE 的影响

　　WUE 反映的是植物耗水与干物质生产之间的关系,是评价植物生长适宜程度的综合生理生态指标。通过本章研究,从图 6-9 C 得知,在模拟增温、降水量、氮沉降量变化及其耦合作用条件下,梭梭的 WUE 日变化均呈"双峰"趋势;其中,第一峰值出现的时间除氮沉降($W_0N_1T_0$)条件下梭梭的 WUE 出现于 8∶00 外,其余生境下的梭梭 WUE 第一峰值均出现于 10∶00,而第二峰值均出现于 18∶00。而谷值的出现时间除增温($W_0N_0T_1$)与水氮温耦合($W_1N_1T_1$)条件下的梭梭 WUE 分别于 12∶00 和 16∶00 降至谷值外,其余生境条件下的梭梭 WUE 均于 14∶00 降至谷值。

6.7.2.2　不同模拟气候变化因子对梭梭 C_i、G_s 及 L_s 的影响

通过方差分析结果可知，模拟增温、降水量、氮沉降量变化及其耦合作用均极显著地影响了梭梭同化枝的 C_i、G_s 及 L_s（表 6-5）。

通常植物叶片 C_i 受多种因素（环境及自身因素）的影响，并最终影响植物的光合作用。在模拟增温、降水量、氮沉降量变化及其耦合作用条件下，梭梭的 C_i 日变化均呈旋转 90° 的 "S" 形变化趋势（图 6-10 A），即均从观测始点 8∶00 开始下降，降至 10∶00 达到其各自日变化过程中的谷值，此时 $W_0N_0T_0$、$W_0N_0T_1$、$W_1N_0T_0$、$W_0N_1T_0$、$W_0N_2T_0$、$W_1N_1T_0$、$W_1N_2T_0$ 及 $W_1N_1T_1$ 处理下梭梭 C_i 数值分别为 76.6 μmol·mol^{-1}、73.1 μmol·mol^{-1}、2.6 μmol·mol^{-1}、66.4 μmol·mol^{-1}、33.7 μmol·mol^{-1}、103.8 μmol·mol^{-1}、1.4 μmol·mol^{-1} 及 93.2 μmol·mol^{-1}。随后，均逐渐上升直至 16∶00 达到其各自的峰值，此时 $W_0N_0T_0$、$W_0N_0T_1$、$W_1N_0T_0$、$W_0N_1T_0$、$W_0N_2T_0$、$W_1N_1T_0$、$W_1N_2T_0$ 及 $W_1N_1T_1$ 处理下梭梭 C_i 数值分别为 197.5 μmol·mol^{-1}、197.6 μmol·mol^{-1}、231.4 μmol·mol^{-1}、186.2 μmol·mol^{-1}、174.7 μmol·mol^{-1}、298.9 μmol·mol^{-1}、173.7 μmol·mol^{-1} 及 288.9 μmol·mol^{-1}，最后则开始逐渐下降。其中，就不同模拟气候变化因子条件下，梭梭 C_i 日变化的整个过程而言，增温（$W_0N_0T_1$）及水氮温三者耦合（$W_1N_1T_1$）作用均导致了梭梭 C_i 的升高；降水量、氮沉降量变化及水氮耦合作用则导致其 C_i 的降低；在同一降水量水平下，其 C_i 均随着氮沉降量的逐渐增加而降低。

气孔是植物进行体内外气体交换的主要门户，其开闭情况影响植物光合作用、蒸腾作用等生理过程，且 G_s 的日变化一般与植物 P_n 日变化呈正相关性。通过（图 6-10 B）可看到，在不同的模拟气候变化因子条件下，梭梭的 G_s 日变化有着明显的差异性。在对照（$W_0N_0T_0$）条件下，梭梭的 G_s 由观测始点 8∶00 开始急剧升高，至 10∶00 达到其第一个峰值，分别为 0.126 mol·m^{-2}·s^{-1}，之后下降至 16∶00 时达到其谷值 0.032 mol·m^{-2}·s^{-1}，其间在 14∶00 时有小幅度的回升波动，即第二个峰值，数值为 0.061 mol·m^{-2}·s^{-1}；从 16∶00 后又逐渐回升直至 18∶00 才呈下降趋势，从而使其日变化趋势呈现 "多峰" 型。而在增温（$W_0N_0T_1$）及水氮温三者耦合（$W_1N_1T_1$）作用条件下，梭梭的 G_s 由观测始点 8∶00 开始逐渐下降，直至 16∶00 降至其谷值，数值分别为 0.029 mol·m^{-2}·s^{-1} 和 0.024 mol·m^{-2}·s^{-1}，之后开始升高，至 18∶00 后才又降低，使得其日变化过程呈旋转 90° 的 "S" 形趋势。在模拟降水量增加（$W_1N_0T_0$）条件下，梭梭的 G_s 日变化则呈的 "双峰" 趋势，其峰值分别出现于

10：00 和 18：00，峰值分别为 0.197 mol·m^{-2}·s^{-1} 和 0.128 mol·m^{-2}·s^{-1}，而谷值则出现于 16：00，数值为 0.115 mol·m^{-2}·s^{-1}。在模拟氮沉降量变化（$W_0N_1T_0$、$W_0N_2T_0$）及水氮耦合（$W_1N_1T_0$、$W_1N_2T_0$）作用条件下，梭梭的 G_s 日变化随着氮沉降量的逐渐增加也形成差异性变化。具体表现为氮沉降量变化条件下，梭梭的 G_s 日变化由"双峰"转变为"N"形趋势，而在水氮耦合作用条件下则由"多峰"转变为"双峰"趋势。同时，通过对模拟增温、降水量、氮沉降量变化及其耦合作用条件下，梭梭 G_s 日变化的进一步分析得到，模拟降水量、氮沉降量增加及水氮耦合作用均导致了梭梭 G_s 的升高，其作用效应从强到弱依次为 $W_1N_0T_0$＞$W_1N_2T_0$＞$W_1N_1T_0$＞$W_0N_2T_0$＞$W_0N_1T_0$。而模拟增温及水氮温三者耦合作用则均导致了梭梭 G_s 的降低，其作用效应从强到弱依次为 $W_0N_0T_1$＞$W_1N_1T_1$。

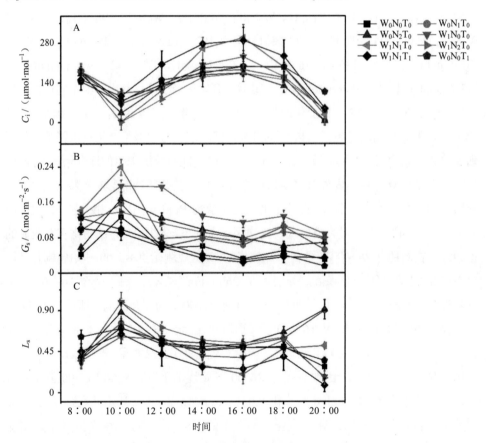

图 6-10　模拟增温、降水量、氮沉降量变化及其耦合作用对梭梭 C_i、G_s 及 L_s 的影响

L_s 数值的大小反映的是因 G_s 下降，导致二氧化碳进入气孔的减少程度。通过统计分析及图 6-10 C 可知，不同模拟气候变化因子条件下，梭梭气孔限制（L_s）的日变化趋势存在着极显著性差异。在对照（$W_0N_0T_0$）条件下，梭梭 L_s 的日变化呈现"双峰"趋势，即从观测始点 8∶00 开始上升，于 10∶00 升至其第一个峰值，大小为 0.71，随后逐渐下降至 14∶00 后才又开始继续上升，于 18∶00 升至第二个峰值，大小为 0.5，最后急剧下降。而在模拟增温（$W_0N_0T_1$）条件下，梭梭的 L_s 日变化呈"单峰"趋势，其峰值出现于 10∶00，数值为 0.7。在模拟降水量增加（$W_1N_0T_0$）及水氮温三者耦合（$W_1N_1T_1$）作用条件下，除谷值出现的时间延迟了 2 h 外，其整个日变化趋势均与对照条件下梭梭的 L_s 日变化趋势完全相同。氮沉降量增加（$W_0N_1T_0$、$W_0N_2T_0$）则导致梭梭 L_s 的日变化趋势变为"N"形。但在水氮耦合作用条件下，除谷值出现的时间延迟了 2 h 外，还导致梭梭 L_s 的日变化随氮沉降量增加由"N"形变为"双峰"趋势。

6.7.2.3　不同模拟气候变化因子对梭梭 T_l 和 VPD 的影响

方差分析结果表明，在模拟增温、降水量、氮沉降量变化及其耦合作用的不同条件下，梭梭 T_l 及 VPD 均表现出极显著性差异（表 6-5）。

通过图 6-11 A 也可看到，梭梭 T_l 在不同的模拟增温、降水量、氮沉降量变化及其耦合作用条件下，其整个日变化过程均呈现出"单峰"趋势。其中，对照（$W_0N_0T_0$）条件下的梭梭 T_l 受太阳高度角、PAR 及 T_a 的多重影响，由观测始点 8∶00 的 24.5℃ 开始逐渐升高，直至 18∶00 达到峰值 41.6℃，之后开始下降。在模拟降水量增加（$W_1N_0T_0$）条件下，梭梭 T_l 的日变化趋势与对照条件下的变化趋势相同，其在 18∶00 达到峰值，大小为 41.9℃，同时，在整个日变化过程中，梭梭 T_l 整体高于对照（$W_0N_0T_0$）条件下的梭梭 T_l，且差异性极显著。然而，在其余的模拟条件下（$W_0N_0T_1$、$W_0N_1T_0$、$W_0N_2T_0$、$W_1N_1T_0$、$W_1N_2T_0$ 及 $W_1N_1T_1$），整个日变化过程中梭梭同化枝的温度整体均极显著高于对照（$W_0N_0T_0$）条件，其达到峰值的时间提前了 2 h，其大小分别为 45.4℃、42.9℃、41.8℃、41.9℃、41.6℃ 及 44.9℃。

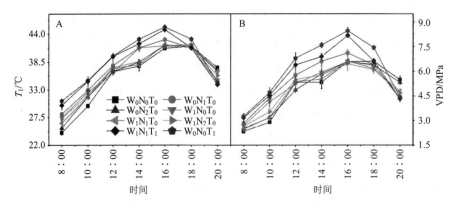

图 6-11　模拟增温、降水量、氮沉降量变化及其耦合作用对梭梭同化枝 T_l 及 VPD 的影响

通过图 6-11 B 也可看到，梭梭叶片 VPD 在不同的模拟增温、降水量、氮沉降量变化及其耦合作用条件下，其日变化过程也均呈"单峰"型趋势。其中，在模拟增温（$W_0N_0T_1$）条件下，梭梭 VPD 由观测始点 8：00 的 3.25 MPa 逐渐升高，直至16：00 达到整个日变化过程的最大值，大小为 8.47 MPa，其达到峰值的时间较对照（$W_0N_0T_0$）条件提前了 2 h，且还极显著高于对照（$W_0N_0T_0$）条件下的梭梭 VPD值。而在模拟降水量（$W_1N_0T_0$）、氮沉降量（$W_0N_1T_0$、$W_0N_2T_0$）、水氮耦合（$W_1N_1T_0$、$W_1N_2T_0$）及水氮温三者耦合（$W_1N_1T_1$）作用条件下，梭梭 VPD 的日变化过程均与模拟增温条件下的变化趋势相同，且整个日变化过程整体高于对照（$W_0N_0T_0$）条件下梭梭叶片的 VPD 值，其作用效果除氮沉降量（$W_0N_2T_0$）与水氮耦合（$W_1N_2T_0$）条件下的 VPD 差异性不显著外，其余处理间均表现出显著或极显著性差异。

6.7.2.4　不同模拟气候变化因子对梭梭生境微气象因子的影响

从方差分析结果可知，模拟增温、降水量、氮沉降量变化及其耦合作用均极显著地影响了梭梭生境 PAR、T_a、RH 及 C_a 的变化（表 6-6）。从图 6-12 可看到各微环境气象因子在整个观测期内的日变化情况。梭梭生境的 PAR 日变化会随着太阳高度角的变化而变化，模拟增温、降水量、氮沉降量变化及其耦合作用下PAR 从观测始点 8：00 开始逐渐升高，至 14：00 太阳高度角最大时达到峰值，此时 $W_0N_0T_0$、$W_0N_0T_1$、$W_1N_0T_0$、$W_0N_1T_0$、$W_0N_2T_0$、$W_1N_1T_0$、$W_1N_2T_0$ 及 $W_1N_1T_1$处理下梭梭生境的 PAR 数值分别为 1 922.6 $\mu mol \cdot m^{-2} \cdot s^{-1}$、1 893.0 $\mu mol \cdot m^{-2} \cdot s^{-1}$、1 903.2 $\mu mol \cdot m^{-2} \cdot s^{-1}$、1 892.1 $\mu mol \cdot m^{-2} \cdot s^{-1}$、1 955.3 $\mu mol \cdot m^{-2} \cdot s^{-1}$、1 936.1 $\mu mol \cdot m^{-2} \cdot s^{-1}$、

1 884.9 μmol·m⁻²·s⁻¹ 和 1 909.5 μmol·m⁻²·s⁻¹，之后又均缓慢降低，于 20∶00 左右降至整个观测期的最低值 [除对照（$W_0N_0T_0$）外]，使得其整个日变化过程均呈现出"单峰"趋势（图 6-12 A）。

表 6-6　模拟增温、降水量、氮沉降量变化及其耦合作用对梭梭生境

微气象因子影响的方差分析

因素	PAR/（μmol·m⁻²·s⁻¹）	T_a/℃	RH/%	C_a/（μmol·mol⁻¹）
增温（T）	**	**	**	**
降水量（W）	**	**	**	**
氮沉降（N）	**	**	**	**
W × N	**	**	**	**
$T_1 × W_1 × N_1$	**	**	**	**

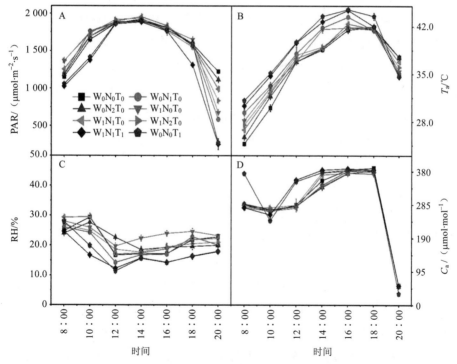

图 6-12　模拟增温、降水量、氮沉降量变化及其耦合作用对梭梭生境

微气象因子日变化的影响

通常 T_a 主要受 PAR 的影响，在本章研究中，在模拟增温、降水量、氮沉降量变化及其耦合作用下观测到梭梭生境的 T_a 最低值均出现于 8：00，此时 $W_0N_0T_0$、$W_0N_0T_1$、$W_1N_0T_0$、$W_0N_1T_0$、$W_0N_2T_0$、$W_1N_1T_0$、$W_1N_2T_0$ 及 $W_1N_1T_1$ 处理下梭梭生境的 T_a 数值分别为 24.7℃、29.3℃、25.7℃、28.1℃、26.8℃、27.5℃、30.3℃ 和 31.1℃；此后，随着太阳光强的逐渐增强而迅速上升，使得对照（$W_0N_0T_0$）与降水量增加（$W_1N_0T_0$）条件下的 T_a 于 18：00 左右达到一天内的最高温度，其余条件下的生境 T_a 则均于 16：00 左右达到一天内的最高温度，较 PAR 而言，其各自峰值分别滞后了 4 h 和 2 h 左右；之后则均随着 PAR 的减弱而下降，整个观测过程日变化呈现"单峰"趋势（图 6-12 B）。同时，通过统计分析得出所有 OTC 内的平均温度较自然状态下的平均温度明显增高了 1.4～3.0℃。

梭梭生境下的 RH 则受 PAR 和 T_a 的双重影响，使得在模拟增温、降水量、氮沉降量变化及其耦合作用下梭梭生境 RH 观测过程日变化中的最高值出现在 8：00—10：00，此时 $W_0N_0T_0$、$W_0N_0T_1$、$W_1N_0T_0$、$W_0N_1T_0$、$W_0N_2T_0$、$W_1N_1T_0$、$W_1N_2T_0$ 及 $W_1N_1T_1$ 处理下梭梭生境下的 RH 数值分别为 29.3%、26.0%、27.6%、28.0%、29.5%、26.8%、24.6% 及 27.9%，最低值出现在 12：00—14：00，分别为 16.7%、14.2%、18.5%、19.7%、17.0%、17.7%、12.3% 及 11.4%；对照（$W_0N_0T_0$）、氮沉降（$W_0N_2T_0$）和水氮耦合（$W_1N_1T_0$）在整个日变化观测过程均呈"N"形趋势，氮沉降（$W_0N_1T_0$）和降水量增加（$W_1N_0T_0$）均呈"S"形趋势，水氮耦合（$W_1N_2T_0$）呈"U"形趋势，增温（$W_0N_0T_1$）与水氮温耦合（$W_1N_1T_1$）则均呈"W"形趋势（图 6-12 C）。

在模拟增温、降水量、氮沉降量变化及其耦合作用下梭梭生境 C_a 在最初 2 h 均呈下降趋势，于 10：00 降至各自的第一个谷值，此时 $W_0N_0T_0$、$W_0N_0T_1$、$W_1N_0T_0$、$W_0N_1T_0$、$W_0N_2T_0$、$W_1N_1T_0$、$W_1N_2T_0$ 及 $W_1N_1T_1$ 处理下梭梭生境的 C_a 数值分别为 265.0 $\mu mol \cdot mol^{-1}$、271.7 $\mu mol \cdot mol^{-1}$、270.6 $\mu mol \cdot mol^{-1}$、269.7 $\mu mol \cdot mol^{-1}$、267.7 $\mu mol \cdot mol^{-1}$、276.7 $\mu mol \cdot mol^{-1}$、256.5 $\mu mol \cdot mol^{-1}$ 及 240.0 $\mu mol \cdot mol^{-1}$，随后均又逐渐升高；其中，对照（$W_0N_0T_0$）与模拟氮沉降量变化（$W_0N_1T_0$、$W_0N_2T_0$）条件下的梭梭生境 C_a 均于 18：00 达到峰值，其数值分别为 389.8 $\mu mol \cdot mol^{-1}$、382.9 $\mu mol \cdot mol^{-1}$ 及 381.7 $\mu mol \cdot mol^{-1}$；而其余模拟条件下的梭梭生境 C_a 则均于 16：00 达到峰值，其数值分别为 375.4 $\mu mol \cdot mol^{-1}$、375.3 $\mu mol \cdot mol^{-1}$、

380.9 μmol·mol^{-1}、388.0 μmol·mol^{-1} 及 384.0 μmol·mol^{-1}；之后均急剧下降，于 20：00 达到整个观测期间的第二个最低值，使得整个日变化过程均呈明显的"S"形变化趋势（图 6-12 D）。

6.7.2.5　不同生境下梭梭气体交换参数间的相关性

通过相关性分析结果得知（表 6-7～表 6-10），在模拟增温、降水量、氮沉降量变化及其耦合作用的不同条件下，梭梭同化枝气体交换参数间存在着不同程度的正负相关关系。

其中，在对照（$W_0N_0T_0$）条件下，P_n 与 G_s、T_r，VPD 与 T_l 呈极显著或显著正相关关系，而 P_n、G_s 与 VPD、T_l 及 T_r 与 WUE 则呈极显著或显著负相关关系。在氮沉降（$W_0N_1T_0$）条件下，P_n 与 VPD、WUE 以及 VPD 与 WUE 呈显著或极显著正相关，而 G_s 与 T_l，C_i 与 L_s 以及 T_r 与 WUE 则呈极显著负相关。在氮沉降（$W_0N_2T_0$）条件下，P_n 与 G_s、WUE 以及 VPD 与 T_l、WUE 呈显著或极显著正相关，而 G_s 与 T_l，C_i 与 L_s 以及 T_r 与 VPD、WUE 则呈极显著负相关。在降水量增加（$W_1N_0T_0$）条件下，P_n 与 C_i，G_s 与 L_s、VPD、T_l，C_i 与 L_s、T_l 以及 T_r 与 WUE 均呈极显著或显著负相关，而 L_s 与 VPD、T_l 以及 VPD 与 T_l 则呈显著或极显著正相关。在水氮耦合（$W_1N_1T_0$）条件下，P_n 与 VPD，G_s 与 C_i 以及 T_r 与 VPD 均呈显著或极显著正相关，而 G_s、C_i 与 L_s 以及 T_r 与 WUE 则均呈极显著负相关。在水氮耦合（$W_1N_2T_0$）条件下，P_n 与 G_s、L_s、WUE，G_s 与 L_s、WUE，L_s 与 WUE，T_r 与 T_l 以及 VPD 与 T_l 均呈极显著或显著正相关，而 P_n、G_s、L_s 与 VPD 以及 VPD、T_l 与 WUE 则呈极显著或显著负相关。在增温（$W_0N_0T_1$）条件下，G_s 与 T_l，C_i 与 L_s 以及 T_r 与 WUE 均呈极显著负相关。在水氮温耦合（$W_1N_1T_1$）条件下，P_n 与 T_r，G_s 与 T_l，C_i 与 L_s 以及 T_r 与 VPD、T_l、WUE 均呈显著或极显著负相关，而 P_n 与 VPD、T_l、WUE，VPD 与 T_l、WUE 以及 T_l 与 WUE 则均呈显著（$P<0.05$）或极显著正相关。

表 6-7 $W_0N_0T_0$（对角线下）和 $W_0N_1T_0$（对角线上）条件下梭梭同化枝

气体交换参数间的相关性分析

$W_0N_0T_0$ \ $W_0N_1T_0$	P_n	G_s	C_i	L_s	T_r	VPD	T_l	WUE
P_n		−0.132	0.161	−0.246	−0.250	0.607*	0.176	0.688**
G_s	0.812**		0.129	0.259	0.083	−0.323	−0.698**	−0.115
C_i	−0.195	−0.099		−0.922**	0.168	−0.124	−0.380	0.006
L_s	−0.406	−0.427	−0.386		−0.148	−0.038	0.064	−0.059
T_r	0.558*	0.448	−0.274	−0.215		−0.444	0.229	−0.854**
VPD	−0.916**	−0.867**	0.214	0.376	−0.541*		0.453	0.618*
T_l	−0.869**	−0.807**	0.292	0.397	−0.463	0.925**		−0.089
WUE	0.040	0.177	0.144	−0.037	−0.624*	−0.113	−0.153	

注：*、**表示同一生境条件下，梭梭不同气体交换参数之间的相关性关系；*表示在 $P<0.05$ 水平下差异显著；**表示在 $P<0.01$ 水平下差异极显著。下同。

表 6-8 $W_0N_2T_0$（对角线下）和 $W_1N_0T_0$（对角线上）条件下梭梭同化枝

气体交换参数间的相关性分析

$W_0N_2T_0$ \ $W_1N_0T_0$	P_n	G_s	C_i	L_s	T_r	VPD	T_l	WUE
P_n		−0.144	−0.712**	0.507	−0.122	−0.113	0.127	0.011
G_s	0.526*		0.459	−0.710**	−0.142	−0.872**	−0.885**	0.246
C_i	0.082	0.080		−0.790**	0.030	−0.317	−0.579*	0.161
L_s	−0.032	0.044	−0.959**		0.044	0.635*	0.893**	−0.303
T_r	−0.507	0.058	0.053	−0.075		0.264	0.169	−0.953**
VPD	0.417	−0.381	0.137	−0.118	−0.718**		0.865**	−0.395
T_l	−0.227	−0.718**	0.224	−0.251	−0.059	0.586*		−0.375
WUE	0.776**	0.200	0.032	−0.014	−0.903**	0.672**	−0.036	

表 6-9 $W_1N_1T_0$（对角线下）和 $W_1N_2T_0$（对角线上）条件下梭梭同化枝气体

交换参数间的相关性分析

$W_1N_1T_0$ \ $W_1N_2T_0$	P_n	G_s	C_i	L_s	T_r	VPD	T_l	WUE
P_n		0.886**	0.502	0.625*	0.240	−0.846**	−0.444	0.809**
G_s	0.287		0.484	0.641*	0.245	−0.905**	−0.345	0.734**
C_i	0.264	0.807**		0.467	0.223	−0.468	−0.185	0.383
L_s	0.075	−0.785**	−0.809**		0.158	−0.607*	−0.286	0.542*
T_r	0.501	−0.111	−0.016	0.068		0.144	0.599*	−0.368
VPD	0.541*	−0.301	−0.153	0.306	0.811**		0.607*	−0.923**
T_l	0.014	−0.410	−0.187	0.489	0.013	−0.056		−0.755**
WUE	0.197	0.109	0.077	0.140	−0.688**	−0.294	0.060	

表 6-10　W₀N₀T₁（对角线下）和 W₁N₁T₁（对角线上）处理下梭梭同化枝气体交换参数间的相关性分析

W₁N₁T₁ ＼ W₀N₀T₁	P_n	G_s	C_i	L_s	T_r	VPD	T_l	WUE
P_n		−0.342	0.418	−0.427	−0.573*	0.595*	0.562*	0.621*
G_s	0.490		−0.242	0.259	0.316	−0.495	−0.664**	−0.434
C_i	0.185	−0.051		−0.998**	−0.022	0.027	0.222	0.158
L_s	0.195	0.112	−0.728**		0.042	−0.038	−0.249	−0.184
T_r	0.217	0.129	0.056	−0.114		−0.808**	−0.806**	−0.939**
VPD	0.485	0.251	0.301	0.085	−0.041		0.610*	0.652**
T_l	−0.303	−0.952**	−0.015	−0.025	0.077	−0.205		0.912**
WUE	0.171	−0.102	−0.002	0.214	−0.895**	0.287	−0.004	

6.7.2.6　不同生境下梭梭气体交换参数与其生境土壤理化特性及微环境气象因子间的相关性

在模拟增温、降水量、氮沉降量变化及其耦合作用的不同条件下，梭梭同化枝气体交换参数除了其相互间存在着不同程度的相关性外，还与其生境土壤理化特性及微环境气象因子间存在着一定的相关性。

通过具体的相关统计分析得知（表 6-11～表 6-15），梭梭同化枝气体交换参数在模拟增温、降水量、氮沉降量变化及其耦合作用条件下，受生境土壤理化特性的影响较生境微气象因子弱。其中，在对照（W₀N₀T₀）条件下，P_n、G_s 与 WCS、EC、TP、RH、C_a 呈正相关，且与 RH 相关性极显著，与 pH、TN、TK、PAR、T_a 则呈负相关性，且与 T_a 相关性显著；C_i 与 WCS、pH、TN、TK、PAR、T_a 呈正相关，且与 PAR 相关性极显著；T_r 与 WCS、EC、SOM、TN、TP、TK、RH、C_a 呈正相关，且与 RH 相关性显著，而与 pH、PAR、T_a 则呈负相关，且与 T_a 相关性显著；VPD 与 EC、SOM、TP、RH、C_a 呈负相关，且与 RH、C_a 相关性极显著或显著，与 WCS、pH、TN、TK、PAR、T_a 则呈正相关，且与 PAR、T_a 相关性显著；WUE 与 pH、PAR、T_a、RH、C_a 呈正相关，与 WCS、EC、SOM、TN、TP、TK 则呈负相关。

在氮沉降（W₀N₁T₀）条件下，P_n 与 WCS、pH、SOM、TK、T_a、C_a 呈正相关，

与其余呈负相关；G_s 与 WCS、pH、SOM、TN、TP、TK、T_a、C_a 呈负相关，且与 C_a 相关性极显著，与 RH 则呈极显著正相关；C_i 与 SOM、RH 呈正相关，且与 RH 相关性显著；T_r 与 WCS、EC、pH、TN、TP、TK、PAR、RH 呈正相关，与 T_a 则呈极显著负相关；VPD 与 PAR 呈显著负相关，与 T_a、C_a 则呈显著正相关；WUE 与 WCS、pH、SOM、TK、T_a、C_a 呈正相关，且与 T_a 相关性极显著。

在氮沉降（$W_0N_2T_0$）条件下，P_n 与 WCS、EC、pH、TN 呈负相关；G_s 与 WCS、pH、TP、TK、PAR、RH、C_a 呈正相关，且与 PAR、RH 及 C_a 相关性极显著或显著；C_i 与 WCS、pH、TK、T_a 呈正相关；T_r 与 SOM、TP、TK、T_a 呈负相关，且与 T_a 相关性极显著；VPD 与 SOM、TN、TP、T_a 呈正相关；WUE 与 SOM、TP、TK、PAR、T_a、RH、C_a 呈正相关，且 WUE 与 T_a 相关性显著。

在降水量增加（$W_1N_0T_0$）条件下，P_n 与 WCS、SOM、PAR 呈负相关；G_s 除与 EC、SOM 呈正相关外，其余皆呈负相关，且与 PAR、T_a、RH、C_a 相关性极显著；C_i 则除与 WCS、SOM 呈正相关外，其余皆呈负相关，且与 T_a、RH 相关性显著；T_r 与 WCS、pH、TN、TP 呈负相关，与其余则呈正相关；VPD 与 EC、SOM、TK、PAR、T_a、RH、C_a 也呈正相关，且与 PAR、T_a、RH、C_a 相关性极显著；WUE 则与 EC、SOM、TK、PAR、T_a、RH、C_a 呈负相关。

在水氮耦合（$W_1N_1T_0$）条件下，P_n 与 WCS、EC、TN、PAR、RH、C_a 呈正相关；G_s 与 PAR、RH 呈正相关，且相关性极显著，与 C_a 则呈显著负相关；C_i 与 EC、pH、TP、PAR、RH 呈正相关，且与 RH 相关性极显著；T_r 与 EC、pH、TP、PAR、RH 则呈负相关；VPD 除与 EC、pH、TP、PAR、RH 呈负相关外，还与 SOM、T_a 呈负相关；WUE 则与 WCS、pH、SOM、TP、TK 呈负相关，且相关性均不显著。

在水氮耦合（$W_1N_2T_0$）条件下，P_n 与 WCS、pH、SOM、TN、TP、PAR、RH 呈正相关，且与 PAR、RH 相关性极显著，而与 T_a、C_a 则呈极显著负相关；G_s 除与 EC 呈正相关外，G_s 与其余的土壤理化特性和微环境气象因子的关系均与 P_n 相同；C_i 与 WCS、SOM、TK、T_a、C_a 呈负相关，且与 C_a 相关性显著（$P < 0.05$）；T_r 除与 SOM、PAR、RH 呈正相关外，其余皆呈负相关；VPD 与其生境土壤理化特性（WCS、EC、pH、SOM、TN、TP、TK）皆呈负相关，同时，还与 PAR、

RH 呈极显著（$P<0.01$）负相关，与 T_a、C_a 呈极显著（$P<0.01$）正相关；而 WUE 与土壤理化特性及微环境气象因子（WCS、EC、pH、TN、TP、TK、PAR、T_a、RH、C_a）的关系除 SOM 外，皆与 VPD 相反。

在增温（$W_0N_0T_1$）条件下，P_n 除与 WCS、RH 呈正相关关系外，与其余指标皆为负相关关系，且与 T_a、RH 的相关性显著（$P<0.05$）；G_s 与 WCS、pH、SOM、PAR、T_a、C_a 呈负相关关系，且与 T_a、C_a 相关性极显著（$P<0.01$），与 RH 则呈极显著（$P<0.01$）正相关关系；C_i、T_r 与 WCS、TN、TP、TK、PAR、T_a、C_a 均呈负相关关系，与 SOM 均呈正相关关系；而 VPD、WUE 与 WCS、TK 则均呈正相关关系。

在水氮温耦合（$W_1N_1T_1$）条件下，除 G_s 与 T_a、RH，T_r、VPD 与 PAR 呈极显著（$P<0.01$）的正负相关性外，其余参数间均无显著的相关性。其中，P_n 与 WCS、EC、SOM、TN、TP、T_a 呈正相关关系；G_s 与 WCS、EC、TK、T_a、C_a 则呈负相关关系；C_i、T_r 除与 TK、PAR、T_a 及 C_a 的相关性相同外，其余皆彼此相反；VPD 与 WCS、EC、T_a 及 C_a 呈正相关关系，而 WUE 则与 EC、C_a 呈负相关关系，与 WCS、T_a 呈正相关关系；除此之外，WUE 还与 TK 呈正相关关系。

表 6-11　$W_0N_0T_0$、$W_0N_1T_0$、$W_0N_2T_0$ 处理条件下梭梭同化枝气体交换参数
与其生境土壤理化特性及微环境气象因子的相关性分析

		WCS	EC	pH	SOM	TN	TP	TK	PAR	T_a	RH	C_a
$W_0N_0T_0$	P_n	0.012	0.024	−0.017	−0.034	−0.180	0.025	−0.113	−0.431	−0.548*	0.828**	0.255
	G_s	0.137	0.164	−0.150	0.053	−0.342	0.171	−0.211	−0.481	−0.593*	0.832**	0.470
	C_i	0.035	−0.227	0.231	−0.223	0.000	−0.033	0.212	0.676**	0.094	−0.423	−0.428
	T_r	0.227	0.137	−0.136	0.143	0.017	0.220	0.095	−0.388	−0.575*	0.542*	0.217
	VPD	0.017	−0.065	0.065	−0.051	0.039	−0.005	0.090	0.575*	0.640*	−0.959**	−0.582*
	WUE	−0.191	−0.141	0.144	−0.168	−0.083	−0.188	−0.099	0.054	0.153	0.079	0.088
$W_0N_1T_0$	P_n	0.074	−0.483	0.074	0.141	−0.135	−0.382	0.081	−0.418	0.435	−0.177	0.303
	G_s	−0.121	0.072	−0.121	−0.030	−0.122	−0.010	−0.075	0.440	−0.243	0.736**	−0.670**
	C_i	−0.194	−0.216	−0.194	0.272	−0.168	−0.070	−0.212	−0.097	−0.172	0.582*	−0.159
	T_r	0.011	0.215	0.011	−0.105	0.080	0.149	0.013	0.060	−0.909**	0.114	−0.098
	VPD	0.121	−0.310	0.121	−0.023	−0.089	−0.325	0.156	−0.600*	0.613*	−0.443	0.570*
	WUE	0.029	−0.355	0.029	0.132	−0.108	−0.265	0.029	−0.191	0.925**	−0.142	0.155

		WCS	EC	pH	SOM	TN	TP	TK	PAR	T_a	RH	C_a
W₀N₂T₀	P_n	−0.237	−0.068	−0.257	0.110	−0.071	0.253	0.011	0.275	0.061	0.462	0.250
	G_s	0.000	−0.031	0.000	−0.070	−0.118	0.013	0.111	0.671**	−0.240	0.914**	0.614*
	C_i	0.262	−0.011	0.258	−0.222	−0.135	−0.257	0.181	−0.053	0.141	−0.256	−0.407
	T_r	0.178	0.083	0.219	−0.102	0.064	−0.190	−0.009	0.007	−0.665**	0.052	0.009
	VPD	−0.047	−0.025	−0.068	0.056	0.015	0.046	−0.031	−0.383	0.459	−0.474	−0.447
	WUE	−0.181	−0.104	−0.241	0.123	−0.063	0.194	0.001	0.103	0.607*	0.176	0.094

表 6-12 　W₁N₀T₀ 处理条件下梭梭同化枝气体交换参数与其生境土壤理化特性及微环境气象因子的相关性分析

	WCS	EC	pH	SOM	TN	TP	TK	PAR	T_a	RH	C_a
P_n	−0.028	0.192	0.182	−0.331	0.237	0.055	0.023	−0.247	0.153	0.188	0.058
G_s	−0.194	0.022	−0.066	0.068	−0.059	−0.224	−0.094	−0.711**	−0.894**	−0.872**	−0.644**
C_i	0.072	−0.236	−0.047	0.272	−0.103	−0.008	−0.133	−0.029	−0.570*	−0.604*	−0.383
T_r	−0.148	0.010	−0.206	0.169	−0.213	−0.187	0.042	0.167	0.138	0.163	0.092
VPD	−0.094	0.091	−0.167	0.041	−0.157	−0.090	0.139	0.783**	0.858**	0.838**	0.711**
WUE	0.175	−0.040	0.166	−0.115	0.163	0.204	−0.017	−0.320	−0.345	−0.377	−0.343

表 6-13 　W₁N₁T₀、W₁N₂T₀ 处理条件下梭梭同化枝气体交换参数与其生境土壤理化特性及微环境气象因子的相关性分析

		WCS	EC	pH	SOM	TN	TP	TK	PAR	T_a	RH	C_a
W₁N₁T₀	P_n	0.011	0.006	−0.281	−0.111	0.195	−0.283	−0.070	0.364	−0.068	0.075	0.204
	G_s	−0.150	0.145	0.000	−0.222	−0.085	−0.085	−0.240	0.843**	−0.344	0.722**	−0.639*
	C_i	−0.105	0.086	0.066	−0.161	−0.165	0.070	−0.232	0.454	−0.158	0.772**	−0.503
	T_r	0.094	−0.089	−0.159	0.043	0.121	−0.071	0.045	−0.162	−0.098	−0.156	0.171
	VPD	0.020	−0.012	−0.106	−0.016	0.088	−0.103	0.006	−0.316	−0.192	−0.415	0.430
	WUE	−0.030	0.036	−0.021	−0.034	0.030	−0.071	−0.008	0.215	0.059	0.005	0.130
W₁N₂T₀	P_n	0.009	−0.014	0.038	0.048	0.053	0.002	−0.011	0.850**	−0.872**	0.921**	−0.825**
	G_s	0.041	0.023	0.146	0.055	0.173	0.070	−0.008	0.988**	−0.979**	0.984**	−0.663**
	C_i	−0.188	0.270	0.072	−0.223	0.049	0.104	−0.165	0.412	−0.486	0.410	−0.543*
	T_r	−0.301	−0.035	−0.121	0.199	−0.049	−0.239	−0.328	0.179	−0.319	0.219	−0.248
	VPD	−0.100	−0.005	−0.109	−0.004	−0.111	−0.087	−0.075	−0.912**	0.849**	−0.906**	0.659**
	WUE	0.174	0.011	0.099	−0.075	0.071	0.136	0.173	0.740**	−0.682**	0.776**	−0.627*

表 6-14　$W_0N_0T_1$ 处理条件下梭梭同化枝气体交换参数与其生境土壤理化特性及

微环境气象因子的相关性分析

	WCS	EC	pH	SOM	TN	TP	TK	PAR	T_a	RH	C_a
P_n	0.145	−0.138	−0.092	−0.004	−0.102	−0.097	−0.097	−0.074	−0.551[*]	0.586[*]	−0.454
G_s	−0.050	0.104	−0.033	−0.004	0.022	0.046	0.011	−0.276	−0.953[**]	0.920[**]	−0.921[**]
C_i	−0.256	0.166	0.069	0.254	−0.128	−0.140	−0.128	−0.197	−0.233	0.329	−0.308
T_r	−0.001	−0.099	−0.001	0.164	−0.186	−0.211	−0.173	−0.010	−0.152	0.143	−0.150
VPD	0.089	−0.357	0.237	0.044	−0.029	−0.147	0.016	−0.045	−0.377	0.405	−0.287
WUE	0.124	−0.040	−0.041	−0.178	0.122	0.139	0.116	0.035	0.097	−0.068	0.142

表 6-15　$W_1N_1T_1$ 处理条件下梭梭同化枝气体交换参数与其生境土壤理化特性及

微环境气象因子的相关性分析

	WCS	EC	pH	SOM	TN	TP	TK	PAR	T_a	RH	C_a
P_n	0.282	0.217	−0.059	0.240	0.064	0.218	0.081	−0.382	0.184	−0.084	−0.258
G_s	−0.054	−0.007	0.036	0.013	0.020	0.014	−0.003	0.341	−0.713[**]	0.855[**]	−0.149
C_i	0.130	−0.269	−0.300	−0.247	−0.316	−0.293	0.162	0.032	−0.098	−0.089	0.125
T_r	−0.094	0.088	0.138	0.165	0.129	0.164	0.002	0.655[**]	−0.140	0.026	0.357
VPD	0.207	0.088	−0.096	−0.070	−0.020	−0.047	−0.082	−0.894[**]	0.325	−0.392	0.044
WUE	0.091	−0.112	−0.154	−0.123	−0.150	−0.142	0.066	−0.441	0.213	−0.050	−0.465

6.7.3　讨论

6.7.3.1　梭梭气体交换参数日变化对增温的响应

植物的光合作用作为植被生态系统最主要的碳同化过程，也是分析环境因素影响植物生长与代谢的重要手段，且气体交换参数日变化也具有一定的规律可循，通常呈"单峰"或"双峰"曲线变化。植物的光合作用不仅受自身因素调控，还受外界因素的影响，因此是一个极其复杂的生理过程。其中，温度就是植物光合作用重要的限制因子之一，对植物体内的生物化学反应过程发挥着重要的作用，对此，全球气温升高将影响植物的光合作用能力。但目前有关增温对植物光合作用影响的讨论仍存在争议，且其相关研究结果也不尽相同。植物的 P_n 常作为评价内外因素对其光合作用影响程度的指标之一。本章的研究发现，模拟增温与对照生境下梭梭的 P_n 日变化均为"双峰"趋势，即有光合"午休"现象，这与赵长明和田媛等的研究结果相似；但增温生境下梭梭的 P_n 却整体上低于对照，表明增温对梭梭的光合作用产生了抑制影响。

本章研究发现模拟增温与对照生境下梭梭的 T_r 日变化虽均呈"多峰"趋势，但其变化趋势却有所不同，主要表现于 8：00—12：00，这与前人对其所进行的研究结果存在一定差异；其主要原因可能与增温导致土壤水分含量降低以及高温对叶片气孔开闭程度、密度和空间分布格局的限制作用有关。

WUE 是 P_n 与 T_r 之比，也是植物水分生理的一个重要指标。在本章的研究中，我们发现模拟增温与对照生境下梭梭的 WUE 日变化趋势与 P_n 日变化趋势相似，也均为"双峰"趋势；但增温条件下梭梭的 WUE 整体上低于对照，这与以往研究发现增温导致 WUE 提高的结论有所不同，其主要原因可能是增温提高了梭梭的 WUE，但受土壤水分限制，使得增温生境下梭梭的 WUE 小于对照生境。

植物的 C_i 除了对其光合作用极其重要外，同时还是判断植物光合速率变化是否受气孔因素限制的必要依据之一。本章的研究中，我们发现模拟增温与对照生境下梭梭的 C_i 日变化趋势相同，但增温生境下梭梭的 C_i 整体高于对照；其中，在 8：00—10：00 均开始下降，这是因为随着梭梭光合作用的加强，需要消耗的二氧化碳增多，而气态的二氧化碳在胞间和胞内存在扩散阻力，胞间得不到及时的补充，其浓度就会下降。之后随着 T_a 的逐渐升高，梭梭光合作用逐渐降低，而呼吸作用却逐渐加强，导致产生的二氧化碳增多，无法及时排出，其浓度就会升高，直至 T_a 逐渐降低为止。

G_s 是反映气孔运动的重要生理指标，能反映出植物传导二氧化碳及水的能力。本章研究中，在 8：00—14：00 模拟增温与对照生境下梭梭的 G_s 日变化趋势则出现截然不同的情况，且增温生境下梭梭的 G_s 明显低于对照，表明增温导致了梭梭气孔运动受胁迫的程度加强。

L_s 的大小除了能够反映二氧化碳通过气孔进入的程度，同时也是判断植物光合速率变化是否受气孔因素限制的另一个依据。因此，可以根据 C_i 与 L_s 的变化趋势来作为分析植物 P_n 下降原因的重要依据。在本章研究中，模拟增温与对照生境下梭梭的光合速率均从 10：00 后开始下降，C_i 升高，L_s 与 G_s 下降，表明此期间俩生境下梭梭 P_n 的下降不一定受气孔因素限制。

全球气候变暖除了对植物光合速率、T_r 等生理因子产生影响外，还会通过改变其生境的环境因子来影响植物体温度及 VPD，进而最终影响植物的光合作用过程。在本章研究中，我们发现模拟增温与对照生境下梭梭 T_l 及 VPD 受微环境因子的影响相似。而增温对其微环境因子的影响除 RH 存在一定差异外，对其余因子的影响也均相似；同时，除 PAR 及 RH 外，模拟增温对其余微环境因子的影响均整体高于对照，这一方面说明 OTC 确实起到了模拟增温的效果，另一方面也表明增温间接导致梭梭受水分胁迫的程度加重。此外，从相关性分析结果可得知，两生境下梭梭的光合速率与 T_l 及 T_a 均表现出负相关关系，且增温生境下梭梭的光合速率与 T_a 的相关系数较大，进一步说明 T_a 升高确实将导致梭梭受胁迫的程度增加。

6.7.3.2　梭梭气体交换参数日变化对降水量增加的响应

全球变暖也导致了降水格局的变化。据 IPCC 预测，未来中纬度地区的降水将呈现出增多的趋势。而中亚干旱、半干旱地区正处于此区间内，且在近 50 年此区域的降水量也已呈现出了显著增多的趋势。那么降水量增加将会对该地区的生态环境、植物及植被生态造成怎样的影响呢？大量研究表明，降水量增加对梭梭的光合速率具有明显的促进作用，这与本章研究所得结果相一致；但也有相反的研究认为降水量增加对梭梭的光合速率并没有显著的效应，其主要原因可能与降水量、梭梭的生长时期、生境土壤类型以及当年的自然降水量等因素有关。此外，随着梭梭 P_n 的变化，其 T_r、C_i、G_s 以及 WUE 等也将发生相应的改变。在本章研究中，降水量增加使得梭梭的 T_r 日变化呈现"双峰"趋势，且整体显著高于对照，说明降水量增加能有效地促进梭梭植株的 T_r，使其从水分胁迫下的无规律变化转变为规律的生理过程。而对梭梭 WUE 的研究表明，降水量增加将降低其WUE。

在降水量增加的条件下，梭梭的 C_i 日变化规律仍与对照相似，但其整体上却低于对照，这一现象除了与梭梭的光合作用有关外，还与其同化枝的 G_s 相关。在本章研究中梭梭 G_s 与其 P_n 呈现出良好的协同性，可见植物的光合作用与其气孔运动有着紧密的联系，却不一定是其变化的主导因素。根据许大全所得出的结论，只有当 C_i 与 G_s 下降，L_s 升高时，才可认为 P_n 的下降主要是受气孔因素限制引起的。本章研究降水量增加条件下，梭梭光合速率在 10：00 后开始下降，G_s 与 L_s 也随之下降，C_i 则随之升高，说明此阶段梭梭 P_n 下降不一定受气孔限制性因素的影响，同时，这也与苏培玺等的研究结果相似。

除此之外，由降水量增加所导致的外界环境因子的变化也会对植物的光合作用产生一定的影响。在本章研究中，降水量增加促进了梭梭对 PAR 的利用，同时增加了梭梭生境的 RH，降低了微环境中的 C_a，但对温度及梭梭同化枝的 VPD 却造成了一定水平的升高。这主要是由于 PAR 增强导致温度升高，进而促进了梭梭的光合作用能力，降低了大气中的二氧化碳浓度，同时也伴随着 T_r 的增强，造成微环境 RH 的增加。然而，对于梭梭叶片 VPD 升高，我们通过相关性分析发现其原因可能是由于受 PAR 及 T_a 升高，导致土壤水分直接蒸发作用加强所致。

6.7.3.3 梭梭气体交换参数日变化对氮沉降量增加的响应

除温度与水分条件外，氮素也是影响植物光合作用过程的重要因素。有研究表明，一定范围内的氮沉降量有利于植物的光合作用，但过量增加则会引起植物的光合速率下降。在本章研究中，较对照而言，氮沉降量增加有利于促进梭梭光合速率，这与周晓兵等对荒漠植物骆驼刺、骆驼蹄瓣和盐生车前的研究结果一致。此外，我们在研究中还发现，在不同时间梭梭光合速率对氮沉降量增加的响应存在一定差异；其中，在早晚时间梭梭光合速率随着氮沉降量增加呈现出先升高后降低的变化趋势，而午间则随着氮沉降量的增加而增加。造成这一现象的原因可能与不同时间下土壤水分含量不同相关。大量研究表明，适宜的施氮量能显著提高植物的 T_r。但也有研究表明，施氮增加将降低植物的 T_r 或对其无显著影响。本章研究则发现，尽管梭梭 T_r 日变化整体上随着氮沉降量的增加而增加，但在不同时间段也存在一定的差异，如在 8：00—10：00 和 20：00 梭梭 T_r 随着氮沉降量的增加呈先升高后降低趋势，12：00—14：00 则与之相反；同时，整个日变化趋势也随着氮沉降量的增加由"多峰"转变成"单峰"趋势（出现这一现象的主要原因可能与不同时间段土壤的水分含量不同有关）。光合与蒸腾作用是植物新陈代谢的两个重要方面，在植物吸收二氧化碳进行光合作用形成有机物的同时也伴随着蒸腾消耗水分。在本章研究中，梭梭 WUE 整体上随着氮沉降量的增加而降低，这与周晓兵等的研究结果吻合；但与其在不同时间段上的研究数据也存在一定差异，其主要原因可能与光合速率和 T_r 在不同时间段上的增长幅度不同有关。

然而，不管是植物的光合速率，还是 T_r 的变化都受到 G_s 的控制。通常 G_s 增加将导致光合速率与腾速率的增加；而光合速率的降低则不一定是 G_s 降低的结果，因为这时需要结合 C_i 及 L_s 的变化情况才能进行准确的判断。在本章研究中，梭梭 G_s 日变化整体上随着氮沉降量的增加而增加，而 C_i 则随着氮沉降量的增加而降低，这与邹振华等的研究结果吻合；此外，梭梭的 L_s 日变化整体上也随着氮沉降量的增加而增加。但根据前人所提出的光合速率降低的判断依据，我们得到在氮沉降量变化条件下，引起梭梭午间光合速率降低的主要原因不一定为气孔限制因素所致。

除此之外，氮沉降量的变化也会对植物的生境条件产生某种程度的影响，进而影响植物的生长发育过程，尤其是植物的光合作用过程。本章研究发现，氮沉降量增加对梭梭生境的微环境气象因子及梭梭 T_l 和 VPD 影响显著。其中，梭梭生境 PAR、T_a、梭梭 T_l 及 VPD 随着氮沉降量增加均表现出先升高后降低的变化趋势，但整体均高于对照；而 RH 则表现出先降低后升高趋势，C_a 则随着氮沉降量增加而降低。说明氮沉降量增加在一定范围内将提高梭梭对 PAR 的利用，从而使得光合速率升高，降低了 C_a，可在水分严重缺乏时过量施氮则也会逐渐降低其对 PAR 的利用。生境 RH 与梭梭 VPD 施氮量的变化情况则可能也与温度相关。通过相关分析发现，梭梭的光合速率随着氮含量的增加其相关系数表现为 $N_2 > N_1 > N_0$，说明氮沉降量增加可以促进梭梭的光合作用能力。

6.7.3.4　梭梭气体交换参数日变化对水氮耦合作用的响应

尽管目前已有大量有关气候变化对植物影响的研究报道，但其多数都还只局限于单因子或双因子耦合作用的方面，且主要集中于对作物的研究方面。其中，关于降水量与氮沉降量增加耦合作用方面的研究表明，适度的水氮耦合作用将提高植物的 P_n、G_s 及 T_r，过量则会使其降低，这在本章研究中也得到了证实。植物叶片光合与水分生理过程的 WUE 高低，取决于植物生理生化反应与蒸腾作用的耦合。在本章研究中，梭梭同化枝的 WUE 仅在 12：00 时表现出随氮沉降量增加而增加的趋势，其余时间段则随着氮沉降量增加而降低，WUE 随氮量变化呈现出 $N_0 > N_2 > N_1$ 的趋势，造成这一现象的主要原因除了与梭梭本身的光合与 T_r 有关外，可能还与梭梭生境土壤的水分含量有关。

已有研究表明，在水分欠缺条件下，适量的施氮可提高植物的 C_i，但过量施氮则会使其降低。在本章研究中，通过增加氮沉降量我们确实发现梭梭的 C_i 存在随着氮沉降量增加而增加的现象，但更多的是梭梭 C_i 随着氮沉降量增加而降低的情况，这与徐璇等对小麦所做的研究结果相同。出现这一结果的原因可能与施氮增加后梭梭 P_n 增强，需要消耗吸收更多的二氧化碳作为原料有关；而对于出现升高的情况则可能与当时梭梭受温度等因素影响，造成梭梭呼吸速率短暂性的升高有关。此外，根据许大全对植物 P_n 下降是否由气孔限制因素影响的判断依据，结合梭梭的 L_s 日变化情况，我们得出梭梭在 10：00—14：00 P_n 下降均不一定是受气孔限制因素的影响（这与苏培玺等所得出的结论相吻合）；而在 18：00—20：00 时水氮耦合（$W_1N_1T_0$）条件下的梭梭 P_n 下降则转变为主要受气孔限制因素的影响（这与田媛等的研究结果吻合）。

此外，植物的气体交换过程还受外界环境因子的显著影响，环境因子主要包括 PAR、T_a、RH、C_a 及 VPD 等。在本章研究中，我们发现在水氮耦合作用条件下，梭梭生境的 PAR、T_a、RH 及 VPD 在 16：00 之前均高于对照，而 C_a 除 12：00 高于对照外，其余时间段均整体低于对照；说明水氮耦合作用提高了梭梭对 PAR 的利用，进而促进了梭梭光合速率的升高，降低了大气二氧化碳的浓度，与此同时气温与 T_1 的升高，加强了梭梭的 T_r；而 VPD 的升高除与梭梭本身 T_r 增加有关外，可能还与温度升高导致水分直接逸散加快有关。通过相关分析发现水氮耦合（$W_1N_1T_0$）条件下，梭梭光合速率与 VPD、T_1、瞬时 WUE、WCS、PAR、RH 及 C_a 表现为正相关性，与 T_a 表现为负相关性，VPD 与 T_a 也为负相关性；而水氮耦合（$W_1N_2T_0$）条件下，梭梭光合速率与 VPD、同化温度、T_a 及 C_a 则表现为负相关性，与瞬时 WUE、WCS、PAR 及相对温度表现为正相关性，VPD 与 T_a 也为正相关性，且瞬时 WUE 与 T_a 的相关系数表现为 $W_1N_2T_0 > W_1N_1T_0$。$W_1N_1T_0$ 处理引起的气温升高对 WUE 和 VPD 影响比较小；而 $W_1N_2T_0$ 处理引起的气温升高对 VPD 影响比较大，致使环境中水分的蒸发作用变强，造成 WUE 和 WCS 很低，所以在同样的降水条件下，增施氮肥引起的气温升高是 $W_1N_2T_0$ 条件下土壤水分含量低于 $W_1N_1T_0$ 的原因。

6.7.3.5 梭梭气体交换参数日变化对水氮温耦合作用的响应

目前国内对于增温、水分及氮素多因子耦合作用的研究还比较少，尤其是对我国干旱、半干旱荒漠地区植被生态系统中的主要组成树种的影响研究。在本章研究中，我们发现水氮温耦合作用条件下的梭梭 P_n 日变化趋势虽与对照条件下基本相同，但却明显低于对照；同时也整体低于单纯的增温与水氮耦合作用条件下的梭梭 P_n，不同处理下 P_n 呈现出 $W_1N_1T_0 > W_0N_0T_0 > W_0N_0T_1 > W_1N_1T_1$，表明水氮温耦合作用较单纯的增温处理更加抑制了梭梭的光合作用，且也更加说明了对于全球气候变化应尽可能地进行多因子耦合作用方面的研究，这样才能更加真实准确地反映其对植物以及整个生态系统所产生的影响。本章研究发现，水氮温耦合作用条件下的梭梭 T_r 日变化趋势较对照明显不同，却与增温条件下的梭梭 T_r 日变化趋势相似，但其整体上低于对照与增温条件的 T_r，其原因可能主要在于高温导致梭梭 G_s 降低，使得其 T_r 降低。植物 WUE 除作为反映植物耗水与其干物质产生之间的关系外，还是评价其生长适宜程度的综合生理生态指标之一，凡对植物光合与蒸腾作用有影响的环境因子，其对植物的 WUE 也均有影响。在本章研究中，发现由于梭梭光合与 T_r 受水氮温耦合作用而下降，进而也导致了其 WUE 降低。

二氧化碳作为植物光合作用的直接原料之一，通常会随着植物的 P_n 升高而降低，且还受到植物 G_s 及 C_a 等因素的共同影响；而 G_s 则是反映植物胞内与胞外二氧化碳的交换能力的重要生理指标。在本章研究中，我们发现在水氮温耦合作用条件下，梭梭的 G_s 整体上明显低于对照，而 C_i 则与此相反。这表明梭梭气孔运动受水氮温耦合作用的胁迫程度加强，使得气孔开放度减小或部分气孔关闭，进而降低了梭梭胞内与胞外二氧化碳的交换能力且还可能增强了梭梭的呼吸作用，最终导致了梭梭 C_i 的升高。另外，通过对 L_s 与梭梭 C_i 的共同作用研究得出，梭梭 P_n 在 10∶00—16∶00 下降不一定受气孔限制因素的影响，这与本章研究其他模拟气候因子变化条件下以及苏培玺等所得出的研究结果相似。

除植物自身生理因素外，植物生境的微环境因子变化也对其光合作用过程产生一定的影响。尤其是当生境 PAR 强度、T_a、C_a 及 RH 发生改变时，将直接影响植物体温度及 VPD 等方面，进而最终影响植物光合作用的整个过程。在本章研究中，我们发现水氮温耦合作用条件下，梭梭生境的 PAR 及 RH 整体明显降低，I_a、C_a、T_l 及 VPD 整体升高；而通过相关性分析得出梭梭 P_n 与 PAR、RH 及 C_a 均表现为负相关性，与生境 WCS、TN 含量、T_a、T_l 及 VPD 则均呈正相关性。其中，T_a、T_l 及 VPD 与梭梭 G_s 以及 PAR 与 VPD 表现为极显著负相关。说明在水氮温耦合作用条件下，梭梭 P_n 下降的原因是由于 T_a 升高导致梭梭 G_s 及生境 RH 降低，同时梭梭 VPD 升高，从而降低了其对 PAR 及大气二氧化碳的利用效率。

6.8　梭梭抗性生理特征对模拟气候变化因子的响应

通常植物抵御环境胁迫的能力与其细胞是否具有较强的抗氧化及渗透调节能力密切相关。同时，植物体内的抗氧化酶活性及渗透调节物质含量与其光合特征存在一定的联系。对此，本章在关于梭梭生境土壤理化特性及梭梭气体交换特征的研究基础上，进一步从梭梭的抗性生理特征方面展开研究，旨在探究梭梭抗性生理特征对模拟全球变化因子（温度、降水量、氮沉降量变化及其耦合作用）的响应，以及其与生境土壤理化因子和自身光合作用的关系。

6.8.1　研究方法

6.8.1.1　梭梭同化枝丙二醛含量、抗氧化酶活性及渗透调节物质含量的测定

本章研究所有用于抗性生理生化指标测定的梭梭同化枝的采样时间均与其气体交换参数测取的时间一致。在野外样地内选取树龄及长势相当的梭梭进行气体交换参数测定后，将所用梭梭同化枝嫩尖去掉放于离心管中，并将其立即放于事先准备好的液氮罐里进行保存，随后带回实验室立即进行各项生理生化指标的测定。每组每项指标测定进行 4 次重复。其具体测定方法见 2.7.1。

6.8.1.2　数据统计与分析

采用方差分析分析模拟增温、降水量、氮沉降量变化及其耦合作用对梭梭抗性生理特征 MDA、POD、SOD、CAT、Pro、SS 及 Pr 的影响，并采用最小显著性差异法进行多重比较；此外，还采用配对样本 T 检验比较各处理的作用效应，以及对各处理条件下梭梭抗性生理特征与其生境土壤理化特性及微环境气象因子进行相应的相关性分析。所有数据的统计分析均采用分析软件 SPSS 20.0 完成，用制图软件 Origin 8.5 作图。

6.8.2　结果与分析

6.8.2.1　模拟增温、降水量、氮沉降量变化及其耦合作用对梭梭 MDA 含量的影响

方差分析结果表明，模拟增温、降水量、氮沉降量变化及其耦合作用均极显著地影响了梭梭 MDA 的含量（表 6-16）。通常 MDA 被用来作为衡量植物细胞受

逆境胁迫伤害程度的重要生理指标。由图 6-13 可知，与对照（$W_0N_0T_0$）相比，模拟增温（$W_0N_0T_1$）及水氮温耦合作用（$W_1N_1T_1$）均导致其生境下梭梭的 MDA 含量升高，且它们之间差异性极显著；模拟降水量（$W_1N_0T_0$）、氮沉降量（$W_0N_1T_0$ 和 $W_0N_2T_0$）增加及水氮耦合作用（$W_1N_1T_0$ 和 $W_1N_2T_0$）则均导致其生境下梭梭的 MDA 含量降低；在同一降水量条件 W_0 下，随着氮沉降量的逐渐增加其生境下梭梭的 MDA 含量也逐渐降低，且其差异性显著或极显著。

表 6-16　模拟增温、降水量、氮沉降量变化及其耦合作用对梭梭抗性
生理特征影响的方差分析

因素	MDA	POD	SOD	CAT	Pro	SS	Pr
增温（T）	**	**	**	**	**	0.587	**
降水量（W）	**	**	**	**	**	**	**
氮沉降（N）	**	**	**	**	**	**	**
水氮耦合	**	**	**	**	**	**	**
水氮温耦合	**	**	**	**	**	*	**

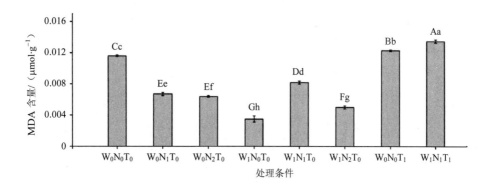

图 6-13　模拟增温、降水量、氮沉降量变化及其耦合作用对梭梭 MDA 含量的影响

注：不同大、小写字母分别表示处理间差异极显著（$P<0.01$）和差异显著（$P<0.05$）。下同。

6.8.2.2　模拟增温、降水量、氮沉降量变化及其耦合作用对梭梭抗氧化酶活性的影响

方差分析结果表明，模拟增温、降水量、氮沉降量变化及其耦合作用均极显著地影响了梭梭的 POD、SOD 和 CAT 的活性（表 6-16）。

在抗氧化酶系统中，POD 和 SOD 是植物体内清除及减少活性氧积累的重要保护酶，同时前者还能抵御膜脂过氧化和维持膜结构的完整性，后者则进一步清除潜在的过氧化氢对植物的伤害。CAT 对维护植物细胞自由基代谢、水分代谢平衡及光合作用有着极其重要的作用。由图 6-14 可知，在模拟增温、降水量、氮沉降量变化及其耦合作用条件下，梭梭的 POD、SOD 及 CAT 活性变化趋势均相似，即与对照（$W_0N_0T_0$）相比，模拟增温（$W_0N_0T_1$）及水氮温耦合（$W_1N_1T_1$）作用均导致梭梭的 POD、SOD 及 CAT 活性极显著升高；而其他模拟气候变化因子条件则均导致其生境下梭梭的 POD、SOD 及 CAT 活性降低，且与对照（$W_0N_0T_0$）条件下梭梭的 POD、SOD 及 CAT 活性差异显著或极显著。

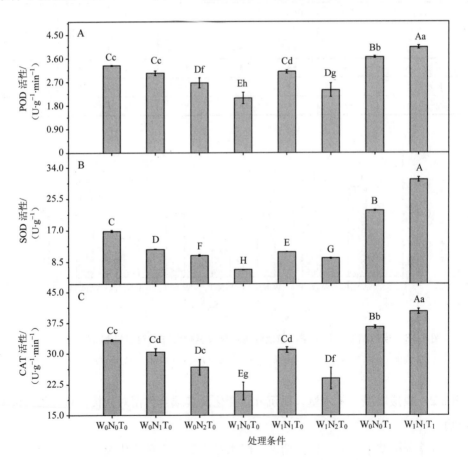

图 6-14　模拟增温、降水量、氮沉降量变化及其耦合作用对梭梭抗氧化酶活性的影响

6.8.2.3　模拟增温、降水量、氮沉降量变化及其耦合作用对梭梭渗透调节物质含量的影响

通过方差分析可知，在模拟增温、降水量、氮沉降量变化及其耦合作用的处理，与梭梭 Pro 和 Pr 含量存在极显著性差异；其 SS 含量仅在降水量、氮沉降量增加及水氮耦合作用条件下差异性极显著，水氮温耦合作用条件下差异性显著，而在模拟增温条件下无显著性差异（表 6-16）。

除保护酶系统外，渗透调节也是植物抵御各种逆境胁迫的重要生理机制之一，其中，Pro、Pr 及 SS 是最常见最重要的渗透调节物质。由图 6-15 A 可知，与对照（$W_0N_0T_0$）相比，在模拟增温（$W_0N_0T_1$）及水氮温耦合（$W_1N_1T_1$）作用条件下，梭梭的 Pro 含量升高，且差异极显著；模拟降水量增加（$W_1N_0T_0$）导致其生境下梭梭的 Pro 含量极显著降低；在模拟氮沉降量（$W_0N_1T_0$）、（$W_0N_2T_0$）变化条件下，其生境下梭梭的 Pro 含量则随着氮沉降量的增加呈先降后升变化趋势，且均极显著低于对照条件下梭梭的 Pro 含量；但在水氮耦合（$W_1N_1T_0$）、（$W_1N_2T_0$）作用条件下，其生境下梭梭的 Pro 含量随氮沉降量的增加（$W_1N_0T_0$）、（$W_1N_1T_0$）、（$W_1N_2T_0$）而呈先增后降趋势，且其差异性极显著。

相对梭梭的 Pro 含量变化而言，其 Pr 及 SS 含量的变化则有所不同。其中，与对照（$W_0N_0T_0$）相比，模拟增温（$W_0N_0T_1$）及水氮温耦合（$W_1N_1T_1$）作用也导致了梭梭的 SS 及 Pr 含量的增加，其差异性除增温条件下不显著外，其余条件下均表现为极显著差异；在模拟降水量（$W_1N_0T_0$）、氮沉降量变化（$W_0N_1T_0$）、（$W_0N_2T_0$）及水氮耦合（$W_1N_1T_0$）、（$W_1N_2T_0$）作用条件下则均导致了梭梭 SS 及 Pr 含量的降低；同时，在相同降水量条件下，梭梭的 SS 及 Pr 含量随着氮沉降量增加其变化趋势也相似，且除氮沉降（$W_0N_2T_0$）与水氮耦合（$W_1N_2T_0$）条件下梭梭的 SS 含量无显著差异外，其余模拟气候变化因子条件下的梭梭 SS 及 Pr 含量均表现为极显著差异（图 6-15 B，图 6-15 C）。

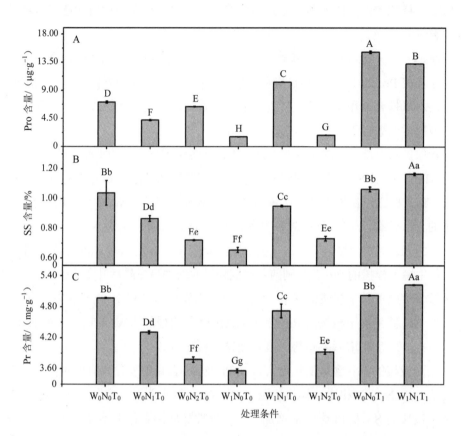

图 6-15　模拟增温、降水量、氮沉降量变化及其耦合作用对梭梭渗透调节物质含量的影响

6.8.2.4　不同生境条件下梭梭抗性生理特征间的相关性关系

从相关性分析结果可知（表 6-17～表 6-20），在模拟增温、降水量、氮沉降量变化及其耦合作用的不同条件下，梭梭的抗性生理特征间呈现出不同程度的正负相关性。其中，在对照（$W_0N_0T_0$）条件下，MDA 与 POD、CAT，Pro 与 Pr，POD 与 CAT 以及 SOD 与 Pro、Pr 均存在显著或极显著的正相关性，而 POD 与 SOD、Pro、Pr，SOD 与 CAT 以及 CAT 与 Pro、Pr 则均存在显著或极显著的负相关，其余参数间的相关性则不显著，且除 SOD 与 SS 以及 SS 与 Pro 呈负相关关系外，其余参数间均呈正相关关系。然而，在模拟氮沉降（$W_0N_1T_0$）条件下，MDA 与 POD、CAT、SS 呈极显著负相关关系（除 SS 外），与 SOD、Pr 呈极显著

正相关关系；POD 与 SOD 以及 SOD 与 CAT 呈极显著负相关关系；POD 与 CAT 以及 Pro 与 Pr 呈极显著正相关；SOD 与 SS、Pr 为正相关关系；其余参数间则均呈负相关关系（表 6-17）。

表 6-17　$W_0N_0T_0$（对角线下）和 $W_0N_1T_0$（对角线上）条件下梭梭抗性生理特征的相关性分析

$W_0N_0T_0$ ＼ $W_0N_1T_0$	MDA	POD	SOD	CAT	SS	Pro	Pr
MDA		-0.854^{**}	0.650^{**}	-0.854^{**}	-0.187	0.556^{*}	0.833^{**}
POD	0.535^{*}		-0.940^{**}	1.000^{**}	-0.133	-0.100	-0.425
SOD	0.289	-0.581^{*}		-0.940^{**}	0.159	-0.242	0.141
CAT	0.535^{*}	1.000^{**}	-0.581^{*}		-0.133	-0.100	-0.425
SS	0.486	0.140	-0.079	0.140		-0.175	-0.503
Pro	0.120	-0.561^{*}	0.942^{**}	-0.561^{*}	-0.408		0.841^{**}
Pr	0.071	-0.766^{**}	0.730^{**}	-0.766^{**}	0.428	0.514^{*}	

注：*、**表示同一生境条件下，梭梭不同抗性生理特征之间的相关性关系；*表示相关性显著（$P<0.05$）；**表示相关性极显著（$P<0.01$）。下同。

在模拟氮沉降（$W_0N_2T_0$）条件下，MDA 与 POD、CAT，POD 与 CAT，SOD 与 Pro、Pr 以及 Pro 与 Pr 均存在极显著的正相关性（除 SOD 与 Pro 外），其余参数间均表现为负相关性，其中 SOD 与 SS 以及 SS 与 Pro、Pr 的相关性均达到了显著或极显著水平。然而，在模拟降水量（$W_1N_0T_0$）条件下，MDA 与 SOD、Pro，POD 与 CAT、SS、Pr，CAT 与 SS、Pr 以及 SS 与 Pr 则均呈正相关性，其中 Pr 与 POD、CAT 相关性极显著；此外，除 SOD 与 Pro、Pr 以及 Pro 与 Pr 与模拟氮沉降（$W_0N_2T_0$）条件下不同外，其余梭梭抗性生理特征参数间的相关性均与其相同，且 MDA 与 SS、Pr，POD 与 Pro 以及 CAT 与 Pro 还达到了显著或极显著水平（表 6-18）。

表 6-18 $W_0N_2T_0$（对角线下）和 $W_1N_0T_0$（对角线上）条件下梭梭抗性生理特征的
相关性分析

$W_0N_2T_0$ ＼ $W_1N_0T_0$	MDA	POD	SOD	CAT	SS	Pro	Pr
MDA		−0.468	0.261	−0.467	−0.972**	0.389	−0.529*
POD	1.000**		−0.052	1.000**	0.333	−0.838**	0.955**
SOD	−0.311	−0.325		−0.052	−0.081	−0.483	−0.344
CAT	1.000**	1.000**	−0.324		0.332	−0.838**	0.955**
SS	−0.381	−0.384	−0.546*	−0.384		−0.380	0.350
Pro	−0.174	−0.169	0.721**	−0.170	−0.842**		−0.647**
Pr	−0.068	−0.046	0.060	−0.047	−0.606*	0.730**	

在水氮耦合（$W_1N_1T_0$）条件下，MDA 除与 Pr 呈负相关关系外，与其余参数均呈正相关性，且与 POD、CAT 相关性极显著；POD 与 CAT 呈极显著正相关性，与 SS 呈正相关性。SOD、CAT 均与 SS 存在正相关性，但不显著；Pro 与 SOD 及 Pr 与 SS 存在极显著或显著正相关性；其余参数间则均呈负相关性，且 Pr 与 SOD、Pro 的相关性达到了显著或极显著水平。然而，在另一个水氮耦合（$W_1N_2T_0$）条件下，Pro 与 MDA 存在极显著正相关性，与 SS 呈正相关关系，与其余参数均呈负相关关系，且与 POD、CAT 相关性显著，与 SOD 相关性极显著；而 POD 除与 Pro 存在显著负相关关系外，与其余参数均呈正相关性；SOD 和 SS 与各参数的相关性则与水氮耦合（$W_1N_1T_0$）条件下相反，且 SOD 与 Pro 及 SS 与 Pr 呈极显著负相关；CAT 与 SS 和 Pr 呈正相关性，且与 Pr 相关性显著，而 CAT 与 Pro 及 Pro 与 Pr 则呈显著负相关关系（表 6-19）。

表 6-19 $W_1N_1T_0$（对角线下）和 $W_1N_2T_0$（对角线上）条件下梭梭抗性生理特征的
相关性分析

$W_1N_1T_0$ ＼ $W_1N_2T_0$	MDA	POD	SOD	CAT	SS	Pro	Pr
MDA		−0.579*	−0.919**	−0.578*	−0.210	0.877**	−0.210
POD	0.967**		0.343	1.000**	0.248	−0.530*	0.542*
SOD	0.212	−0.033		0.342	−0.150	−0.952**	0.338
CAT	0.967**	1.000**	−0.033		0.248	−0.530*	0.542*
SS	0.148	0.146	0.286	0.144		0.275	−0.677**
Pro	0.039	−0.207	0.853**	−0.207	−0.247		−0.598*
Pr	−0.327	−0.139	−0.559*	−0.140	0.586*	−0.847**	

在模拟增温（$W_0N_0T_1$）条件下，除 SOD 与 MDA 存在正相关关系外，其余参数皆与 MDA 呈负相关性，且与 Pro 相关性极显著；POD 则与 SOD、SS、Pr 呈负相关性，与 CAT、Pro 呈正相关关系，且与 SOD、CAT 相关性极显著，与 Pro 相关性显著；SOD 与 CAT、SS、Pro、Pr 的关系则与 POD 与这几个参数的相关性相反，且与 CAT 呈极显著负相关性；CAT 与 SS、Pro、Pr 的关系则与 POD 与这几个参数的相关性相同，且与 Pro 也呈显著正相关关系；SS 与 Pro、Pr 以及 Pro 与 Pr 则均呈极显著正相关性。然而，在水氮温耦合（$W_1N_1T_1$）条件下，MDA 与 SOD、POD、CAT、Pro 呈正相关关系，且与 POD、CAT 表现出极显著相关性，与 Pr 则为极显著负相关关系；POD 与 CAT、SS 呈正相关，与 SOD、Pro、Pr 呈负相关，且与 CAT 呈现出极显著相关关系，与 SOD 则呈显著相关关系；CAT、SS 与 Pro、Pr 均呈负相关关系，且 SS 与 Pro 达到了极显著水平；而 CAT 与 SS 以及 Pro 与 Pr 则呈正相关关系，但表现不显著（表 6-20）。

表 6-20 $W_0N_0T_1$（对角线下）和 $W_1N_1T_1$（对角线上）条件下梭梭抗性生理特征的相关性分析

$W_0N_0T_1$ ＼ $W_1N_1T_1$	MDA	POD	SOD	CAT	SS	Pro	Pr
MDA		0.659^{**}	0.266	0.656^{**}	-0.080	0.137	-0.687^{**}
POD	-0.245		-0.542^{*}	1.000^{**}	0.348	-0.359	-0.297
SOD	0.126	-0.958^{**}		-0.545^{*}	-0.409	0.492	-0.480
CAT	-0.245	1.000^{**}	-0.958^{**}		0.350	-0.361	-0.294
SS	-0.330	-0.080	0.361	-0.080		-0.995^{**}	-0.420
Pro	-0.648^{**}	0.533^{*}	-0.278	0.533^{*}	0.760^{**}		0.332
Pr	-0.163	-0.015	0.292	-0.015	0.979^{**}	0.731^{**}	

6.8.2.5 不同生境条件下梭梭抗性生理特征与土壤理化特性及微环境气象因子间的关系

在模拟增温、降水量、氮沉降量变化及其耦合作用的不同条件下，梭梭抗性生理特征除了相互间存在着不同程度的相关性外，还与生境土壤理化特性及微环境气象因子间存在着一定的相关性。

通过相关统计分析结果表明（表 6-21～表 6-25），梭梭抗性生理特征（MDA、POD、SOD、CAT、SS、Pro、Pr）在模拟增温、降水量、氮沉降量变化及其耦合作用条件下，受其生境土壤理化特性（WCS、EC、pH、SOM、TN、TP、TK）的影响比微环境气象因子（PAR、T_a、RH、C_a）强。

在对照（$W_0N_0T_0$）条件下，MDA 与土壤理化特性的相关性，除与 EC 呈负相关外，与其他土壤理化特性均呈正相关关系，且与 TN、TK 相关性极显著（$P<0.01$）；在微环境气象因子间则表现为 MDA 与 PAR、RH 呈负相关关系，与 T_a、C_a 呈正相关关系。POD 与土壤理化特性的相关关系则仅与 pH 表现为显著的负相关，与其余指标则均呈正相关关系，且与 SOM、TN 相关性极显著；与微环境气象因子的相关关系则表现为仅与 PAR 呈负相关关系。SOD 则与 WCS、pH、TP、TK、PAR、T_a 呈正相关关系，且与 WCS、TK 相关性显著。CAT 与其生境土壤理化特性及微环境气象因子的相关关系则表现为与 POD 一致。SS 则与 WCS、EC、SOM、TP、T_a 及 RH 呈负相关关系，且与 WCS、SOM 相关性显著，与 EC、TP 相关性极显著；同时，SS 还与 pH、TN 呈极显著正相关关系。Pro 与 SOM、TN、C_a 呈负相关关系，但不显著，而与 WCS 则呈极显著正相关关系，与 TP 呈显著正相关关系。除 TK 之外，Pr 与其生境土壤理化特性及微环境气象因子间的相关关系则表现为与 POD 相反（表 6-21）。

在模拟氮沉降（$W_0N_1T_0$）条件下，MDA 与其生境土壤理化特性的相关关系表现为，仅与 SOM、TK 呈正相关关系，与 EC、TN 及 TP 呈极显著负相关关系；同时，MDA 与微环境气象因子的相关关系表现为仅与 PAR 呈负相关关系。POD 与其生境土壤理化特性的相关关系则均呈正相关，且与 TN、TP 相关性极显著，与 RH、C_a 则呈负相关关系。SOD 除了与 EC 的相关性与 POD 相同外，其余皆与之相反；而 CAT 则与 POD 相同。SS 与其生境土壤理化特性的关系表现为仅与 SOM 呈极显著负相关关系，与微环境气象因子的相关性（除 C_a）则与 MDA 的情况相反。Pro 与 WCS、pH、TK、T_a、RH、C_a 呈正相关关系，而与 EC、SOM、TN、TP、PAR 呈负相关关系，且与 EC、TP 的相关性极显著。除 C_a 之外，Pr 与其生境土壤理化特性及微环境气象因子的相关关系与 SS 相反（表 6-21）。

在模拟氮沉降（$W_0N_2T_0$）条件下，MDA、POD 与其生境土壤理化特性及微环境气象因子的相关关系一致，均与 WCS、pH 表现出极显著或显著负相关关系，与 TP 表现出极显著正相关关系。SOD 与 WCS、SOM、TN 则呈正相关关系，且与 SOM、TN 的相关性极显著或显著。CAT 与其生境土壤理化特性及微环境气象因子的相关关系则与 POD 一致。SS 与 WCS、pH、TK、T_a、RH 呈正相关关系，且与 TK 的相关性极显著，而与 SOM、TN 的关系则呈显著或极显著负相关关系。Pro 除与 WCS、pH、TP 的相关性和 SS 一致外，其余则均与之相反。而 Pr 与其生境土壤理化特性及微环境气象因子的相关关系除与 SOM 的相关性与 Pro 不同外，其余则均与之一致（表 6-21）。

在模拟降水（$W_1N_0T_0$）条件下，MDA 与 WCS、pH、SOM、TP、PAR 及 C_a 呈负相关关系，且与 SOM 的相关性极显著，而与 EC 的关系则表现为极显著正相关关系，与 TK 的关系呈显著正相关关系。POD 仅与 SOM、TK 表现为正相关关系，且也与 SOM 的相关性极显著。SOD 与 WCS、SOM、TP、TK、PAR、T_a、RH 均呈负相关关系，且与 WCS、TP 的相关性显著。CAT 与其生境土壤理化特性及微环境气象因子的相关关系则与 POD 一致；而 SS 与其生境土壤理化特性及微环境气象因子的相关关系，除与 TN 的相关关系和 MDA 一致外，其余皆与之相反。Pro 与其生境土壤理化特性及微环境气象因子的相关关系表现为，除与 SOM、C_a 呈负相关关系外，与其余指标均呈正相关关系，且与 WCS、TP 的相关性极显著。Pr 与其生境土壤理化特性及微环境气象因子的相关关系表现为，除与 WCS 呈不显著、与 TP 呈显著负相关关系外，Pr 与其余指标的相关关系则均与 POD 一致（表 6-22）。

在模拟水氮耦合（$W_1N_1T_0$）条件下，MDA 与其生境土壤理化特性及微环境气象因子的相关关系均不显著；其中，与 WCS、pH、SOM、TP、TK、T_a 及 C_a 呈正相关关系，与 EC、TN、PAR 及 RH 呈负相关关系。POD 与其生境土壤理化特性的相关关系表现为除与 EC 外均呈正相关关系，且与 SOM、TK 的相关性显著，而与其生境微环境气象因子的相关关系表现为仅与 T_a、C_a 呈正相关关系。SOD 与 pH、TP 呈极显著正相关关系，此外还与 EC、T_a 及 RH 呈正相关关系。CAT 与其生境土壤理化特性及微环境气象因子的相关关系则与 POD 一致。SS 与 WCS、SOM、TP 及 TK 呈极显著或显著正相关关系，与 EC 则呈极显著负相关关系，而与其余指标的相关性则不显著。Pro 与其生境土壤理化特性的关系更加密切，表现出与 WCS、SOM 呈显著负相关关系，与 TN、TK 呈极显著负相关关系，且与 EC、TP 表现出显著正相关关系，与 pH 呈极显著正相关关系。Pr 与其生境土壤理化特性及微环境气象因子的相关关系与 Pro 的情况相反（表 6-23）。

在模拟水氮耦合（$W_1N_2T_0$）条件下，MDA 与 WCS、TK 存在极显著负相关关系，与 SOM 存在显著负相关关系，还与 PAR、T_a 及 RH 呈负相关关系，而与其余土壤理化特性及微环境气象因子呈正相关关系，且与 EC 的相关性极显著。POD 与其生境土壤理化特性及微环境气象因子的相关关系则与 MDA 相反（除 TK、T_a 及 C_a 外）。SOD 除与 EC、C_a 呈负相关外，与其余指标均表现为正相关关系，且与 WCS、TK 的相关性极显著。CAT 与其生境土壤理化特性及微环境气象因子的相关关系则与 POD 一致。SS 除与 WCS、SOM、TK 及 T_a 呈正相关关系外，与其余指标则均呈负相关关系，且与 pH、TN 表现出极显著负相关关系。而 Pro 除与 EC、T_a 呈正相关关系外，与其余指标均呈负相关关系，且与 EC、SOM、TK 的相关性显著，与 WCS 的相关性极显著。Pr 与 pH、SOM、TN、PAR、RH 及 C_a 均呈正相关关系，且与 SOM 的相关性极显著（表 6-23）。

在模拟增温（$W_0N_0T_1$）条件下，MDA 与 EC、TN、TP、TK 及 RH 均呈负相关关系，且与 EC、TP 的相关性极显著。POD 则与 EC、SOM、RH 呈正相关关系，且与 EC、SOM 的相关性极显著，而与其余指标均呈负相关关系，其中与 WCS、TP 的相关性显著，与 TN、TK 的相关性极显著。SOD 除与 EC、SOM、RH 存在负相关关系外，与其余指标则均呈正相关关系，且与 WCS、SOM 的相关性极显著，与 EC、TN、TP、TK 的相关性显著。CAT 与其生境土壤理化特性及微环境气象因子的相关关系则与 POD 一致。SS 与 WCS、EC、TP、T_a 呈正相关关系，且与 WCS 的相关性极显著，与其余指标则均呈负相关关系，其中，与 pH 的相关性极显著，与 SOM 的相关性显著。Pro 与 WCS、EC、TP 及 RH 存在正相关关系，且与 EC 的相关性显著，而与 pH 呈极显著负相关关系。Pr 与其生境土壤理化特性及微环境气象因子的相关关系较 SS 而言，除与 EC 表现为负相关以及与 SOM 的相关性不显著外，与其余指标的相关关系均与 SS 一致（表 6-24）。

在模拟水氮温耦合（$W_1N_1T_1$）条件下，MDA 与 WCS、TK、T_a 及 RH 均表现为负相关关系，且与 WCS 的相关性极显著，与 TK 的相关性显著，而与其余指标均呈正相关关系，其中，与 pH、TN 的相关性极显著，与 TP 的相关性显著。POD 与其生境土壤理化特性的相关关系表现为与 WCS、EC 呈负相关关系，且与 WCS 的相关性极显著，与微环境气象因子的相关关系则与 MDA 一致。SOD 与 WCS、

EC、pH、SOM、TN、TP 及 C_a 存在正相关关系，且与 EC、TN 的相关性极显著，而与 TK 呈极显著负相关关系。CAT 与其生境土壤理化特性及微环境气象因子的相关关系与 POD 一致。SS 与 pH、TN、T_a 及 C_a 表现为负相关关系，与其余指标表现为正相关关系，且与 SOM、TK 的相关性极显著，与 TP 的相关性显著。Pro 与其生境土壤理化特性及微环境气象因子的相关关系，除与 EC 仍呈正相关关系以及与 TP 呈负相关关系外，与其余指标的相关关系均与 SS 的情况相反。Pr 除与 WCS、TK、T_a 及 RH 存在正相关关系外，与其余指标则均表现负相关关系，且与 EC、pH、SOM、TN、TP 的相关性极显著（表 6-25）。

表 6-21　$W_0N_0T_0$、$W_0N_1T_0$、$W_0N_2T_0$ 处理条件下梭梭抗性生理特征与其生境土壤理化特性及微环境气象因子的相关性分析

		WCS	EC	pH	SOM	TN	TP	TK	PAR	T_a	RH	C_a
$W_0N_0T_0$	MDA	0.376	−0.101	0.071	0.191	0.888**	0.236	0.918**	−0.032	0.232	−0.046	0.151
	POD	0.151	0.497	−0.535*	0.729**	0.739**	0.220	0.156	−0.244	0.216	0.090	0.317
	SOD	0.528*	−0.298	0.319	−0.335	−0.149	0.355	0.611*	0.157	0.041	−0.101	−0.200
	CAT	0.151	0.497	−0.535*	0.729**	0.739**	0.220	0.156	−0.244	0.216	0.090	0.317
	SS	−0.606*	−0.789**	0.762**	−0.566*	0.678**	−0.734**	0.502	0.168	−0.050	−0.107	0.034
	Pro	0.701**	0.003	0.025	−0.101	−0.347	0.585*	0.403	0.083	0.061	−0.055	−0.189
	Pr	−0.194	−0.853**	0.869**	−0.885**	−0.133	−0.379	0.442	0.304	−0.138	−0.155	−0.255
$W_0N_1T_0$	MDA	−0.258	−0.695**	−0.258	0.000	−0.806**	−0.953**	0.000	−0.202	0.087	0.119	0.209
	POD	0.302	0.232	0.302	0.252	0.739**	0.694**	0.000	0.211	0.007	−0.082	−0.195
	SOD	−0.446	0.031	−0.446	−0.210	−0.695**	−0.416	−0.170	−0.194	−0.071	0.069	0.144
	CAT	0.302	0.232	0.302	0.252	0.739**	0.694**	0.000	0.211	0.007	−0.082	−0.195
	SS	0.727**	0.670**	0.727**	−0.977**	0.567*	0.147	0.805**	0.036	−0.043	−0.135	0.051
	Pro	0.366	−0.810**	0.366	−0.016	−0.136	−0.778**	0.416	−0.039	0.192	0.046	0.131
	Pr	−0.171	−0.971**	−0.171	0.306	−0.645**	−0.911**	−0.045	−0.130	0.155	0.125	0.153
$W_0N_2T_0$	MDA	−1.000**	0.397	−0.645**	0.444	0.396	0.995**	−0.463	0.142	0.064	0.089	0.199
	POD	−1.000**	0.421	−0.624*	0.425	0.397	0.995**	−0.458	0.148	0.061	0.089	0.202
	SOD	0.311	−0.410	−0.209	0.669**	0.564*	−0.385	−0.641*	−0.163	−0.139	−0.057	−0.093
	CAT	−1.000**	0.420	−0.625*	0.426	0.397	0.995**	−0.458	0.148	0.061	0.089	0.202
	SS	0.381	−0.465	0.164	−0.590*	−0.999**	−0.290	0.948**	−0.081	0.188	0.013	−0.130
	Pro	0.174	0.318	0.247	0.320	0.829**	−0.268	−0.721**	0.018	−0.241	−0.066	0.031
	Pr	0.068	0.825**	0.656**	−0.280	0.567*	−0.125	−0.323	0.173	−0.214	−0.049	0.113

注：*、**表示同一生境条件下，梭梭不同抗性生理特征与其生境土壤理化特性及微环境气象因子之间的相关性关系；*表示差异显著（$P<0.05$）；**表示差异极显著（$P<0.01$）。下同。

表 6-22　$W_1N_0T_0$ 处理条件下梭梭抗性生理特征与其生境土壤理化特性

及微环境气象因子的相关性分析

	WCS	EC	pH	SOM	TN	TP	TK	PAR	T_a	RH	C_a
MDA	−0.381	0.923**	−0.043	−0.881**	0.162	−0.103	0.611*	−0.148	0.030	0.032	−0.006
POD	−0.536*	−0.093	−0.770**	0.769**	−0.826**	−0.726**	0.046	−0.026	−0.117	−0.106	−0.072
SOD	−0.596*	0.305	0.345	−0.435	0.458	−0.550*	−0.480	−0.026	−0.027	−0.004	0.112
CAT	−0.536*	−0.092	−0.771**	0.768**	−0.827**	−0.726**	0.047	−0.026	−0.117	−0.106	−0.072
SS	0.396	−0.943**	0.251	0.753**	0.056	0.132	−0.779**	0.163	−0.018	−0.018	0.042
Pro	0.697**	0.055	0.404	−0.507	0.419	0.867**	0.339	0.010	0.113	0.091	−0.008
Pr	−0.319	−0.191	−0.818**	0.859**	−0.907**	−0.515*	0.173	−0.014	−0.102	−0.099	−0.100

表 6-23　$W_1N_1T_0$、$W_1N_2T_0$ 处理条件下梭梭抗性生理特征与其生境土壤理化特性

及微环境气象因子的相关性分析

		WCS	EC	pH	SOM	TN	TP	TK	PAR	T_a	RH	C_a
$W_1N_1T_0$	MDA	0.157	−0.157	0.359	0.445	−0.069	0.376	0.480	−0.193	0.078	−0.119	0.068
	POD	0.263	−0.241	0.137	0.521*	0.174	0.174	0.627*	−0.201	0.021	−0.154	0.061
	SOD	−0.144	0.049	0.742**	−0.024	−0.827**	0.928**	−0.346	−0.034	0.209	0.131	−0.026
	CAT	0.261	−0.239	0.138	0.520*	0.173	0.173	0.626*	−0.201	0.021	−0.154	0.061
	SS	0.902**	−0.940**	−0.379	0.881**	0.300	0.590*	0.666**	−0.207	−0.029	0.025	−0.205
	Pro	−0.637*	0.559*	0.923**	−0.531*	−0.998**	0.604*	−0.752**	0.093	0.222	0.133	0.074
	Pr	0.817**	−0.779**	−0.970**	0.626*	0.881**	−0.299	0.672**	−0.091	−0.202	−0.040	−0.173
$W_1N_2T_0$	MDA	−0.824**	0.766**	0.061	−0.516*	0.044	0.085	−0.762**	−0.017	−0.060	−0.045	0.014
	POD	0.015	−0.923**	−0.589*	0.978**	−0.421	−0.814**	−0.050	0.004	−0.003	0.047	0.092
	SOD	0.889**	−0.485	0.334	0.345	0.350	0.247	0.764**	0.069	0.024	0.075	−0.029
	CAT	0.014	−0.922**	−0.589*	0.978**	−0.422	−0.814**	−0.051	0.004	−0.003	0.047	0.092
	SS	0.085	−0.504	−0.825**	0.044	−0.927**	−0.489	0.297	−0.154	0.131	−0.105	−0.021
	Pro	−0.706**	0.562*	−0.279	−0.572*	−0.367	−0.061	−0.536*	−0.093	0.011	−0.099	−0.010
	Pr	−0.119	−0.247	0.245	0.705**	0.465	−0.221	−0.349	0.135	−0.119	0.125	0.092

表 6-24　$W_0N_0T_1$ 处理条件下梭梭抗性生理特征与其生境土壤理化特性

及微环境气象因子的相关性分析

	WCS	EC	pH	SOM	TN	TP	TK	PAR	T_a	RH	C_a
MDA	0.298	−0.850**	0.232	0.342	−0.483	−0.690**	−0.388	0.202	0.075	−0.069	0.114
POD	−0.619*	0.681**	−0.302	0.788**	−0.643**	−0.518*	−0.689**	−0.209	−0.097	0.123	−0.178
SOD	0.778**	−0.626*	0.024	−0.889**	0.590*	0.553*	0.610*	0.111	0.108	−0.136	0.164
CAT	−0.619*	0.681**	−0.302	0.788**	−0.643**	−0.518*	−0.689**	−0.209	−0.097	0.123	−0.178
SS	0.712**	0.014	−0.908**	−0.515*	−0.070	0.209	−0.147	−0.294	0.062	−0.075	−0.007
Pro	0.096	0.607*	−0.865**	−0.054	−0.244	0.077	−0.350	−0.375	−0.028	0.030	−0.130
Pr	0.743**	−0.086	−0.949**	−0.375	−0.258	0.008	−0.325	−0.293	0.070	−0.079	−0.004

表 6-25　$W_1N_1T_1$ 处理条件下梭梭抗性生理特征与其生境土壤理化特性

及微环境气象因子的相关性分析

	WCS	EC	pH	SOM	TN	TP	TK	PAR	T_a	RH	C_a
MDA	−0.777**	0.506	0.979**	0.481	0.858**	0.631*	−0.532*	0.038	−0.212	−0.123	0.256
POD	−0.802**	−0.181	0.491	0.377	0.226	0.316	0.216	0.223	−0.169	−0.067	0.163
SOD	0.233	0.862**	0.455	0.176	0.693**	0.403	−0.804**	−0.230	−0.024	−0.053	0.073
CAT	−0.801**	−0.184	0.488	0.376	0.223	0.315	0.219	0.223	−0.169	−0.067	0.162
SS	0.275	0.036	−0.187	0.740**	−0.102	0.523*	0.771**	0.195	−0.036	0.002	−0.038
Pro	−0.269	0.063	0.256	−0.672**	0.192	−0.440	−0.829**	−0.206	0.024	−0.011	0.052
Pr	0.108	−0.855**	−0.715**	−0.922**	−0.855**	−0.993**	0.252	−0.020	0.164	0.103	−0.166

6.8.3　讨论

6.8.3.1　梭梭抗性生理特征对模拟增温的响应

　　一般在正常生长环境条件下，植物体内活性氧的产生与清除处于一种动态平衡状态，仅在受到胁迫、伤害时才会迫使原有的平衡被打破，表现为植物体内活性氧自由基积累并引发细胞膜脂过氧化反应，而 MDA 即其氧化的产物之一，是检测植物细胞膜受伤害的一个重要指标，其积累量可表示细胞膜脂过氧化的程度。前人对 MDA 在高温胁迫条件下含量增加的研究居多。郭盈添等对金露梅幼苗进行高温胁迫的研究时发现，随着高温胁迫时间的延长，MDA 含量均呈上升的趋势，这与本研究对梭梭进行增温处理所得结果相似，说明增温导致梭梭同化枝的细胞膜脂过氧化程度加重。但也有研究认为细胞膜脂过氧化程度及膜损伤程度与 MDA 的含量变化并无紧密关联的研究报道。造成这一差异性研究结果的主要原因可能与其增温处理时间、物种的不同以及保护酶活性有关。

植物体为清除过剩活性氧及减轻胁迫对细胞的伤害，也会增强体内保护酶的活性。而目前研究较多且具有指导性的保护酶主要有 SOD、POD 以及 CAT 等；其中，SOD 被认为是植物抗氧化系统的第一道防线，它能催化超氧阴离子生成氧气和过氧化氢，之后可通过 POD 和 CAT 等进一步催化，进而有效地阻止超氧阴离子和过氧化氢对细胞膜产生更大的伤害。在本章研究中，我们发现模拟增温条件下梭梭同化枝的 SOD、POD 及 CAT 活性较对照均极显著增加，说明模拟增温诱导了梭梭体内这 3 种抗氧化酶活性的增强，这与段九菊等对观赏凤梨的研究结果相似。此外本章研究还发现，增温生境下梭梭同化枝 POD 活性较 SOD 和 CAT 活性低，表明在增温胁迫条件下 SOD 和 CAT 是其主要的抗氧化酶。

植物在胁迫条件下，除启动保护酶系统的相应调节功能外，渗透调节也是其重要的防御方式之一。Pro 与 SS 通常被认为是渗透调节的主要物质，且在大多数植物中，逆境胁迫均能够诱导其大量积累。而 Pr 含量的增加有利于提高植物对逆境胁迫的耐受能力，增强植物对逆境胁迫的适应性。因此，Pro、SS 及 Pr 含量的变化在一定程度上反映了植物的抗逆性强弱。在本章研究中，增温条件下梭梭同化枝的 Pro、SS 及 Pr 含量均高于对照，且 Pro 较对照差异性极显著，说明 Pro 对增温的响应相对于 SS 及 Pr 更加敏感。同时，Pro 在增温胁迫条件下既起到了渗透调节作用，又可以稳定体内蛋白质的量。

6.8.3.2 梭梭抗性生理特征对降水量增加的响应

降水量作为干旱区植物生长以及植被恢复等主要生理生态过程的重要限制因素之一，是该区生态系统结构和功能的主要驱动因子。据 IPCC 预测，未来全球中纬度地区降水量将会增加，我国西北干旱区的降水量也可能随之出现增加的趋势。而降水量过多或者过少都将会对植物的生理产生直接影响。大量研究表明，当植物处于干旱胁迫时，降水量增加将显著降低植物细胞膜脂过氧化产物即 MDA 的生成，这与本章研究所得结果相吻合。但也有研究发现，随着降水量增加植物体内的 MDA 含量表现出先降低后升高现象，甚至在严重干旱胁迫后再施水时仍高于对照。总体来说适宜的降水量增加确实能降低植物所受胁迫的程度，但过量后则会适得其反；同时丙二醇含量也与植物受胁迫程度及其恢复能力有关。

随着植物体内膜脂过氧化产物即 MDA 含量对降水量增加所做出的响应，其体内的关键保护酶活性也将发生相应变化。研究发现，随着降水量增加既有导致植物抗氧化酶（SOD、CAT 及 POD）活性降低，也有导致其升高的报道。在本章研究中，我们发现降水量增加导致梭梭抗氧化酶（SOD、CAT 及 POD）活性显著降低，说明增加降水有利于减轻梭梭所受逆境胁迫的伤害。而降水量增加对植物渗透调节物质的影响，从已有的相关研究可知，干旱胁迫下植物体内的 Pro、SS 及 Pr 含量随降水量增加而降低。在本章研究中，降水量增加也使得梭梭体内的 Pro、SS 及 Pr 含量均明显降低。

6.8.3.3　梭梭抗性生理特征对氮沉降量增加的响应

随着氮沉降量的日益增加，其对陆地植物及生态系统的影响也越来越受到普遍的关注。氮素是植物生长所必需的营养元素之一，同时也是植物生长的主要限制因素之一。已有研究指出，干旱胁迫条件下适度的氮素施加可促进植物的渗透调节，提高植物的抗氧化酶活性，从而增强其抗逆性；但过量的氮素施加则会导致植物抗逆性能力减弱，甚至最终威胁到植物的正常生长发育及其分布。在本章研究中，我们发现梭梭同化枝的 MDA 含量随着施氮量增加而显著降低，说明在当前条件下，单纯的氮沉降量增加有利于减轻梭梭受胁迫而被伤害的程度，且这与王景燕等以及刘小刚等的研究结果相似。

大量研究表明，在逆境胁迫条件下适量施氮能显著提高植物体内的抗氧化酶（POD、CAT 及 SOD）活性，但过量施氮则会加剧植物细胞膜的过氧化反应，降低植物对活性氧的清除能力。然在本章研究中发现梭梭同化枝的抗氧化酶（POD、CAT 及 SOD）活性随施氮量增加而降低，这与朱鹏锦等以及米美多等的研究结果存在一定的差异，其主要原因可能与不同的植物或逆境条件下植物的抗氧化酶活性响应的不同有关。

而有关施氮量增加对植物渗透调节物质影响的研究，存在许多相互不一致的结论。刘小刚等对小粒咖啡幼树的研究发现，适量施氮能显著提高小粒咖啡叶片 Pro 的含量；但鲁显楷等对林下层优势树种的研究则发现，施氮量增加会使植物叶片游离氨基酸含量下降，且中氮水平最为显著，这与本章对梭梭所得的研究结果相似。植物的 SS 与 Pr 也是重要的渗透调节物质。有关研究得出，随着施氮量的增加，植物的 Pr 含量随之增加，SS 含量则随之减少，这与本章研究发现的梭梭同化枝 SS 及 Pr 含量均随着氮沉降量的增加而降低有所不同，其原因可能与研究方法及植物种类不同有关。

6.8.3.4　梭梭抗性生理特征对水氮及水氮温耦合作用的响应

目前，有关增温、降水及氮沉降耦合作用的研究，在干旱区主要集中于小麦、玉米及大豆等经济作物方面。其中大量研究表明，水分与氮素间存在着显著的交互作用，且对植物有重要的影响。王国骄等对春小麦的研究发现，在严重水分胁迫条件下，随着施氮量增加导致春小麦旗叶 MDA 含量增加；但在轻度水分胁迫条件下，其含量随着施氮量的增加而不断下降。于显枫对小麦的研究发现，在水充足条件下，除对照及中氮处理的小麦叶片 MDA 含量高于高氮处理外，其余均随着施氮量的增加而降低。在本章研究中发现，在降水增加（W_1T_0）条件下，梭梭同化枝的 MDA 含量随施氮量增加表现出先升高后降低的变化趋势，但均低于对照，说明无论是 $W_1N_1T_0$ 处理水氮耦合作用，还是 $W_1N_2T_0$ 处理水氮耦合作用均有利于减轻梭梭受胁迫而被伤害的程度，至于其作用效应的强弱则取决于二者间的比例。然而，在水氮温耦合作用条件下发现梭梭同化枝的 MDA 含量明显高于对照，说明在水氮温耦合作用下梭梭同化枝积累的活性氧增多，细胞膜受损程度加重。

本章研究发现，梭梭的抗氧化酶（POD、SOD 及 CAT）活性变化与其 MDA 含量的变化情况类似，即在降水增加（W_1T_0）条件下均随着施氮量的增加而表现出先升高后降低的趋势，与孙小妹等对甘肃中部 3 个地方春小麦品种的研究结果相似，即当植物所受胁迫程度减轻时，其体内的保护酶活性相对也会随之降低。此外，在水氮温耦合作用条件下则发现梭梭同化枝的抗氧化酶（POD、SOD 及 CAT）活性均随着 MDA 含量的增加而极显著增加，说明水氮温耦合作用加重了梭梭受胁迫而被伤害的程度，从而激发了其体内的保护酶（POD、SOD 及 CAT）活性。

除抗氧化酶系统外，植物体内的渗透调节物质（Pro、SS 及 Pr）也对维护细胞水分代谢平衡起着重要的作用。有研究表明，在不同水分条件下植物叶片 Pro

含量随着施氮量的增加而增加，但也有与此相反的研究报道。在本章研究中发现梭梭 Pro 含量在增加降水（W_1T_0）条件下，随着施氮量的增加表现出先升高后降低的变化趋势；其中，除水氮耦合（$W_1N_1T_0$）条件下梭梭的 Pro 含量明显高于对照外，其余条件下均明显低于对照，其主要原因可能与不同物种对水氮耦合作用的响应机理不同有关。此外，关于梭梭的 SS 及 Pr 含量在水氮耦合作用条件下的响应研究，发现其变化趋势与梭梭 MDA 含量的变化趋势相似。然而，在水氮温耦合作用条件下，梭梭体内的渗透调节物质（Pro、SS 及 Pr）含量则均显著增加，说明植物在受逆境胁迫时将通过增加体内的渗透调节物质的含量，来减轻其由于逆境胁迫所造成的伤害，进而维持植物各项生理功能的正常运行。

在模拟增温、降水量、氮沉降量变化及其耦合作用条件下，梭梭体内的抗性生理指标均发生了相应的变化。本章研究发现，这些指标间及其与增温引起的一系列环境因子变化均存在一定程度的相关关系。如在对照条件下，梭梭 MDA 与POD、CAT 具有显著正相关关系，但在模拟增温条件下则无显著相关性，反而与Pro 呈极显著负相关关系；此外，SOD、POD、CAT、Pro 及 Pr 间也存在不同程度的显著或极显著相关关系。可见不同逆境条件下，梭梭体内的保护酶活性及渗透调节物质所起的调节作用存在一定差异。同时，通过梭梭抗性生理指标与其生境土壤理化特性及微环境气象因子的相关性分析发现，梭梭体内的抗性生理指标与生境土壤理化因子间的相关性整体高于与其生境微环境气象因子间的相关性。

6.9　结论与展望

6.9.1　主要结论

6.9.1.1　模拟气候变化因子对梭梭生境土壤重要养分的影响

通过模拟增温、降水量、氮沉降量变化及其耦合作用对梭梭生境土壤理化特性的影响结果得知：

（1）增温将导致梭梭生境土壤的含水量降低，进而加重对梭梭的胁迫程度；但增温也会使梭梭生境土壤的养分更加丰富，在某种意义上还会减轻该地区土壤的盐碱化程度。

（2）降水量增加则会导致梭梭生境土壤的含水量增加，而且会丰富其生境土壤的养分条件，提高植物对土壤钾素的利用；但同时会促进土壤的盐碱化程度。

（3）氮沉降量增加同样会使梭梭生境土壤的含水量增加以及其养分更加丰富，而且一定水平的氮沉降量还能减轻土壤的盐碱化程度，促进植物土壤钾素的利用。

（4）水氮耦合条件下，适量的氮沉降量增加有利于提高梭梭生境 WCS，从而促进 SOM 的分解，而过量增加则会降低其作用效应；但土壤 TN 及 TP 含量会随着氮沉降量的增加而不断积累，使土壤的盐碱化程度逐渐加重，但过量的氮沉降增加会提高植物对土壤中钾素的利用。

（5）水氮温耦合作用较增温而言，不仅对梭梭生境土壤的养分状况有所改善，同时还使 WCS 增加。

6.9.1.2　梭梭气体交换参数对模拟气候变化因子的响应

通过研究模拟增温、降水量、氮沉降量变化及其耦合作用对梭梭气体交换参数及其生境微环境气象因子所产生的影响，发现不同气候变化因子对梭梭产生的影响存在较大差异。其中，增温与水氮温耦合作用将抑制梭梭的光合作用过程，进而对梭梭物种的生存及其分布造成影响。而降水量增加、氮沉降量增加及其耦合作用则将促进其光合作用的进行，进而有利于梭梭物种的生长发育及其分布。水氮耦合作用对其所起的效果则取决于水分与氮素间的比例。

6.9.1.3　梭梭抗性生理特征对模拟气候变化因子的响应

通过模拟增温、降水量、氮沉降量变化及其耦合作用对梭梭抗性生理特征的影响结果得知：

（1）增温与水氮温耦合作用均加重了梭梭的胁迫伤害程度，导致其体内细胞膜脂过氧化产物之一 MDA 的含量较对照分别升高 6.03% 和 16.38%；此外也使其体内保护酶活性增加、渗透调节物质含量升高。其中，与对照相比增温导致其 POD、SOD、CAT 活性及 Pro、SS 和 Pr 含量分别升高 9.77%、33.31%、9.77%、112.07%、2.31% 和 0.99%；而水氮温耦合作用则导致它们分别升高 21.14%、82.96%、21.15%、85.98%、12.13% 和 5.17%。两处理条件下使梭梭在抵御逆境胁迫伤害时反应最剧烈的均为 SOD 与 Pro。

（2）与增温及水氮温耦合作用相比，降水量增加、氮沉降量增加及其耦合作用均有利减轻梭梭受胁迫而被伤害的程度，表现为体内膜脂过氧化产物之一 MDA

的含量降低。其中，与对照相比降水量增加导致梭梭 MDA 含量降低 69.83%，其保护酶（POD、SOD 及 CAT）活性及渗透调节物质（Pro、SS 及 Pr）含量分别降低 37.35%、61.9%、37.34%、77.62%、37.05%和 28.40%。与对照相比，氮沉降量增加条件下，即降水量为 W_0 时随着施氮量增加梭梭 MDA 含量分别降低 42.24%和 44.83%，其保护酶（POD、SOD 及 CAT）活性及渗透调节物质（Pro、SS 及 Pr）含量在模拟氮沉降含量为 N_1 水平时分别降低 8.51%、29.14%、8.52%、40.49%、16.75%和 13.38%；在 N_2 水平时则分别降低 19.70%、39.15%、19.71%、10.14%、30.70%和 24.02%。此外，与对照相比，水氮耦合作用条件下，即降水量为 W_1 时随着施氮量增加梭梭 MDA 含量分别降低 29.31%和 56.90%；其保护酶（POD、SOD 及 CAT）活性及渗透调节物质（Pro、SS 及 Pr）含量除在施氮量为 N_1 水平时的 Pro 含量升高了 44.74%外，其余在 N_1 水平时均分别降低 7.01%、33.43%、7.02%、8.47%和 5.01%；在 N_2 水平时分别降低 28.03%、43.50%、28.03%、73.98%、29.64%和 20.92%。

综上所述，在未来主要以气温升高、降水量及氮沉降量增加为主的全球气候变化背景下，梭梭的生长发育及其分布将会受到更大的威胁与挑战。

6.9.2　存在的不足和展望

本章研究是从当前全球气候变化的角度出发，在野外梭梭原始生境下，通过采用 OTC 进行模拟各气候变化因子（增温、降水及氮沉降量变化），研究它们对梭梭生理生态特征的影响，研究时间仅为 2 年，所以应继续进行更长时间（至少 4 年以上）的模拟研究以得到更丰富的数据。同时，还应在此基础上结合梭梭个体生长发育水平进行更全面、更深入的研究。

第7章 古尔班通古特沙漠南缘不同生境下梭梭枝系构型特征研究

7.1 研究背景和意义

7.1.1 研究背景

荒漠化是世界性的生态灾难之一。世界平均每年有 5 万～7 万 km^2 土地荒漠化。而中国是全世界荒漠化最严重的国家之一，这严重影响了中国生态系统的平衡并制约了中国的经济发展。古尔班通古特沙漠是我国第二大沙漠，梭梭是其荒漠生态系统的建群种，其植被动态分布对古尔班通古特沙漠荒漠生态系统的维护和修复起着至关重要的作用。

梭梭具有抗干旱、耐盐碱、抵御风蚀的特性，是荒漠区的重要防风固沙植物种之一。寄生在梭梭根部的肉苁蓉具有药用价值，梭梭枝系还可以用作薪柴和牲畜饲料，因此，梭梭不仅具有重要的生态价值，还有可观的经济价值。但是，20世纪 80 年代以来，由于各种自然条件的改变以及人类活动，对梭梭种群生存的生境造成了很大程度的破坏，使得梭梭在荒漠区的分布面积急剧减少。1984 年梭梭被列为我国三级重点保护植物种。1987 年国家环境保护局将其列入《中国珍稀濒危保护植物名录》。随着天然梭梭林的严重破坏和人工梭梭林的衰亡，荒漠区沙化程度也随之加剧，梭梭林的更新复壮形成亟待解决的问题。为了解决这个问题就需要人们全面了解梭梭的内部结构及其与环境变化之间的关系。

研究表明，梭梭通过其各个构件指标的调整和变动适应外界生境的变化，植物构型不仅是植物生长发育和适应环境的结果，一定生长阶段的植株构型也能影响植株进一步的发育和生长。由于植物生长的长期性及自身的遗传特性，不同植物其构型具有明显区别，并且它们在适应不同的外部环境条件时会表现出不同的生态策略，特别是在外部形态特征上。因此，关于梭梭的研究就不能只停留在其抗旱生理、萌发特性、群落结构和分布形式等方面，梭梭植株个体构型的研究也显得极为重要。

何明珠等用组内欧式距离法将荒漠木本植被以外在构型模式划分为 4 个大类，证明不同枝系构型类型反映的是植物对外界生境的不同适应策略。杨曙辉等以新疆莫索湾地区的梭梭为研究对象，利用分形理论对梭梭的植冠构筑型进行了研究，确定了梭梭植株具有分形特征。王丽娟等对天然梭梭、人工梭梭和天然白梭梭进行了植物构型研究，结果显示，天然生境中梭梭和白梭梭构型为不同宽窄的"V"型，证明梭梭和白梭梭构型不仅存在种间种内差异，还受生存环境影响。许强等对民勤不同生长阶段的梭梭枝系构型进行了分析研究，发现其存在龄期差异。有学者对荒漠植物构型研究进展进行了分析总结，综述关于荒漠植物构型所取得的重大研究成果，并且指出了现阶段研究中存在的问题，并对未来的研究进行了展望。

植物构型是植物个体与环境相互作用的最终外在表现，研究不同龄期及不同生境中梭梭个体的枝系构型特征，并分析比较梭梭植物构型对其生存环境变化的适应策略，对深入了解梭梭内部结构及其对环境的生态适应性具有重要意义，不仅可以为梭梭林的更新复壮技术提供理论支持，还可以为荒漠生态系统修复和重建提供科学的理论参考。

7.1.2　研究意义

由于荒漠化逐渐加剧以及梭梭的价值在荒漠生态系统中的地位越来越重要，使得越来越多的学者开始关注梭梭属植物，并对其进行了大量的研究、取得了突破性成果。土库曼斯坦和以色列开展的梭梭研究较多，主要集中在梭梭的无性繁殖技术，梭梭的地理分布与生态条件，沙漠灌木梭梭对草场的改良，梭梭苗的形态学研究等方向。我国对梭梭属植物的研究始于 20 世纪 50 年代，主要集中在梭梭属植物的分布范围、植物学特性、生理特性、生态功能、抗旱抗风蚀机理及更新复壮技术等方面。但对梭梭属植物生长的动态过程及不同生境中梭梭属植物生态适应性的研究较少，尤其是对不同生境下梭梭属植物构型差异以及构型模型创建的研究少之又少，从而影响了人们对梭梭植物构型在适应生境变化的过程中所做调节的了解，也阻碍了人们动态了解梭梭植株各构件在空间里的排列变化。因此，限制了我们对梭梭植物个体生态适应机理深入、详细、全面的认识，减缓了梭梭林更新复壮的节奏，进而影响了荒漠化防治的进程。

研究表明，荒漠植物对环境的适应可以通过植株个体各个构件排列方式的改变即构型的变异实现。那么，荒漠植物梭梭在适应高温干旱的荒漠环境时，龄期不同其适应策略有何不同？其植株构型是怎样变异的？都有哪些构型模式？梭梭植物构型和不同的生境之间存在着怎样的反馈机制？解决了这些问题，有助于我们深入了解荒漠植物梭梭的生态适应性，从而为防风治沙及生态系统的维稳提供科学理论支持。

综上所述，虽然近年来对梭梭构型的研究取得了重大的成果，但还留有很大的研究空间，总体上缺乏对不同大的生境里梭梭构型的纵向比较分析研究，对不同年龄阶段梭梭枝系构型的研究也欠深入，同时对梭梭根系构型的研究未见报道，研究大都停留在二维水平上的简单研究，缺少三维空间的植物构型模型的研究。

7.2　研究区概况

7.2.1　自然概况

实验依据降水差异在古尔班通古特沙漠南边自西向东依次选择克拉玛依地区、121 团地区、150 团地区、阜康地区、奇台地区 5 个样点。古尔班通古特沙漠位于新疆准噶尔盆地的中央地带，是中国第二大沙漠，也是中国面积最大的固定和半固定沙漠，整个古尔班通古特沙漠地理坐标位于 44°11′～46°20′N，84°31′～90°00′E，海拔 400～600 m，是典型的温带大陆性干旱气候；夏季燥热干旱，冬季酷寒漫长，年日温差比较大，年均降水 70～150 mm，春季和夏季的降水分配多于秋季和冬季；年均温 6～10℃，年平均日照时数达 3 000 h，6—8 月平均日照时数在 10 h 以上；年平均蒸发量在 2 000 mm 以上，是降水量的 20 倍甚至

30 倍之多；一般情况下，在 11 月下旬或 12 月出现积雪，厚度超过 20 cm，次年
3 月下旬左右积雪融化，积雪持续覆盖时间最长达 150 d。所选样地环境概况如
表 7-1 所示。

表 7-1　梭梭种群不同生境环境调查

样地	地理坐标	海拔/m	日均温/℃	日均湿度/%	土壤pH	WCS/%	年均降水量/mm	年均蒸发量/mm
克拉玛依	45°22′25.12″N 84°59′49.07″E	268	18.9	22.6	7.1	1.21	105.3	2 692
121 团	44°58′05.07″N 85°58′55.76″E	323	20.5	18.7	7.85	1.09	120	1 942
150 团	45°07′52.60″N 86°02′31.34″E	327	19.2	21.8	7.9	1.26	117.2	1 942.1
阜康	44°22′42.48″N 87°53′05.16″E	439	14.6	28	8.1	3.89	145	2 200
奇台	44°11′45.23″N 90°05′16.63″E	475	10.9	37	8.2	5.04	176	2 004.3

7.2.2　植被类型

　　准噶尔盆地荒漠生态系统是全球最具代表性的温带荒漠生态系统，兼备了亚洲荒漠生态系统与戈壁荒漠生态系统两个生物地理区系和植物群落，是全球仅存的温带荒漠生物多样性最为丰富的区域。因此古尔班通古特沙漠荒漠区的植物种类有独特的特点。

　　①植被盖度和物种丰度大，古尔班通古特沙漠南缘固定沙丘上植被覆盖度达40%～50%，半固定沙丘也达 20% 之多，是优良的冬季放牧牧场，荒漠内植物物种很丰富，达 100 多种。除建群种梭梭、白梭梭外，还有柽柳、淡枝沙拐枣（*Calligonum leucocladum*）、野艾蒿（*Artemisia lavandulaefolia*）、大籽蒿（*Artemisia Sieversiana*）、枇杷柴（*Reaumuria soongarica*）、碱蓬（*Suaeda glauca*）、角果藜（*Ceratocarpus arenarius*）、猪毛菜（*Salsola collina*）和一些短期生植物。

　　②植物种类特点突出，植物种类多为耐土壤盐碱、贫瘠和抗干旱、耐高温的

荒漠植物种。

③植物物种生活型多样，有一年生植物、短期生植物和类短期生生活型植物。

古尔班通古特沙漠的植被类型可划分为梭梭、白梭梭、柽柳、淡枝沙拐枣、膜果麻黄（*Ephedra przewalskii*）、驼绒藜（*Ceratoides latens*）、白茎绢蒿（*Seriphidium terrae-albae*）、沙蒿（*Artemisia desertorum*）、短叶假木贼（*Anabasis brevifolia*）9个主要群落和准噶尔无叶豆（*Eremosparton songoricum*）、羽毛三芒草（*Aristida pennata*）和早麦草（*Eremopyrum triticeum*）3个群落。其中，梭梭和白梭梭所占的比重最大。

7.3 研究内容

野外测取克拉玛依、121团、150团、阜康和奇台这5个样地坡顶、坡中和坡底的成熟期、中龄期和幼龄期的各级分枝数、各级分枝长度、各级分枝角度和各级分枝枝径，计算其分枝率、RBD和冠高比，根据分枝数、分枝长和分枝角度等数据，结合环境因子的变化，比较分析其枝系构件的变异，探讨不同生长阶段及不同生境中梭梭的枝系构型变异。主要研究内容：

（1）不同龄期梭梭枝系构型特征研究

①不同龄期梭梭构件指标比较分析；

②不同龄期梭梭枝系整体构型特征；

③不同龄期梭梭枝系构型图。

（2）不同生境梭梭枝系构型特征研究

①不同生境梭梭枝系构件指标比较分析；

②不同坡位梭梭枝系构件指标比较分析；

③不同生境及不同坡位梭梭整体枝系构型特征；

④不同生境及不同坡位梭梭枝系构型图。

7.4　研究方法

7.4.1　标准株的选择

标准株的整体选择标准：

①植株个体生命力旺盛，生长良好，未受人为破坏、沙鼠啃食和病虫的迫害；

②生长环境良好，有足够的水分，光照条件良好；

③种内种间密度适中，留有一定的间距，以防资源竞争对植株构型影响。

7.4.2　不同生长阶段标准株选择

在克拉玛依、121 团、150 团、阜康和奇台这 5 个样地中，各选 100 m×100 m 样方作为研究区，选择各个研究区内幼龄期（基径<1.2 cm）、中龄期（1.2 cm≤基径≤6.5 cm）和成熟期（基径>6.5 cm）3 个不同发育阶段的所有梭梭标准株进行测量。

7.4.3　不同生境标准株选择

在克拉玛依、121 团、150 团、阜康和奇台这 5 个样地，各选 100 m×100 m 样方作为研究区，在研究区内选择基径>6.5 cm（成熟期）的所有梭梭标准株进行取样测量。

7.4.4　梭梭构型研究

7.4.4.1　枝序的确定

枝序的确定有很多种方法，本实验选择向心式法进行测量植株地上部分各个枝系构型指标。方法与 3.4.1 同。当两个相同级别分枝相遇，取下级分枝作为枝级。

7.4.4.2　构型指标的测定

用精度为 0.1 cm 的卷尺测取标准株的植株高度、冠幅和各级枝条的分枝长度，用游标卡尺测取植株基径和各级分枝的枝径，植株各级分枝角度用量角器测量。构型指标的计算与 3.4.4 同。

7.4.4.3 环境因子监测

环境因子分别在克拉玛依、121 团、150 团、阜康、奇台 5 个样地定点测定，利用干湿球湿度计测定温度和湿度。土壤在 3 棵标准株的树下取样，各取 3 个 0～60 cm 土壤样品，作为测定土壤水分、pH 的样本。

7.4.4.4 构型图的绘制

在每个样地选择具有代表性的梭梭植株，素描其整体外观并采集数码照片，根据素描图及照片进行电脑绘图，最后采用 Adobe Photoshop Creative Cloud 图像编辑软件转存为 JPEG 格式作为梭梭植株个体的枝系构型临摹图。

7.5 技术路线

技术路线如图 7-1 所示。

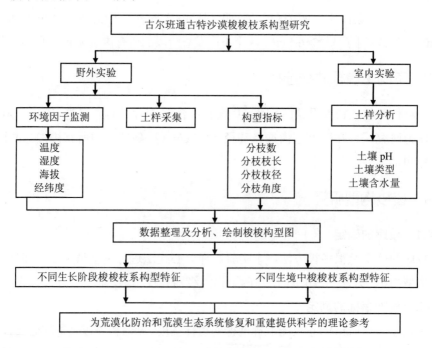

图 7-1 技术路线

7.6　不同龄级梭梭枝系构型特征

　　荒漠植物是在高温干旱的特殊生境中生长的植物种类，因此在荒漠植物生长和发育的过程中，其各个枝系构件的配比和排列与其他植物相比是有所区别的，它们具备适应荒漠条件的特殊生理机制。一定生长阶段的植株构型也会影响其进一步的发育生长。植物生长的过程是漫长的，在其整个生长发育的过程中，其自身的成长和所处的外部环境都在不断地发生变动，为适应周围生存环境，植株会做出有利于自身发育的枝系结构调整。

　　本章研究选择古尔班通古特沙漠南缘克拉玛依、121 团、150 团、阜康、奇台 5 个样地，选择成熟期、中龄期、幼龄期梭梭标准株共 312 棵进行枝系构型研究，旨在研究荒漠植物梭梭在不同龄级的生态适应策略，从而为古尔班通古特沙漠南缘荒漠植物梭梭植物资源保护提供科学的理论参考。

7.6.1　不同龄期梭梭枝系构件指标特征

　　植物枝系构型由植株的分枝率、各级分枝长度、各级分枝角度和 RBD 等构型参数共同影响、决定。分枝率反映的是植株的分枝能力；分枝长度和分枝角度反映了植株的伸展能力；RBD 可用来判断枝条的承载能力强弱，也能够说明上级枝条对下级枝条的承载程度。但是单一构件指标不能反映植物个体的构型特征，各个构件指标之间联系紧密，需协同考量来判断植物个体构型。

7.6.1.1　分枝率特征

　　在研究植物枝系构型的时候，通常用分枝率来表示枝条的分枝能力和植物体各个枝级之间枝条数量的分配情况，有 OBR 和 SBR 之分。

　　（1）OBR 特征

　　OBR 是综合植物个体 N_T、N_s 和 N_1 的平均值计算而来的，反映的是整个植物个体综合的分枝能力，但是不能表现出植物个体各个枝级之间的分枝数量配比。一般而言，OBR 数值越大，植物个体的整体分枝能力越强，对周围资源的利用更有效。

　　比较分析图 7-2～图 7-4 可知，成熟期、中龄期和幼龄期的梭梭分枝率均较大，数值虽表现为成熟期＞中龄期＞幼龄期，但差别较小。这说明随着梭梭的生长发育，其 OBR 差异不显著。但是，总体上，梭梭的整体分枝能力是随着梭梭不断生长逐渐减小的。

（2）SBR 特征

SBR 是通过植物体各个枝级分枝数与下一级分枝数比较计算得来的，所以能表现出植物个体各个枝级之间的分枝数量配比情况，则该级别枝条的分枝能力越强，其对空间资源的利用程度越高；植株的 SBR 越高，则该级别枝条的分枝能力越强，其对空间资源的利用程度越高。

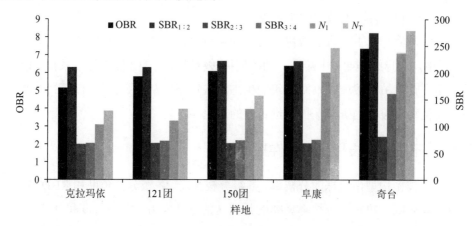

图 7-2　成熟期梭梭分枝率

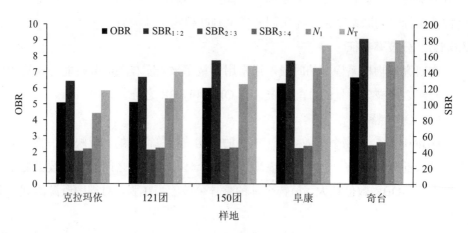

图 7-3　中龄期梭梭分枝率

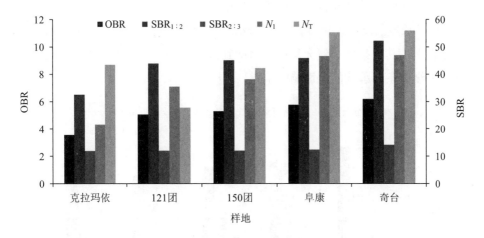

图 7-4　幼龄期梭梭分枝率

比较分析不同龄期梭梭的 SBR，发现 SBR 数值趋势与 OBR 呈相反趋势，为成熟期<中龄期<幼龄期，且各龄期 SBR 变化趋势为 $SBR_{1:2}$>$SBR_{3:4}$>$SBR_{2:3}$，$SBR_{1:2}$ 均较大。幼龄期梭梭 $SBR_{1:2}$ 远远大于 $SBR_{2:3}$。这表明梭梭在生长的开始会不断地萌发新枝，可是随着梭梭不断长大，枝条萌发会遭遇"瓶颈"，转而向扩大生长空间的方向变化，从而减少枝条的萌发，因而表现出低的 $SBR_{2:3}$ 和高的 $SBR_{3:4}$。这也说明 2 级和 3 级分枝为影响梭梭植株构型的主要枝系构件。

7.6.1.2　分枝长度特征

分枝长度是衡量枝系向空间伸展性能的主要指标之一。一般情况下，植物个体枝条的空间伸展能力越强，代表其对空间资源的利用范围越广；植物个体枝条的空间伸展性能越弱，代表其对空间资源的利用范围也越小。

据图 7-5～图 7-7 可知，幼龄期各级枝长明显小于中龄期和成熟期梭梭各级分枝长度，各级枝长至下一级枝长的增长量也呈现出成熟期>中龄期>幼龄期的趋势，并且各样地梭梭 2 级和 3 级枝条的增长量最大，再次说明 2 级和 3 级枝条是影响梭梭植株构型的主要构件。

不同龄期梭梭的枝长自 1 级至 4 级幼龄期自 1 级至 3 级明显逐渐增大，并且差异显著。但是越往植株最外层枝级，梭梭枝长增长越少，尤其成熟期和中龄期的梭梭，2 级至 1 级枝条的长度增加明显小于 4 级比 3 级以及 3 级比 2 级枝条的长度增长量。而幼龄期梭梭各级枝条增长量较均匀，这说明，随着梭梭年龄的增长，其枝条长度的增长速度存在一个"阈值"。梭梭由幼龄期历经中龄期长至成熟期的过程中，其枝条增长值会呈现出由增到减的趋势，这是受梭梭植株自身上级枝条对下级枝条的承载能力影响的结果。

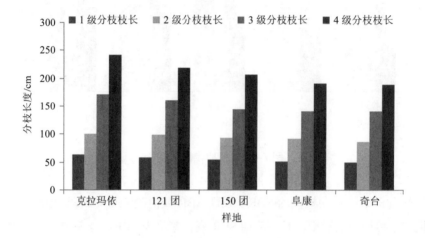

图 7-5　成熟期梭梭分枝枝长

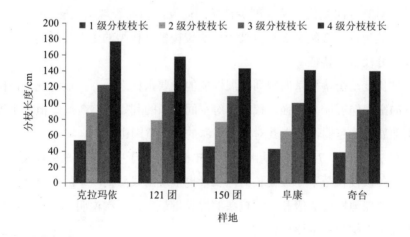

图 7-6　中龄期梭梭分枝枝长

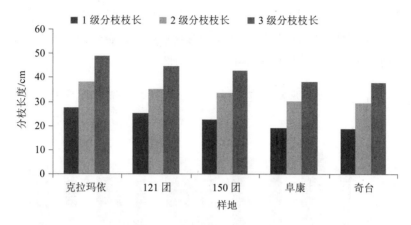

图 7-7 幼龄期梭梭分枝枝长

7.6.1.3 分枝角度特征

分枝角度是衡量植物空间分布能力的一个重要指标之一，其向空间扩展能力影响着叶片对光照、CO_2、温度等的利用。植株生物量的空间分布也同样受到分枝角度大小的影响，因为分枝角度可以决定植株各个枝系构件在单位枝条中的分配比例。通常，植株的分枝角度越大，其向空间的扩展能力也越强，对空间资源的利用也会越有效。

由图 7-8～图 7-10 可知，成熟期、中龄期、幼龄期的梭梭分枝角度自 1 级至 4 级逐渐增大，由 35°左右逐渐增大到 61°左右，即当年生或 1 年生同化枝和干之间的夹角趋于 35°左右，越靠近基部，老枝和干之间的夹角越趋于 61°。但是同级各龄期分枝角度差异不显著，差异值在 5°以内。这证明随着梭梭生长发育，各枝级分枝角度数值趋于稳定。随分枝级数的增加，分枝角度呈现出逐渐增大的趋势，即越往植株外层，分枝角度数值越小，1 级分枝角度是最小的。这是因为随着梭梭逐渐长大，下一级枝条的生物量不断增大，上一级枝条通过增大分枝角度来支撑下一级枝条的重量，从而保证梭梭植株正常的生长。

在对梭梭各级分枝角度测量的过程中还发现，有部分枝条的分枝角度小于 15°或大于 90°。分枝角度小于 15°的枝条出现在成熟期和中龄期分枝枝条非常密集的同化枝上和某些梭梭幼龄期的各个分枝级别中。这可能是由于植物个体为减少枝条重叠、充分利用光能而进行的分枝角度调整，而幼龄期梭梭枝条发育不稳定，一部分枝条是为了充分利用光能，一部分是由于下级分枝生物量少的缘故。大于90°的分枝角多出现在成熟期和中龄期，而且这样的植株整体的分枝也较多，这可能是由于超负重的下级分枝枝数和不均的生物量导致的。

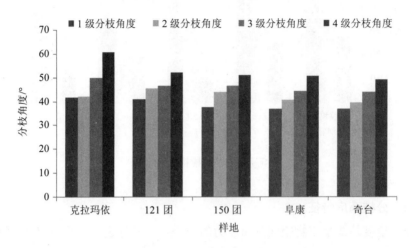

图 7-8　成熟期梭梭分枝角度

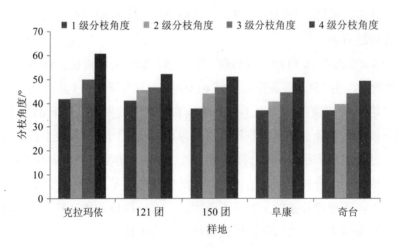

图 7-9　中龄期梭梭分枝角度

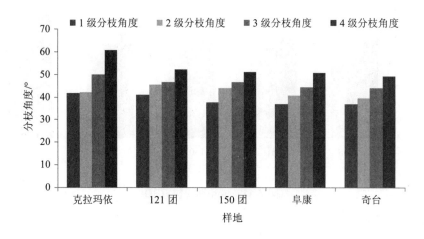

图 7-10　幼龄期梭梭分枝角度

7.6.1.4　RBD 特征

RBD 是反映不同级别枝条之间承载力的指标之一。通常情况下，植株的 RBD 越大，植株个体上一级枝条对下一级枝条的承载能力越强，对应的 SBR 数值越大；植物的 RBD 数值越大，不同枝级枝条间的承载能力越强，对应的 SBR 数值越大。

如图 7-11～图 7-13 所示，各龄期梭梭 RBD 除幼龄期数值总体上表现为 $RBD_{2:1} > RBD_{3:2} > RBD_{4:3}$ 外，这说明梭梭枝条自最高级枝条开始，对下级枝条的承载能力逐渐增强，即越靠近老干的枝，对下级枝条的承载能力越弱。

对比各龄期梭梭 RBD 可知，幼龄期明显大于成熟期和中龄期，这说明随着梭梭年龄增加，而随着分枝级数增加，RBD 逐渐减小。梭梭由幼龄期历经中龄期至成熟期的过程，上级枝条对下级枝条的承载力会经历一个"阈值"，这个阈值出现在梭梭的中龄期；并且 $RBD_{4:3}$ 的数值变化比 $RBD_{3:2}$ 和 $RBD_{2:1}$ 的数值变化小，这表明随着梭梭的枝条的级别越高，其 RBD 越趋于稳定，即 $RBD_{4:3}$ 数值比 $RBD_{3:2}$ 数值稳定，$RBD_{3:2}$ 数值比 $RBD_{2:1}$ 数值稳定。

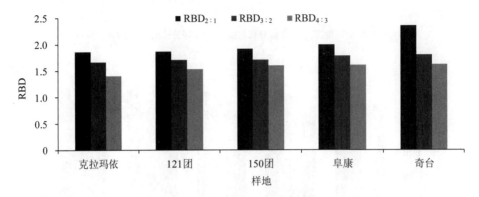

图 7-11　成熟期梭梭 RBD

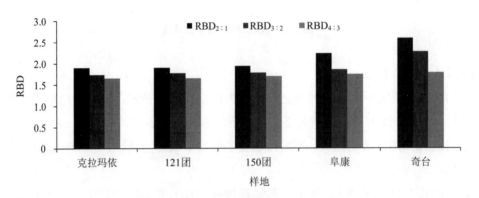

图 7-12　中龄期梭梭 RBD

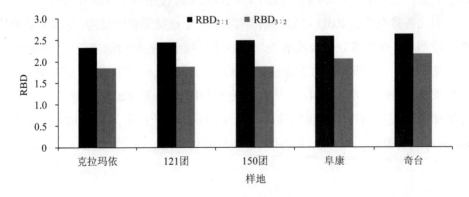

图 7-13　幼龄期梭梭 RBD

7.6.2　不同龄期梭梭整体构型特征

7.6.2.1　冠高比特征

如表 7-2 所示，成熟期各个样地的梭梭植株冠高比有大于 1，也有小于 1 的情况，而中龄期的梭梭植株冠高比小于 1，幼龄期的梭梭植株冠高比小于 0.2。这说明成熟期的梭梭呈发散型生长模式或伸长型模式；中龄期和幼龄期的梭梭冠幅数值小于高度数值，其中幼龄期梭梭植株高度数值显著大于其冠幅数值，即中龄期和幼龄期梭梭整体呈伸长型生长模式，并且幼龄期梭梭呈急速伸长型。

表 7-2　不同龄期梭梭冠高比特征

龄期	样地	基径/cm	植株高度/m	植株冠幅/m	冠高比
成熟期	克拉玛依	8.81	2.92	1.21×1.95	0.81∶1
	121 团	8.48	2.85	1.53×1.62	0.87∶1
	150 团	7.76	2.79	1.68×1.94	1.17∶1
	阜康	8.49	2.87	1.77×1.86	1.15∶1
	奇台	8.64	2.82	1.63×1.87	1.08∶1
中龄期	克拉玛依	3.68	1.84	0.99×1.03	0.55∶1
	121 团	3.59	1.96	1.13×1.23	0.71∶1
	150 团	3.52	2.04	1.25×1.61	0.99∶1
	阜康	4.12	1.81	0.98×1.27	0.69∶1
	奇台	4.16	1.71	0.96×1.18	0.66∶1
幼龄期	克拉玛依	0.79	0.47	0.19×0.28	0.11∶1
	121 团	0.83	0.51	0.25×0.32	0.16∶1
	150 团	0.71	0.55	0.29×0.36	0.19∶1
	阜康	0.69	0.47	0.22×0.29	0.14∶1
	奇台	0.83	0.48	0.21×0.27	0.12∶1

比较各龄期梭梭冠高比可知，成熟期和中龄期的某些样地梭梭冠高比接近 1，而大部分的梭梭冠高比较小且偏离 1。梭梭植株个体冠高比接近 1，说明这类梭梭的外观是呈近球形的，这样的梭梭主要受遗传物质的调控，植冠构型完整，受外界环境的影响较小。梭梭植株个体冠高比偏离 1，说明这类梭梭的外观呈不等边椭球形，并且这些梭梭受环境因素的影响更大，在生长过程中很大程度地影响了

其基于遗传物质表达的构型特征。幼龄期的梭梭冠高比极大地偏离 1，呈现出半径拉长的椭球形外观，这是因为幼龄期梭梭正处于生长期，正在适应环境带来的影响，冠幅和高度数值的表现极为不规律。

7.6.2.2　不同龄期梭梭构型图

　　各龄期梭梭枝系构型如图 7-14、图 7-15、图 7-16 所示。

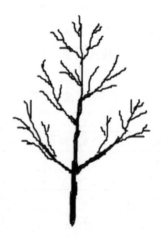

图 7-14　幼龄期梭梭枝系构型临摹（局部枝系）

图 7-15　中龄期梭梭枝系构型临摹（伸长型模式，椭球形外观的局部枝系）

图 7-16　成熟期梭梭枝系构型临摹（发散型模式，近球形外观的局部枝系）

7.6.3　小结

梭梭植株个体在由幼龄期历经中龄期至成熟期的生长发育过程中，其枝系构型的不同受植株自身遗传因素和其生存的外部生境共同影响，本章通过对克拉玛依、121 团、150 团、阜康和奇台 5 个样地、3 个发育阶段的梭梭枝系构件指标进行分析研究，其分析结果有利于人们了解植物的生长动态，并对荒漠植物梭梭群落的资源保护提供科学的理论参考。研究发现，梭梭植株自幼龄期至成熟期，梭梭个体的 OBR、SBR、各级分枝长度、各级分枝角度和各级 RBD 等都发生了或多或少的变化。

（1）不同龄期梭梭 OBR 均较大，其数值呈现出成熟期＞中龄期＞幼龄期的趋势，说明梭梭的整体分枝能力是随着梭梭不断生长而增强的。不同龄期梭梭的 SBR 呈成熟期＜中龄期＜幼龄期的趋势，且各龄期 $SBR_{1:2}$＞$SBR_{3:4}$＞$SBR_{2:3}$，但差异性不显著，$SBR_{1:2}$ 均较大。说明梭梭在生长初期会尽可能地萌发足够多的枝条，但是随着梭梭不断生长，枝条萌发会遭遇"瓶颈"，转而向扩大生长空间的方向发展，同时减少枝条的萌生。

（2）对不同龄期梭梭的各级枝长数据分析发现，幼龄期各级枝长长度明显小于中龄期和成熟期梭梭的各级枝长长度，且差异性显著，各级枝长比下一级枝长的增长量呈现出成熟期＞中龄期＞幼龄期的趋势，并且各样地梭梭 2 级和 3 级枝条长度的增长量最大，这说明，随着梭梭年龄的增长，其枝条长度的增长空间存在一个"阈值"，梭梭在由幼龄期历经中龄期长成至成熟期的过程中，其枝条增长值会呈现出由增到减的趋势。这是受梭梭植株自身上级枝条对下级枝条的承载能力影响的结果。

（3）各龄级梭梭分枝角度自 1 级至 4 级逐渐增大，由 35°左右逐渐增大到 61°左右。但是幼龄期、中龄期和成熟期梭梭植株同级分枝角度差异性不显著，差异值在 5°以内。随分枝级数的增加，分枝角度呈现出逐渐增大的趋势，即越往植株外层，分枝角度数值越小，1 级分枝角度是最小的。这是由于随着梭梭逐渐生长，下级枝条的生物量不断增大，上级枝条通过增大分枝角度来支撑下级枝条的重量，来保证梭梭植株正常的生长。

（4）各龄级梭梭 RBD 数值总体上与 SBR 呈正相关关系，幼龄期各级 RBD 明显大于成熟期和中龄期，说明随着梭梭年龄和分枝级数增长，RBD 逐渐减小。

（5）中龄期和幼龄期梭梭整体呈伸长型生长模式，并且幼龄期梭梭呈急速伸长型生长模式。成熟期和中龄期的少数梭梭是近球形的外观，而大部分的梭梭外观则呈不等边椭球形。幼龄期的梭梭则呈现出半径拉长的椭球形外观。

7.7　不同生境中梭梭枝系构型特征

荒漠植物梭梭作为古尔班通古特沙漠的建群种之一，对整个古尔班通古特沙漠荒漠生态系统的修复和平衡的维持至关重要。有研究表明，植物构型受其外界生存环境影响深重，会随着外界生存条件的变化而调整构型生长策略。因此，对荒漠植物梭梭构型的研究显得极为重要。近年来学者们对梭梭构型及其与环境关系的研究虽有所增多，但是研究对象大多集中在某个样点，缺乏更多生境的纵向比较分析。

本章实验选择克拉玛依、121 团、150 团、阜康和奇台 5 个样地，并在每个样地设 3 种不同生境，即坡顶、坡中和坡底。选择各个生境中的成熟期标准株共 137棵进行枝系构件指标比较分析，以期进一步了解荒漠环境对梭梭枝系构型的影响及梭梭对外界环境变化的适应策略，为古尔班通古特沙漠南缘荒漠生态系统修复和维护提供科学依据。

7.7.1　不同生境梭梭构件指标特征

7.7.1.1　分枝率特征

（1）OBR 特征

由图 7-17～图 7-19 可知，不同样地 OBR 数值为克拉玛依＜121 团＜150 团＜阜康＜奇台，且差异性显著。这说明依样地自西向东，梭梭整体分枝能力是增强的。N_1 和 N_T 数值也遵循克拉玛依＜121 团＜150 团＜阜康＜奇台的趋势，并且最高值奇台与最低值克拉玛依相差悬殊，阜康和奇台两个样地的 N_1 和 N_T 数量明显比克拉玛依、121 团和 150 团的数量多。说明随样地选择顺序自西向东，梭梭植株年新生枝枝条数量变多，并且梭梭枝条对其周围空间资源利用率变高。这与各样地的降水条件有很大的关系，实验样地是按各样地的降水差异设计选择的，自西向东样地的降水量明显增加，WCS 也相应增多，充足的水分支持使得越往东，梭梭越能萌发更多的下级分枝，尤其是梭梭同化枝表现出较大的 OBR 数值。

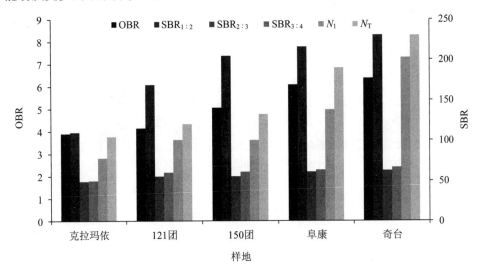

图 7-17　坡顶梭梭分枝率

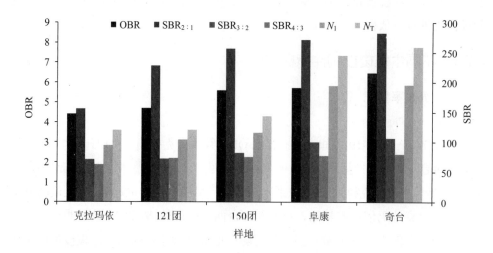

图 7-18　坡中梭梭分枝率

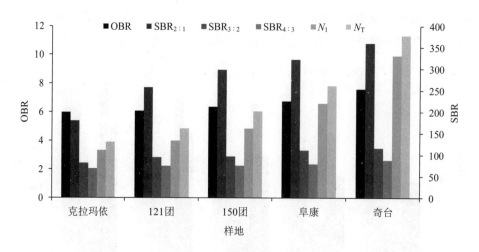

图 7-19　坡底梭梭分枝率

　　不同坡位 OBR 数值为坡顶＜坡中＜坡底，且差异性显著，表明由坡顶至坡底，梭梭的整体分枝能力逐渐增强。因为坡顶的地势较高，光温条件比坡中和坡底好，土壤因为强光照高蒸发而呈现较小的沙土含水量，植株便通过减少枝条萌发来应对外部的高温荒漠环境，以保证正常存活，所以呈现出较高的 OBR。而坡底地形较低，聚水能力强，沙土含水量大，促使梭梭个体能够萌发更多的枝条，最终呈现出较大的 OBR 数值。

（2）SBR 特征

不同样地的各级 SBR 数值大致呈克拉玛依＜121 团＜150 团＜阜康＜奇台的趋势，且差异性显著。这表明 5 个样地的梭梭植株，越往东，其各级枝条的分枝能力越强。这是由各样地的降水、土壤及光温条件共同决定的。按样地自西往东的顺序，随着降水量的增加，沙土含水量也呈增加的趋势，相对较多的水分支持使得越往东其梭梭植株各级枝条越能萌发更多的下级枝条，尤其是当年生枝条更多，并且更为嫩绿和饱满。

不同坡位 SBR 数值大致呈现出坡顶＜坡中＜坡底的趋势，且差异显著，说明自坡顶至坡底，梭梭植株个体各枝级分枝能力增强。这是因为坡底的梭梭植株生长条件较坡中和坡顶好，梭梭枝株有足够的养分支持，各级枝条相较坡中和坡顶要多，呈现出较大的各级 SBR 数值。

7.7.1.2　分枝长度特征

由图 7-20～图 7-22 可知，不同样地梭梭植株个体的各级分枝长度为克拉玛依＞121 团＞150 团＞阜康＞奇台，且差异性显著。5 个样地自克拉玛依至奇台，光照条件减弱，生活在强光下的个体活力旺盛，具有长的枝条和较高的叶面积指数，通过最小的机械支持代价获得最大光合指数。因此，各级枝条的平均枝长会随样地选择顺序自西向东呈现减小的趋势。

不同坡位梭梭植株个体的各级分枝长度为坡顶＞坡中＞坡底，且差异性显著，这是因为在荒漠环境中，坡顶光照强，梭梭的各级枝条平均长度会比坡中和坡底梭梭的各级平均枝条长度稍长。坡底梭梭植株个体的分布比坡中和坡顶多，即分布密度大，光照时间又短，个体间及单位枝条对空间资源的竞争压力比较大，其枝条的生长活力则低于坡顶；比较不同坡位梭梭同化枝枝条平均枝长数据，发现坡顶＞坡中＞坡底，表明坡顶梭梭植株的年生长量大于坡底的梭梭植株，所以坡顶梭梭植株的平均各级枝长长度大于坡底。

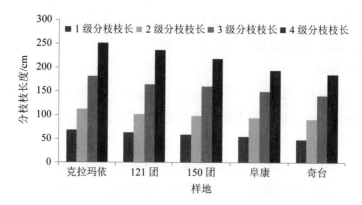

图 7-20 坡顶梭梭分枝长度

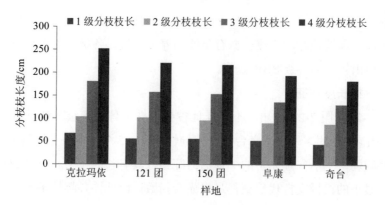

图 7-21 坡中梭梭分枝长度

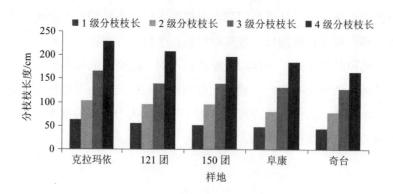

图 7-22 坡底梭梭分枝长度

7.7.1.3 分枝角度特征

不同样地梭梭分枝角度的变化趋势整体上为克拉玛依＞121 团＞150 团＞阜康＞奇台，但差异性不显著。越往奇台方向梭梭外部环境条件相对较好，枝条越繁茂，导致单位枝条的空间竞争压力增大，单位枝条最终分享的空间也越窄小，奇台相比较其他样地，各级分枝角度则相对较小，以便充分利用周围资源，减少枝叶间的竞争压力，更进一步说明了梭梭外部构型特征是自身遗传因素和环境因素相互作用的结果。

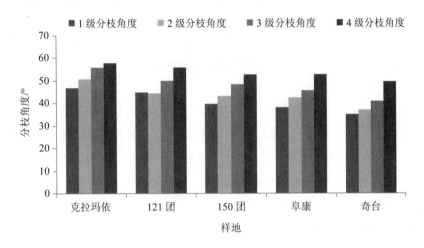

图 7-23 坡顶梭梭分枝角度

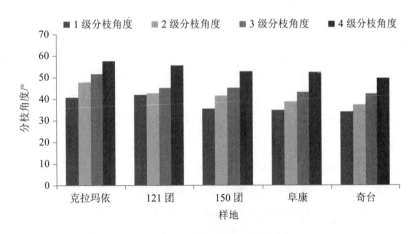

图 7-24 坡中梭梭分枝角度

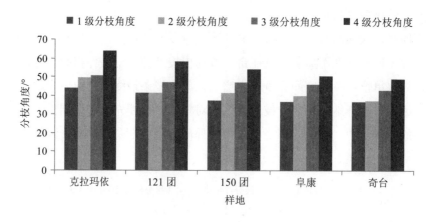

图 7-25   坡底梭梭分枝角度

不同坡位分枝角度表现为坡顶＞坡中＞坡底，但差异性不显著。这是因为坡底植株密度较大，梭梭个体间为进行光合作用而展开对光照资源的竞争，最终以减小分枝角度来获得更多的光照，更大限度地利用光能。而坡顶梭梭植株本身就可以接收充足的光，因此表现出较大的分枝角度，以此减少枝条重叠，更大程度地利用光能。

7.7.1.4   不同生境中梭梭 RBD 特征

由图 7-26～图 7-28 比较分析数据发现，不同样地梭梭植株个体 $RBD_{2:1}$、$RBD_{3:2}$ 和 $RBD_{4:3}$ 大致呈现出克拉玛依＜121 团＜150 团＜阜康＜奇台的趋势，且差异性显著。这说明样地越往东，各级上级分枝对下级分枝的承载能力越强。这是因为越往东至奇台，样地降水越充沛，梭梭植株下级分枝越多，分枝多而形状饱满便需要上级分枝强有力的承载支持，因此会出现大的 RBD 数值。而靠西的克拉玛依等样地，光照强度大，降水相较较少，梭梭枝条虽长但是比较稀少，生物量相比之下小于靠东的样地，因此对上级枝条的承载力要求较小，呈现出小的 RBD 数值。

不同坡位梭梭植株个体 $RBD_{2:1}$、$RBD_{3:2}$ 和 $RBD_{4:3}$ 均为坡顶＜坡中＜坡底，说明越往坡底，梭梭上级枝条对下级枝条的承载力越强，这与坡顶、坡中和坡底的环境条件密不可分，坡顶享受良好的光强，但水分条件不好，因此拥有较小的种间密度，较长的枝条长度减缓了下级枝条对上级枝条的承载力要求，因此 RBD

数值较小。而坡底聚水，种间密度大，枝条短但是繁多，生物量大，因此下级枝条对上级枝条的承载力要求大，呈现出大的 RBD 数值。

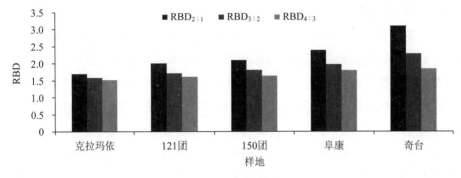

图 7-26　坡顶梭梭 RBD

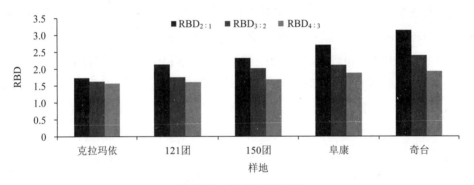

图 7-27　坡中梭梭 RBD

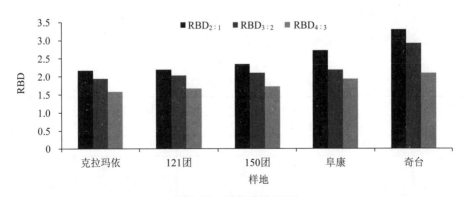

图 7-28　坡底梭梭 RBD

7.7.2　不同生境梭梭整体构型特征

7.7.2.1　冠高比特征

综合各样地坡顶、坡中和坡底梭梭的冠高比数值可知，阜康和奇台的梭梭冠幅和高度数值较为接近，呈现出近球形的外部轮廓，而克拉玛依、121 团和 150 团的梭梭则呈现出椭球形的外部轮廓。这与梭梭对环境的相互适应是密切相关的。

据野外观察发现，克拉玛依、121 团和 150 团的梭梭趋于伸展型生长，最高级分枝角度大，分枝少，同化枝枝条也较少，但是枝条长度要比阜康和奇台的梭梭枝条长度长，并且枝节较长；而阜康和奇台的梭梭趋于发散型生长，最高级分枝角较大，1 级分枝角度由于同化枝枝条繁多而呈现较小的数值，同化枝虽多，但是枝条长度小，枝节也较短。这是由各样地的自然生境决定的。相比较而言，由克拉玛依越往东至奇台，降水量越充足，土壤条件越适宜梭梭生长，野外观察到奇台的梭梭枝条相较其他样地明显更为嫩绿和饱满。

表 7-3 列出了克拉玛依、121 团、150 团、阜康和奇台的梭梭各个坡位的冠高比数值，发现坡顶的梭梭冠高比小于 1，坡中的梭梭冠高比有大于 1 和小于 1 的情况，而坡底的梭梭冠高比则大于 1。说明坡顶和坡中部分梭梭高度明显大于冠幅的生长，呈伸长型构型生长模式，而坡底和坡中小部分梭梭高度小于冠幅的生长，呈发散型构型生长模式。而且，坡顶和坡中梭梭冠高比数值比较接近于 1，坡底梭梭的冠高比数值偏离 1 的情况比较多。数据结合野外观察，发现坡顶和坡中少部分梭梭外观呈纵向不规则椭球形，坡底和大多数坡中的梭梭呈横向不规则椭球形，只有极少的一部分梭梭呈近球形的外观，并且在坡顶、坡中和坡底都有分布。这是由坡顶、坡中和坡底的生境决定的。

表 7-3　不同生境中梭梭冠高比特征

坡位	样地	基径/cm	植株高度/m	植株冠幅/m	冠高比
坡顶	克拉玛依	8.21	2.37	1.35×1.57	0.89：1
	121 团	8.53	2.32	1.29×1.71	0.95：1
	150 团	8.15	2.45	1.27×1.64	0.85：1
	阜康	8.62	2.87	1.54×1.82	0.98：1
	奇台	9.67	2.91	1.43×1.76	0.86：1

坡位	样地	基径/cm	植株高度/m	植株冠幅/m	冠高比
坡中	克拉玛依	9.23	2.47	1.33×1.65	0.89：1
	121 团	8.14	2.34	1.36×1.83	1.06：1
	150 团	8.61	2.64	1.46×1.71	0.95：1
	阜康	8.77	2.73	1.51×1.78	0.98：1
	奇台	9.55	2.53	1.45×1.79	1.03：1
坡底	克拉玛依	7.84	2.14	1.55×1.93	1.40：1
	121 团	9.12	2.76	1.48×1.95	1.05：1
	150 团	7.34	2.54	1.55×2.09	1.28：1
	阜康	8.29	2.52	1.57×1.75	1.09：1
	奇台	9.04	2.06	1.48×1.86	1.34：1

7.7.2.2　不同生境中梭梭枝系构型图

不同生境梭梭的枝系构型如图 7-29 和图 7-30 所示。

图 7-29　克拉玛依、121 团、150 团梭梭枝系构型临摹（坡顶和坡中大部分）

图 7-30 阜康、奇台梭梭枝系构型临摹（坡底和坡中小部分）

7.7.3 小结

荒漠植物梭梭个体通过改变其枝系构件格局来适应其周围的生存环境变化，最后使得梭梭植物个体在不同生境中表现出不同的枝系构型特征。本章选择克拉玛依、121 团、150 团、阜康和奇台比较稳定的成熟期梭梭标准株，研究其在坡顶、坡中和坡底的枝系构件指标特征，分析比较在不同的环境中，梭梭整体构型的变化规律，发现坡顶、坡中和坡底梭梭的 OBR、SBR、分枝长度、分枝角度和 RBD 都发生了一定程度的变化。

（1）充足的水分支持使选择的样地越往东，梭梭越能萌发更多的下级分枝，尤其是梭梭同化枝。因而 OBR 数值呈现出克拉玛依＜121 团＜150 团＜阜康＜奇台，并且差异性显著。SBR 数值呈现出与 OBR 相同的趋势。越往东的样地，其梭梭植株各级枝条越能萌发更多的下级枝条，尤其是当年生枝条更多，并且更为嫩绿和饱满。

坡顶的梭梭植株由于地势较高，光温条件比坡中和坡底好，但土壤因为强光照高蒸发而呈现较小的含水量，植株会通过减少枝条萌发来应对外部的高温荒漠环境，以保证正常存活，呈现出较小的 OBR；而坡底地形较低，聚水能力强，含水量大，促使梭梭个体能够萌发更多的枝条，最终呈现出较大的 OBR 数值。因而不同坡位 OBR 数值表现为坡顶＜坡中＜坡底。

（2）不同样地梭梭植株个体的各级分枝长度均为克拉玛依＞121 团＞150 团＞阜康＞奇台，且差异显著，这个结果是由各个样地的光照条件决定的。荒漠环境中，坡顶享受强光照，梭梭各级平均枝长会比坡中和坡底梭梭各级平均枝条长度稍长。而坡底梭梭植株个体的分布密度大，光照时间又短，个体间及单位枝条对空间资源的竞争压力比较大，其枝条的生长活力明显低于坡顶，因此不同坡位梭梭植株个体的各级分枝长度表现出为坡顶＞坡中＞坡底的趋势。

（3）越往奇台梭梭接受的光照强度越弱，枝条越繁茂，导致单位枝条所承载的空间竞争压力增大，单位枝条分享的空间也越窄小，相比于其他样地，各级分枝角度则相对较小。这更进一步说明梭梭外部构型特征是自身遗传因素和环境因素相互作用的结果。

坡顶梭梭植株可以接收充足的光能，因此表现出较大的分枝角度，以此减少枝条重叠、更大限度地利用光能。而坡底植株密度较大，梭梭个体间为进行光合作用而展开对光资源的竞争，最终以减小分枝角度来获得更多的光照，更大限度地利用光能。因此分枝角度表现为坡顶＞坡中＞坡底。

（4）不同样地梭梭植株个体 $RBD_{2:1}$、$RBD_{3:2}$ 和 $RBD_{4:3}$ 数值大小顺序大致呈现出克拉玛依＜121 团＜150 团＜阜康＜奇台的趋势，这说明按样地选择顺序越往东，各级上级分枝对下级分枝的承载能力越强，这是因为越往东至奇台，样地降水越充沛，梭梭植株下级分枝越多，分枝多而饱满便需要上级分枝的支持，因此会出现大的 RBD 数值。而靠西的克拉玛依等样地，光照强度大，降水相较较少，梭梭枝条虽长但是比较稀少，生物量小于靠东的样地，因此对上级枝条的承载力要求较小，呈现出小的 RBD 数值。

不同坡位梭梭植株个体 $RBD_{2:1}$、$RBD_{3:2}$ 和 $RBD_{4:3}$ 数值大小为坡顶＜坡中＜坡底，说明越往坡底，梭梭上级枝条对下级枝条的承载力越强，这与坡顶、坡中和坡底的环境条件密不可分，坡顶有良好的光强，但水分条件不好，因此拥有较小的种间密度，长的枝条减缓了下级枝条对上级枝条的承载力需求，因此 RBD 数值较小。而坡底聚水，种间密度大，枝条短但是繁多，生物量大，因此下级枝条对上级枝条的承载力要求大，呈现出大的 RBD 数值。

（5）克拉玛依、121 团和 150 团的梭梭趋于伸展型生长，最高级分枝角度大，分枝少，同化枝条也较少，但是枝条长度要比阜康和奇台的梭梭枝条长度长，并且枝节较长；而阜康和奇台的梭梭趋于发散型生长，最高级分枝角较大，1 级分枝角度由于同化枝条繁多而呈现较小的数值，同化枝虽多，但是枝条长度小，枝节也较短。由克拉玛依越往东至奇台，降水越充足，土壤条件越适宜梭梭生长，野外观察到奇台的梭梭枝条相较其他样地明显更为嫩绿和饱满。

由于坡顶阳光充足，梭梭枝条长于坡中和坡底，但是水分补充不足，因此分枝较少，分枝角度大，呈横向发展；坡底聚水能力强，但光照不充足，因此分枝长度虽短，但是分枝数繁多，分枝角度较小，呈纵向发展的趋势。坡顶和坡中少部分梭梭外观呈纵向不规则椭球形，坡底和大多数坡中的梭梭呈横向不规则椭球形，只有极少的一部分梭梭呈近球形的外观，并且在坡顶、坡中和坡底都有分布。

7.8　问题与展望

7.8.1　研究中存在的问题

研究对象只选择了梭梭单个植物种进行了种内构型特征研究，缺乏种间植物的对比分析研究，因此不能够说明梭梭在适应荒漠高温干旱的环境条件时所发生的构型变异是否与其他荒漠植物种有所区别。

本章研究只研究了梭梭植株地上部分枝系构型特征，未能对其地下根系部分的构型进行研究。因此，未能了解梭梭植株在应对外界生境变化时根系所做出的构型变异，这影响了我们对梭梭整体构型生态适应性的全面了解。

未能建立梭梭构型动态生长模型，只是从二维水平研究了不同龄期以及不同生境梭梭植株个体的枝系构型特征，未能立体地呈现梭梭植株个体枝系构件生长模式。

7.8.2　研究展望

梭梭是荒漠生态系统中的建群种之一，对荒漠脆弱的生态系统修复和重建起着至关重要的作用，而梭梭应对外界生境变化的方法主要是通过其构型变异实现，因此，研究梭梭植物构型对了解梭梭的遗传特性及生态适应性有重大意义。今后，在梭梭植物构型的研究中应该从以下几个方面再作努力：（1）梭梭种群与其他荒漠植物种群构型的种间对比分析研究；（2）梭梭根系构型研究；（3）梭梭构型动态生长模型，从三维的角度探讨梭梭构型问题。如果综合生态、植物及生理各个学科，加强对梭梭整体构型的交叉研究，便会为荒漠植物梭梭的构型研究开创一个新的未来，也会为荒漠生态系统的修复及重建做出重大贡献。

第8章 西北干旱区荒漠植物梭梭谱系地理分析

8.1 研究背景和意义

8.1.1 研究背景

（1）谱系地理学的概念

谱系地理学也叫系统发生生物地理学，是国外科学家 Avise J C 等在 20 世纪 90 年代初提出来的，它涉及种群的系统发育过程、物种的时间和空间组分及其迁入/迁出过程等内容，是一门新兴研究内容，常常使用微观研究领域常用的生物化学方法，在基因水平上研究探索造成种群现有分布模式的机理和成因。谱系地理学与一般学科不同的是其有很强的"杂糅性"，研究这个内容会涉及多学科交叉，将其中的精髓融合在一起，同时运用很多学科领域的最新研究方法。

（2）谱系地理学的研究内容

谱系地理学研究的主要内容是分析某物种或者植物种类是如何在群体种间发生分化的，以及分化中受到什么影响，例如，它们在形成过程中是不是环境条件发生了变化；在面对严酷的生存条件时，物种是如何做出相应的生理生化反应（最坏的结果是种群发生大面积的灭绝）。虽然群体分布格局产生的历史背景可以通过历史生物地理学的相关理论解释，然而这种解释并没有涉及在种内水平上的探讨，但谱系地理学却可以追根溯源，描述群体的系统地理格局。

（3）谱系地理学研究中常用的分子标记法

作为一门新兴学科，植物分子谱系地理学研究中主要用到多种分子标记法来对植物系统进化和遗传多样性进行研究，主要有蛋白质标记、DNA 序列分析、DNA 指纹分析、DNA 构象变化分析和 DNA 单链构象多态性分析（SSCP）等。

在这方面，之前的研究大多是应用生物体内的线粒体基因和酶切方法，例如运用各种限制性酶进行酶切，通过对比研究限制性片断长度多态性，分析不同居群间和居群内部之间的亲缘联系及其亲缘远近关系。在一般情况下，线粒体基因很少用来作植物的谱系地理学研究，原因是线粒体这种细胞器里面的遗传物质的种类不稳定且经常相互替换，甚至发生核苷酸构型重新聚合的情况。尽管如此，也并不能把线粒体基因在其他领域的应用价值完全磨灭，例如在研究动物的系统发育关系时还是能发挥很大作用的。

自 1990 年开始，对于谱系地理学的研究越来越受到大家的关注。单从技术含量高低来说，以前的实验技术逐渐被一些分子生物学中简单、操作性强的技术所代替。以前的技术不是工程量大、耗时多就是实验结果不理想，现在人们可以游刃有余地使用聚合酶链式反应（PCR）技术，复制大量的遗传信息，而做到这些只需要很少量的核苷酸。但是同时这就要求提取 DNA 的时候一定要做到高效，DNA 的质量和纯度一定要高，这样最终得到的 PCR 产物的质量才能达到实验要求，才可以用来进行谱系地理学分析。

1）DNA 序列分析

常用分布于细胞中不同地方的 DNA 进行序列分析，如核糖体 DNA（rDNA）、叶绿体 DNA（cpDNA）和线粒体 DNA（mtDNA）。根据基因的表达与否分为编码基因或非编码基因。在植物基因库中，有的基因演化的速度快，有的基因则慢，演化速度有很大的区别。因此我们应该根据研究目的选择不同基因，在不同分类层次上进行物种亲缘联系的讨论，为此在做研究前需要提前选择相应的适合基因。

① rDNA

核糖体 DNA 与一般体细胞基因不同，原因是它的遗传物质的微观结构非常复杂，并且在正常情况下，有直系和非直系基因之分。一般编码区基因在演化速度上比非编码区（内含子与基因间隔区等）基因要慢。就目前的研究现状，核糖体 DNA 内转录间隔区序列（ITS）是应用最广的，除此之外，对其中的 18s 基因的应用也相对较多。因为在被子植物中，这段序列有长度上的优势即具备保守性，也有遗传物质上的丰富性即核苷酸序列的高度变异性；从实际操作难度上来讲，容易使用通用的扩增引物来进行 PCR 和序列测序工作的实施；从应用背景的角度来讲，它在讨论属及属以下分类水平的系统进化研究方面前景广阔。

②cpDNA

高等植物的叶绿体 DNA（cpDNA）呈现 2 条链的闭合圆环的构型，这段基因的片段最小长度是 120 kb，最大长度为 220 kb，大量存在于叶绿体中，并且没有组蛋白等一些大分子构成组合形态。反向重复序列（IR）指在 DNA 链上序列反向相同，正因为这种结构的存在，叶绿体基因就被分割为大单拷贝区与小单拷贝区 2 段，这是 cpDNA 在构造上区别于其他大分子的主要特点。之所以使用叶绿体基因来分析群体的系统亲缘联系和植物谱系地理，是因为这段基因的分子量小，基因的含量很丰富；叶绿休基因的不同部位之间基因演化速度各有差异；在植物体的细胞中，虽然发生分裂，但是最终只会将母本的基因遗传下来。基于以上这些特性，故而 cpDNA 可以被用来研究居群的迁移路线和起源地。而且 cpDNA 编码区与非编码区存在很大差异，编码区的核苷酸替换的速度没有非编码区快，但是非编码区在基因功能上并不会像编码区一样受到很多限制，碱基与碱基之间的转换，缺失位点及插入位点都很多，所以在系统学研究中很常用。

2）DNA 指纹分析

随着分子生物学的快速发展，DNA 双螺旋结构被提出以及 PCR 技术的产生，动植物甚至是微生物的 DNA 多态性检测已经变得简单、方便和准确。之后产生了 ISSR、RFLP、RAPD 等 DNA 指纹技术，这个技术是在 PCR 技术发展起来之后迅速形成的，在居群的遗传分析中开始大量使用该技术。Zink R M 以微卫星序列为基础研究，创建了 ISSR 标记，它是一种显性标记，被运用到的基因片段普遍遵循孟德尔遗传定律。基于 PCR 的 ISSR 具有很多优势，例如可以检测到丰富的遗传多态性和遗传信息位点，测试结果也具备很高的可靠性和重叠性，在居群遗传结构、遗传图谱构建、确定靶基因和珍稀濒危物种遗传多样性保护等研究领域经常被用到。

（4）谱系地理学应用

在现有的学术研究中，可以依据植物的地理分布区域和分布模式，推测和判断该种植物在发展进化史上的经历，例如气候急剧降温，地球板块漂移等。因此，谱系地理学在讨论以上一系列问题时有强大的优势。

1）用来研究植物物种的基因多样性的区域分散模型

种内多态性的地理分布和物种基因多样性分布模式都受到了更新世和全新世气候变化导致的物种地理范围循环往复的扩大与缩小的影响。越来越多的关于cpDNA、mtDNA 和等位酶的研究都发现，在物种自行选择的避难所里面，如果遗传多样性的水平很高，那么就可以充分说明这个居群群体数量会很大，并且是一个发展波动不大的居群。假设在某一个山区或者某条山脉上有一处某物种的避难所，并且该物种发生在一定海拔高度范围内的迁移，这种行为不仅可以让物种瓶颈效应降到最低，还可以反映当时当地气候的变化情况。如果在间冰期的时候，物种因为寻找避难所，某些独有的原始基因或者特性在迁移过程中丢失，那么当冰期结束时，在避难所中形成的某些基因，也会在物种再返回原聚居区的过程中消失。想要保留这些独特的基因，需要历经几次环境变化，多样性就会越积越多，不再丢失。因此，如果恶劣的生存环境持续的时间很久，物种要在避难所中待很长时间，那么从开始进入避难所到最终迁出避难所，物种的基因会发生很大尺度的变异。

2）用来推断植物在冰期时选择的避难所的具体位置

在物种漫长的自然进化历程中，地球环境经常出现温度上升和跌降的情况。生物的分布和扩散都受冰期的气候条件影响。对现代生物类群影响较大的是更新世和全新世冰期，距今最近一次冰期对生物的分布区域、面积和群体大小等方面都产生了较大的影响，主要是向极地方向迁移和扩张；由于随着冰川的消融和温度的回升，幸存生物的分布范围开始扩展并重新扩散。

例如，Sewell M M 等利用限制性片段长度多态性（RFLP）分析等技术分析了北美鹅掌楸群体，发现在北美鹅掌楸种内存在着 2 种单倍型 cpDNA，一种遍及整个阿巴拉契亚高地，而另一种局限于佛罗里达州中部，从而推断这 2 个地区的北美鹅掌楸是更新世冰期残存的物种。

3）用来估测近缘种间的歧化时间

已有研究人员运用 cpDNA、mtDNA 和等位酶研究欧洲、北美洲等地的木本植物，估测在古老避难所内、由不同避难所发展来的后代的群体歧化时间。

4）在保护遗传学中的应用

通过分子系统地理学的研究，了解进化历史对种内遗传变异的影响，对于制定科学合理的物种保护策略有借鉴意义。如果需要估计某一区域的物种多样性水平、评价相关物种及其所占领域的保护学价值，则可以通过分子系统地理学研究物种遗传多样性的空间分布而确定。进化显著性单元（ESUs）这个概念在确定合适的保护单元方面提供了一个理论基础，即使对现存的分类群种内变异到目前为止还没有被充分认知，近年来通过 cpDNA 分子标记进行的系统地理研究为在木本植物中确定 ESUs 的研究奠定了基石，如在欧洲桤木、夏栎、无梗花栎等群体中检测到的不同的 cpDNA 类型可以认为是不同的 ESUs，从而可以依据 ESUs 来确定相应的保护策略。

8.1.2　研究意义

在经历了寒武纪、泥盆纪、侏罗纪，第四纪冰期后，植物种类发生了不同程度的灭绝、演化、迁入和迁出。演变的目的都是在寻找最适宜的聚居区。故而陆地植物出现了种类的多变性和杂糅性。中国在第四纪冰期没有受到大陆冰川的直接侵袭，由于在这个时期亚洲大陆主要受规模较美洲和欧洲的大陆冰川小的西伯利亚大陆冰川的影响，而且在中国，青藏高原、喜马拉雅山区的抬升以及内陆地区形成的东西走向的山脉较多，尤其是秦岭的形成，中国成了许多第三纪植物的避难所，形成特有植物。早在 19 世纪地理和植被科学的记载中，人们就从旅行观察中得到有关植被与气候的知识。如 Von Hunboldt 和 Bonpland A 在 1805 年所著的《植被地理学基础》一书中，描述了植物外貌与气候、地理因子的关系。其后，不少博物学者对此作了更进一步的研究，他们在强调气候在植物分布上的重要性的同时，也详细描述了岩石、土壤、土地利用及人类定居等因素的影响。

第四纪冰期以来的气候快速变化及气候波动周期性是近年来国际古气候、古环境领域研究的热点。从来自海洋、陆地、冰芯等的沉积物中，人们陆续发现了第四纪冰期的气候波动、周期性变化和气候事件的证据。目前对第四纪气候不稳定性的机制仍没有完全一致的认识。据研究，晚更新世时期，位于中国巴丹吉林和腾格里两大沙漠之间的民勤盆地曾有大面积终间湖泊发育，历史时期也曾存在巨大的潴野泽，河流发源于祁连山的石羊河，出山后流经武威冲积平原进入民勤盆地，在自然条件下形成终闾湖泊。由于气候变化和石羊河中游农业的发展，终闾湖泊于 20 世纪 50 年代完全干涸，留下广阔而平坦的沉积平原和沼泽。

第四纪植物群是在第三纪植物群的基础上发展起来的，因此在植物群面貌上仍有第三纪植物群的特点。第四纪冰期的到来，加速了植物群的分化与演化。首先是由于生态类型发生了变化，由木本植物演化出一年生草本植物，通过"一岁一枯荣"，利用种子或者深埋于地下的根部来绕避寒冷、延续生命。其次是植被大规模纬向迁移以适应周期性的寒冷气候，冰期植被大规模向低纬度迁移，间冰期和冰后期植物向高纬度推进。在我国，植被的迁移除了南北迁移之外，还沿经度方向发生了迁移，主要集中在中国东部、中部季风区和内陆区。此外植物还会做垂直方向的迁移，这种迁移局限于山岳地区。通过历史演化形成当今中国的植物地理区系，例如属于亚洲荒漠区域一部分的新疆、内蒙古和青海荒漠地区的优势典型植被类型是温带灌木、半灌木荒漠和小半灌木荒漠植被；能反映水平带的优势植被区系是藜科、蒺藜科的白刺属和霸王属、蓼科、麻黄科、菊科、豆科等；山地植被垂直带谱的特征表现有全山无阔叶林带，山上有草原带，山顶有高山草甸带，北部有寒温针叶林带等。

我国西北半干旱、干旱荒漠植物区系分布格局被反复的气候变化影响，使得遗传多样性也受到影响。植物的遗传多样性有一定的丧失，因为一系列的遗传漂移（比如瓶颈效应、奠基者效应等）和复杂的山地环境，物种之间出现了隔离，基因流被限制，物种的分化和形成加快。目前，对梭梭进行研究的报道主要集中在形态学、解剖学、生理学等方面，对西北地区植物谱系地理格局的认识仅限于少数种属中，应用分子标记技术对梭梭进行研究的报道也仅限于新疆的少数种群或个体。

综合该属的分布特征，梭梭主要集中在西北干旱与半干旱地区。因此梭梭只是一定范围内的广布种，尤其是新疆地区塔克拉玛干沙漠边缘分布特征最明显。由于梭梭分布区的斑块化或梭梭的异质种群结构，无疑为我们研究第四纪冰期物种的进化历史、种群的遗传结构和系统演化关系提供了一个良好的研究材料。

使用通用的分子谱系地理学方法，通过对自然分布区的种群取样，用分子手段研究梭梭在进化上的亲缘关系，全面分析该类群的起源和扩散规律，以期为该种植物系统演化途径的研究、鉴定及分类提供依据，为科学确定梭梭起源与扩散路线提供有力证据。

8.2　研究内容

8.2.1　梭梭种群间亲缘关系研究

利用 cpDNA 非编码区序列和多拷贝 rDNA ITS 序列，对梭梭及近缘的戈壁藜属样品进行序列分析，构建遗传距离矩阵、分子系统发育树，确定梭梭种群之间的亲缘关系远近以及系统发育关系。

8.2.2　梭梭谱系地理学研究

本章对梭梭谱系地理学研究所用到的序列是来自叶绿体 DNA 的 psbA-trnH，它不是编码区的片段。首先从梭梭居群之间和居群内部的基因多样性方面展开研究，从而确定不同居群的遗传多样性水平。在讨论种群基因多样性的来源时会使用到分子生物学方差分析（AMOVA）。为建立梭梭基因谱系树，本章将研究梭梭所有居群的 cpDNA 单倍型间的谱系分化关系。根据测序结果，分析得到单倍型数量，结合采样具体地点，在地图上明确标记每种单倍型的分布样式以及分布规律。通过中性检验和失配分布分析，研究梭梭居群的发展和扩散动态，了解梭梭在一定采样区域内的进化过程。

8.3　技术路线

技术路线如图 8-1 所示。

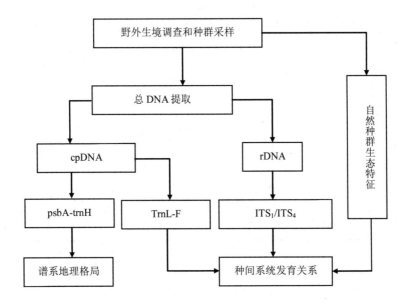

图 8-1　技术路线

8.4　梭梭亲缘关系研究

8.4.1　材料、试剂和仪器

8.4.1.1　野外采集实验材料

　　本章总共选取 12 个自然地理分布区的天然梭梭群体作为研究的供试材料,分别采集于准噶尔盆地周边与隶属于腾格里沙漠的内蒙古阿拉善左旗和甘肃民勤县地区。这 12 个样地分别是位于新疆艾比湖、精河、121 团、150 团、克拉玛依、阜康、杜热、福海、富蕴、奇台地区,内蒙古阿拉善左旗和甘肃民勤青土湖地区,具体见表 8-1。

表 8-1　梭梭居群取样地点

样地名称	编号	经度	纬度	海拔/m	生境
艾比湖自然保护区	A	45°09′35″N	82°33′47″E	200	盐漠、沼泽、滩涂
精河	J	44°35′59″N	82°53′29″E	509	砾质荒漠
121 团	121	44°58′05″N	85°58′56″E	322	半流动沙丘
150 团	150	45°07′53″N	86°02′31″E	335	半流动沙丘
克拉玛依	K	45°05′56″N	86°14′31″ E	335	平缓沙地
阜康	FK	44°22′53″N	87°53′28″E	437	平缓沙地
杜热	DR	46°30′41″N	88°31′48″E	666	荒漠戈壁滩
福海	FH	47°07′12″N	87°30′15″E	606	荒漠戈壁滩
富蕴	FY	46°38′21″N	88°36′33″E	787	荒漠戈壁滩
奇台	Q	44°14′01″N	90°04′04″E	747	半流动沙丘
内蒙古阿拉善左旗	AZQ	39°34′51″N	105°44′41″E	1 051	平缓沙地
民勤青土湖	M	39°08′27″N	103°38′29″E	1 307	流动沙丘

对每个居群采样时都按统一要求进行，即居群的规模越大，采样数越多，但是平均每个居群都要收集到 15～20 个个体，并且个体之间的距离要严格按照标准，即距离要在 50 m 甚至更远的距离以上（图 8-2）。采集样本应具备的条件是生长良好，无病斑的幼叶。从野外采集梭梭幼嫩同化枝用硅胶干燥剂封装、摇匀，使叶片和硅胶充分接触，迅速带回实验室常温保存，并定期更换硅胶，用于总 DNA 的提取。共取 196 个个体作为研究梭梭 ITS 序列的样本，采集 220 个个体作为研究梭梭 TrnL-F 序列的样本。所采群体基本覆盖了梭梭在国内的大部分自然分布区。

图 8-2　梭梭居群样地分布

8.4.1.2　实验试剂

变色硅胶（15 g）、聚乙烯吡咯烷酮（PVP）粉、石英砂、纯液氮、2×十六烷基三甲基溴化铵（CTAB）提取缓冲液、提取裂解液、β-巯基乙醇、苯酚：氯仿：异戊醇（体积比 25：24：1）溶液、二甲基甲醇、70%的酒精溶液、双蒸水、RNA 酶、10%三羟甲基甲烷（Tris）-乙二胺四乙酸（EDTA）（TE）缓冲液，Tris-乙酸 EDTA（TAE）缓冲液（高温灭菌），Ethidium Bromide（EB）、10×PCR 缓冲物（buffer）（含二价镁离子）、氯化镁（25 mmol/L）、dNTPs（10 mmol/L）、引物（Primer）×2、TaqDNA 聚合酶（5 U/μL），琼脂糖（Agarose），TagDNA 聚合酶，琼脂糖胶回收试剂盒等。

8.4.1.3　实验仪器

微量移液枪、振动漩涡机、超微量核酸蛋白检测仪 ND-2000、SubCell GT 型电泳仪，凝胶电泳成像分析系统、切胶系统、温度梯度 PCR 仪，普通 PCR 仪，低温冷冻离心机等。

8.4.2　实验方法

8.4.2.1　总 DNA 的提取

使用已经优化了的 CTAB 法提取 DNA，从硅胶干燥过的叶片材料中提取梭梭的总 DNA。具体步骤如下：

（1）取梭梭植物干叶片 0.1 g，加入适量 PVP 粉、石英砂，置于干净的研钵中，加入液氮快速研磨成粉；

（2）在 1.5 mL 的离心管中加入 700 μL 提前准备好的裂解缓冲液，立即将上一步粉末与之用振动漩涡机混匀；

（3）将离心管对称放置在离心机上，严格控温在 4℃，转速 12 000 r/min 条件下离心 15 min，弃上清液；

（4）将提前预热到 65℃的 2×CTAB 提取缓冲液约 1 000 μL 加入 1.5 mL 离心管中，在通风橱里面加入 2%的 β-巯基乙醇 10 μL，用漩涡机振荡混匀，立即放入 65℃水浴锅中，水溶 1 h，在此期间缓缓上下颠倒晃动离心管；

（5）冷却至室温，在 12 000 r/min 转速下离心 6 min；

（6）转移上清至新离心管，加入等体积苯酚、氯仿、异戊醇体积比 25：24：1

的溶液，轻缓地上下颠倒摇晃约 50 次，于 4℃条件下 12 000 r/min 的转速离心 15 min，抽提上清液，重复该步骤 1~2 次；

（7）轻微地转移上清至灭过菌的 1.5 mL 离心管中，切忌将离心层吸入移液枪内，接着加入已有液体 2 倍体积的异丙醇（提前预冷至 –20℃），在 –20℃冰箱中放置 1 h，观察是否有乳白色丝状物质沉淀出来；

（8）将产生沉淀的离心管于 4℃温度下，12 000 r/min 转速下连续离心 10 min后，倒掉上清液，并在带有鼓风机的工作台上放置 5 min，待里面液体被吹干后，沉淀中加入 700 μL 70%的酒精润洗，再离心，弃上清液，再润洗，总共重复此步骤 2 次，等到沉淀干燥后，切记要将乙醇挥发干净，接下来将沉淀溶于 30 μL 双蒸水中，外加 10 μL RNA 酶；

（9）在 37℃水浴锅中溶解 15 min；

（10）定量测定 DNA 含量；

（11）在 –20℃条件下保存备用。

8.4.2.2 DNA 的定量

将上述方法所获 DNA，用超微量核酸蛋白检测仪 ND-2000 分别测定在 260 nm 和 280 nm 下的吸光光度比值（OD_{260} 和 OD_{280} 比值），计算待测模板 DNA 的纯度和浓度，同时使用 DL 2000 Marker，用 2%的琼脂糖凝胶电泳，测定所提取 DNA 的质量。

8.4.2.3 基因序列扩增

（1）nrDNA ITS 片段的扩增

每个种群随机抽取 10~12 个个体提取 DNA 并进行扩增，nrDNA ITS 片段包括 ITS_1、5.8 SrDNA 和 ITS_2，引物采用通用引物。反应体系与 cpDNA TrnL-F 相同，都为 50 μL 体系，但反应程序不同。

ITS 序列 PCR 反应程序：

94℃预变性 2 min；

94℃变性 40 s；

55℃退火 1 min；

72℃延伸 1 min；

对以上变性到延伸这 3 个步骤设置循环 35 个；

PCR 产物在 4℃下保存。

PCR 扩增产物的检测：将 PCR 产物用 0.8%的琼脂糖凝胶电泳检测（电泳条件为加入 EB 0.5 μg，电泳时间 50 min，电压 80 V），然后在凝胶成像仪上成像，观察是否有扩增目的条带。

（2）cpDNA 序列的扩增

①引物的筛选

为了得到适用于研究梭梭系统发育关系和亲缘关系的叶绿体 DNA（cpDNA）片段，用来自同一个居群的不同个体分别扩增 4 对叶绿体 DNA 片段，见表 8-2。

表 8-2　用于筛选的 cpDNA 引物序列、大小及退火温度

序号	引物	引物序列 5′—3′	大小/bp	退火温度/℃
1	trnL	CGAAATCGGTAGACGCTACG	1 200	55
	trnF	ATTTGAACTGGTGACACGAG		
2	psbA	CGAAGCTCCATCTACAAATGG	400	62
	trnH	ACTGCCTTGATCCACTTGGC		
3	trnS	GCCGCTTTAGTCCACTCAGC	800	58
	trnG	GAACGAATCACACTTTTACCAC		
4	psbB	GTTTACTTTTGGGCATGCTTCG	853	55
	psbF	CGCAGTTCGTCTTGGACCAG		

②扩增

扩增反应在 PE-9600 PCR 扩增仪上进行，反应体系为 50 μL。

PCR 反应体系如下：

10×PCR buffer（Mg^{2+}）	5 μL
dNTPs（10 mM）	4 μL
primer×2	1.0 μL×2
TaqDNA 聚合酶（5 U/μL）	1.0 μL
DNA 模板（40 ng/μL）	2 μL

用无菌的去离子水补至 50 μL。

PCR 反应程序：

94℃预变性 3 min；

94℃变性 30 s；

55～62℃退火 30 s；

72℃延伸 90 s；

回到第 2 步，共 35 个循环；

PCR 产物在 4℃下保存。

8.4.2.4　PCR 扩增产物的纯化与测序

将获得的 PCR 产物通过 1%的琼脂糖凝胶电泳，并用 EB 染色，用图像分析仪观察，凝胶成像系统拍照观察。

扩增产物用 1%琼脂糖凝胶电泳检测，筛选出条带清晰且无杂带的产物，将其对应的引物、反应条件及反应体系进行记录。

将条带清晰的扩增产物用胶回收试剂盒进行纯化回收，纯化后进行测序，测序引物与 PCR 扩增引物相同，对序列进行正反向双向测序。

8.4.2.5　序列分析及系统发育分析

（1）对所获得的各居群的 ITS 序列和经过筛选得到的合适的 cpDNA 序列在美国国家生物技术信息中心（NCBI）数据库中进行同源性检测，以确认所测序列的准确性。

（2）于数据库中搜索其他与梭梭属同科植物的 ITS 序列和 cpDNA 基因序列信息，作为构建系统发育树的外类群。

（3）对测序结果 ITS 序列和 cpDNA 序列进行分析，对少数误判碱基进行碱基峰形更正，更正后测定各条序列长度、4 种碱基的含量以及 G+C%值，对变异位点进行统计。

（4）对通过测序之后得到的序列进行拼接，得到双向序列，再对每一个居群的序列进行全序列比对。

（5）进行系统发育分析，建立遗传距离矩阵，并用邻接法（N-J）建立以叶绿体基因为基础的亲缘进化树，其中运用到的是 Kimura-2 参数遗传距离模型，为了证明树形的正确性，建树的时候进行 1 000 次自展分析来测试可信度，如果序列中间存在缺失，那么就当成丢失来处理。

8.5 结果与分析

8.5.1 DNA 定量结果

对梭梭居群的每个个体，使用 CTAB 法提取 DNA 之后，使用超微量核酸蛋白检测仪 ND-2000 分别测定了核酸的总浓度，OD_{260}、OD_{280}、260/280 以及 260/230 的值，表 8-3 中是对奇台 16 个居群提取 DNA 之后得到的测定结果。其中奇台居群第 10 个个体的核酸浓度是最高的，浓度达到 1 004.1 ng·μL^{-1}，核酸浓度最低的是第 7 个居群，浓度值为 450.4 ng·μL^{-1}。通过 260/280 的比值，可以判断在提取过程中 RNA 是否被去除干净，如果 260/280 为 1.8～2.0，说明 RNA 并没有影响提取的质量，从表 8-3 中可以看出，大部分个体都符合这个要求。运用 260/230 的值可以判断提取的 DNA 中是否还有残存的盐离子和小分子量的杂质。由表 8-3 可知，除个别个体也许被杂质污染，其余个体的质量都是很高的。从总体上来说实验中使用 CTAB 法对梭梭同化枝进行 DNA 提取，提取质量还是比较高的。

表 8-3 梭梭居群 DNA 定量结果

居群	核酸浓度/（ng·μL^{-1}）	OD_{260}	OD_{280}	260/280	260/230
Q1	932.8	18.657	8.328	2.02	2.68
Q2	750.4	15.631	8.084	1.89	2.26
Q3	648.4	14.002	7.225	1.67	2.29
Q4	587.3	12.647	10.441	1.66	2.3
Q5	688	14.521	5.767	2.12	0.83
Q6	521.2	11.284	6.817	1.86	2.16
Q7	450.4	10.275	5.931	1.76	0.69
Q8	593.9	12.961	11.246	1.94	2.19
Q9	956.1	18.213	10.476	1.98	2.18
Q10	1 004.1	21.549	14.618	1.87	2.02
Q11	592.5	13.011	8.112	2.3	0.66
Q12	600.5	13.312	5.452	1.78	3.29
Q13	531.2	11.836	4.476	2.12	1.1
Q14	532.8	11.649	4.57	1.96	0.88
Q15	710	14.569	8.925	1.78	1.99
Q16	680.3	14.155	8.741	1.42	0.85

8.5.2 基于 ITS 序列扩增的系统发育分析

8.5.2.1 实验材料 DNA 提取及 PCR 扩增产物的电泳结果

对提取的 DNA 进行琼脂糖凝胶电泳后，得到阜康居群部分个体的 DNA 电泳图（图 8-3），从图中可以看到大部分条带都清晰明亮且单一。然后观察内蒙古阿拉善左旗居群部分个体 ITS 序列 PCR 产物的扩增结果（图 8-4），发现扩增产物条带约 750 bp。

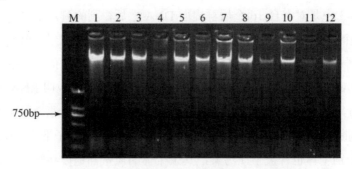

图 8-3 阜康梭梭部分个体的 DNA 电泳结果

注：M 为 DL2 000；1～12 分别为阜康梭梭居群部分个体。

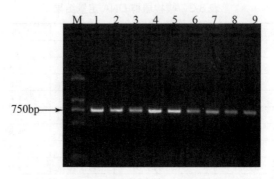

图 8-4 阿拉善左旗梭梭居群部分个体 ITS 序列 PCR 扩增结果

注：M 为 DL2 000；1～9 分别为阿拉善左旗梭梭居群部分个体。

8.5.2.2 梭梭 ITS 序列长度，G+C 的百分含量[（G+C）%]和变异位点的结果分析

对梭梭不同居群的 ITS 序列进行 DNA 序列分析表明，不同居群的序列长度为 667～716 bp，其中富蕴样地梭梭居群 ITS 序列长度最短，克拉玛依的居群 ITS

序列最长，其余地区的序列长度都很接近，腺嘌呤（A）、胸腺嘧啶（T）、胞嘧啶（C）和鸟嘌呤（G）的含量占序列总核苷酸碱基数的比例分别为 19.13%～21.79%、18.83%～21.03%、28.81%～30.84%、29.10%～30.72%，序列中 G+C 的百分含量为 58.19%～60.65%。梭梭的这段 ITS 序列中发生了频繁的替换、缺失和插入，其中有 203 个颠换（其中 42 个 A-T，52 个 A-C，54 个 T-G，55 个 C-G），170 个转换（其中 83 个 A-G，87 个 C-T），16 个碱基缺失，26 个碱基插入。序列对位排列长度是 732 bp，其中包括 415 个可变信息位点，308 个保守位点和 371 个简约性信息位点。

8.5.2.3　梭梭不同居群的遗传距离分析

在对梭梭 12 个居群 ITS 序列比对的基础上，利用软件 Mega 6.0 计算梭梭 12 个自然居群的遗传距离，如表 8-4 所示。计算结果表明，梭梭居群的遗传分化距离的变化范围为 0.001～0.565，150 团与富蕴样地的遗传距离最大，为 0.565，说明其亲缘关系最远，121 团与富蕴样地梭梭的遗传距离次之，值为 0.425，说明这两个居群的亲缘关系也较远。阜康与内蒙古阿拉善左旗的梭梭居群遗传距离最小，值为 0.001，表明其亲缘关系最近，其次是 121 团与克拉玛依样地梭梭居群，其遗传距离值为 0.002，说明它们的亲缘也相对接近。

表 8-4　梭梭自然居群间基于 ITS 序列比较的遗传距离

样地居群	150	121	FK	K	DR	AZQ	FH	FY	Q	A	M	J
150												
121	0.014											
FK	0.158	0.160										
K	0.135	0.002	0.160									
DR	0.126	0.006	0.158	0.014								
AZQ	0.158	0.206	0.001	0.206	0.128							
FH	0.206	0.308	0.304	0.304	0.308	0.304						
FY	0.565	0.425	0.308	0.308	0.325	0.308	0.126					
Q	0.014	0.246	0.158	0.304	0.304	0.128	0.304	0.308				
A	0.098	0.135	0.206	0.176	0.158	0.206	0.014	0.124	0.245			
M	0.134	0.201	0.306	0.156	0.107	0.174	0.156	0.481	0.301	0.346		
J	0.172	0.009	0.124	0.121	0.105	0.308	0.101	0.126	0.241	0.003	0.374	

8.5.2.4 梭梭不同居群系统发育进化树的结果分析（ITS 序列）

本章选择的外类群是与梭梭同科的盐生草（*Halogeton glomeratus*）、戈壁藜（*Iljinia regelii*）、白枝猪毛菜（*Salsola arbusculiformis*），根据分子生物学数据和分子系统学研究重建基因树（图 8-5）。外类群经常选择那些能反映较多系统发育信息并且与内类群亲缘关系较近的物种。121 团、150 团、精河、艾比湖、克拉玛依以及杜热梭梭居群聚在一起，自展支持率达到 88%，说明这几个居群的梭梭亲缘关系非常接近。阜康、民勤和内蒙古阿拉善左旗的梭梭居群以 92% 的自展支持率聚为一支。分布于奇台的梭梭居群以 100% 的自展支持率与以上 9 个居群相聚，福海和富蕴地区的梭梭居群分别以 66% 和 51% 的自展支持率依次与自身以上的 10 或 11 个居群相聚。猪毛菜属的白枝猪毛菜与梭梭亲缘较之同科其他属的物种亲缘关系更近，所以其先与梭梭的 12 个居群相聚，戈壁藜和盐生草聚为一支后，才与梭梭居群和猪毛菜相聚，自展支持率也低于 50%，3 种作为外类群的植物均位于系统发育树的外侧。

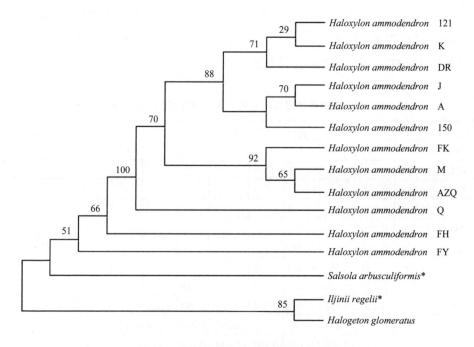

图 8-5　邻接法构建的 ITS 序列系统进化树

注：数字表示各分支自展数据支持率；*表示外类群。下同。

8.5.3　基于 cpDNA 序列及系统发育分析

8.5.3.1　实验材料 DNA 提取结果

由于实验材料涉及 12 个不同居群，所以总体实验材料数量较多，采用优化的 2×CTAB 法提取 DNA 后，对每个个体的 DNA 进行扩增，用 DL2000 Marker 去初步测量所提取 DNA 的碱基量，得到奇台、富蕴居群部分个体的 DNA 电泳图（图 8-6），除个别个体的 DNA 条带亮度较暗，有拖带之外，其他个体的条带均较清晰。

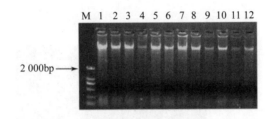

图 8-6　奇台、富蕴梭梭居群部分个体 DNA 提取结果

注：M 为 DL2000；1～12 分别为奇台、富蕴梭梭居群部分个体。

8.5.3.2　引物筛选结果

分别对 cpDNA 引物进行筛选之后，用奇台居群的不同个体 DNA 为模板进行扩增，得到了琼脂糖凝胶电泳结果图：每次都能得到稳定的 psbA-trnH（图 8-10）和 trnL-trnF（图 8-9）扩增产物，两对引物扩增出的条带都很清晰并且明亮，且不含杂带；但是 trnS-trnG（图 8-7）扩增出来的条带暗淡且不单一；psbB-psbF 序列没有扩增条带（图 8-8）。所以，选择 psbA-trnH 序列对梭梭谱系地理学进行探讨；对于梭梭亲缘发育关系的研究，选择的基因片段是 trnL-trnF 序列和核糖体基因中的 ITS 序列。

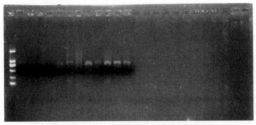

图 8-7　trnS-trnG PCR 电泳结果

图 8-8 psbB-psbF PCR 电泳结果

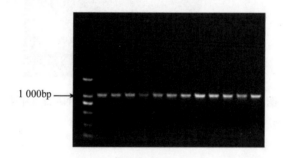

图 8-9 trnL-trnF 序列 PCR 电泳结果

注：M 为 DL2000；1～12 分别为民勤梭梭居群部分个体。

8.5.3.3 cpDNA trnL-trnF 序列 PCR 扩增结果

用 12 个梭梭居群的 DNA 分别作为模板进行 PCR 扩增。甘肃民勤梭梭居群部分个体 PCR 产物的扩增结果如图 8-9 所示，用 1%的琼脂糖凝胶电泳进行检测，发现扩增片段在 1 000 bp 处有明显的亮带。

8.5.3.4 梭梭 TrnL-F 序列长度，（G+C）%的量，变异位点

trnL-F 基因序列主要囊括的是 3'端外显子和 trnL 基因中的部分内含子以及 trnL（UAA）-trnF（GAA）基因的间隔区（IGS），本章选择 12 个梭梭居群共 220 个个体，对所有个体做 trnL-trnF 序列的基因分析发现，不同梭梭居群的 trnL-trnF 序列长度变化范围为 863～1 113 bp（表 8-5），序列最长的是奇台梭梭居群，最短的是富蕴梭梭居群；A、T、C 和 G 的含量占总序列核苷酸总碱基数的比例分别为 30.73%～36.56%、31.76%～36.44%、15.21%～17.54%、14.48%～16.97%，

序列中 A+T 的百分含量[（A+T）%]与（G+C）%分别为 66.25%～69.99%、30.01%～33.75%（表 8-5）。梭梭的 cpDNA 这段序列中发生了频繁的替换、缺失和插入的突变，其中有 328 个颠换（其中 126 个 A-T，80 个 A-C，81 个 T-G，41 个 C-G），256 个转换（其中 122 个 A-G，134 个 C-T），20 个碱基缺失，64 个碱基插入（表8-6）。对位排列长度是 961 bp，其中包括 452 个可变信息位点，393 个保守位点和386 个简约性信息位点。

表 8-5　不同梭梭居群 trnL-trnF 序列特征

居群编号	序列总长/bp	A/个	A%/%	G/个	G%/%	T/个	T%/%	C/个	C%/%	（A+T）%/%	（G+C）%/%
121	1 051	329	31.3	167	15.89	377	35.87	178	16.94	67.17	32.83
A	1 049	331	31.55	160	15.25	374	35.65	184	17.54	67.21	32.79
DR	1 043	326	31.26	170	16.3	369	35.38	178	17.07	66.63	33.37
FH	971	355	36.56	151	15.55	314	32.34	151	15.55	68.9	31.1
FY	863	314	36.38	125	14.48	290	33.60	134	15.53	69.99	30.01
FK	1 020	324	31.76	168	16.47	357	35.00	171	16.77	66.76	33.24
J	1 050	328	31.24	166	15.81	372	35.43	184	17.52	66.67	33.33
K	1 042	326	31.29	162	15.55	375	35.99	179	17.18	67.27	32.73
M	1 039	377	36.28	174	16.75	330	31.76	158	15.21	68.05	31.95
150	1 043	320	30.68	177	16.97	371	35.57	175	16.78	66.25	33.75
Q	1 113	342	30.73	183	16.44	405	36.44	183	16.44	67.12	32.88
AZQ	1 020	372	36.47	168	16.47	324	31.76	156	15.29	68.24	31.76

表 8-6　trnL-trnF 序列提供的信息

序列名称	对位排列长度/bp	保守位点（C）	变异位点（V）	简约信息位点（P）	颠换				转换		缺失	插入
					A-T	A-C	T-G	C-G	A-G	C-T		
trnL-trnF	961	393	452	386	126	80	81	41	122	134	20	64

8.5.3.5　梭梭不同居群的遗传距离分析

在对梭梭 12 个居群 trnL-trnF 序列进行比对之后，计算梭梭居群间的遗传距离矩阵（表 8-7）。计算结果表明，梭梭居群的遗传分化距离的变化范围为 0.001～2.311，克拉玛依与富蕴和福海居群之间的遗传距离最大，值为 2.311，表明克拉玛依梭梭居群与这 2 个居群之间的亲缘关系最远。从其余遗传距离值来看，富蕴和福海梭梭居群与其他梭梭居群之间的遗传距离均较大，表明亲缘关系较远。其余 10 个居群之间，遗传距离值的变化范围为 0.001～0.007。

表 8-7 梭梭 12 个居群的 trnL-F 序列间的遗传距离（左下是距离值，右上是标准差）

居群编号	A	DR	ZY	Q	M	K	J	FY	FH	121	150	FK
A		0.001	0.000	0.000	0.000	0.001	0.000	0.372	0.372	0.002	0.000	0.001
DR	0.002		0.001	0.001	0.001	0.002	0.001	0.367	0.367	0.003	0.001	0.000
AZQ	0.001	0.002		0.000	0.000	0.001	0.000	0.372	0.372	0.002	0.001	0.003
Q	0.001	0.002	0.001		0.001	0.002	0.001	0.372	0.372	0.002	0.000	0.002
M	0.001	0.002	0.001	0.001		0.001	0.001	0.372	0.372	0.002	0.000	0.000
K	0.002	0.003	0.002	0.002	0.002		0.001	0.377	0.377	0.003	0.002	0.000
J	0.001	0.002	0.001	0.001	0.001	0.002		0.372	0.372		0.001	0.001
FY	2.294	2.283	2.294	2.294	2.294	2.311	2.294		0.000	0.375	0.372	0.367
FH	2.294	2.283	2.294	2.294	2.294	2.311	2.294	0.001		0.375	0.372	0.372
121	0.006	0.007	0.006	0.006	0.006	0.007	0.006	2.304	2.304		0.000	0.001
150	0.007	0.006	0.007	0.004	0.004	0.006	0.004	2.167	2.283	0.002		0.002
FK	0.006	0.006	0.004	0.001	0.007	0.003	0.007	2.101	2.294	0.003	0.003	

8.5.3.6 梭梭不同居群的系统发育进化树及其分析

以同属于藜科的大叶藜（*Chenopodium hybridum*）、小白藜（*Chenopodium iljinii*）与球花藜（*Chenopodium foliosum*）这 3 种植物作为外类群构建系统发育树，使用邻接法（NJ）建树。如图 8-10 所示，整个系统发育树分为三大支，且居群之间的自展支持率大部分在 40%以上。福海和富蕴梭梭居群以 90%的自展支持率聚为一支，表明这 2 个居群的梭梭亲缘关系极为相近。3 个外类群以 96%的自展支持率成为系统发育树的第二个分支，且位于整个发育树的外侧。其余的梭梭居群聚为第三大分支，其中，艾比湖、奇台、阜康、内蒙古阿拉善左旗和甘肃民勤梭梭居群以 47%的自展支持率相聚；杜热的居群又以 45%的自展支持率与以上 5 个居群相聚；精河、150 团与克拉玛依的居群聚为一支，自展支持率达到 64%；最后，这 3 个居群以 94%的自展支持率与以上 6 个居群相聚；121 团的梭梭居群最后才聚到第三大分支上。

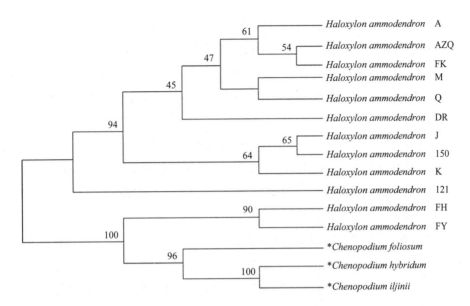

图 8-10 邻接法构建的 trnL-trnF 序列系统发育进化树

8.6 梭梭谱系地理学研究

与动物的 mtDNA 类似,植物叶绿体基因组中不存在重组现象,即植物 cpDNA 是单一、非重组的遗传单位,在下一代可以保持单倍型不变,多数植物的叶绿体基因组为单亲母系遗传。因此,植物叶绿体基因组是研究植物起源和植物的种群变异及谱系地理学的有效工具之一。

近年来,开发的叶绿体基因组序列通用引物越来越多,测序技术也得到长足发展。因此,充分利用叶绿体基因组的序列,可以使对栽培植物起源的研究成为可能。本章即是通过 cpDNA 序列进行梭梭谱系地理学的研究。

8.6.1 研究区概况和居群样本采集

8.6.1.1 研究区概况

研究区位于准噶尔盆地以及甘肃省民勤县和内蒙古阿拉善左旗,准噶尔盆地地区的气候类型属于温带沙漠气候,也称为温带大陆性干旱气候。该区域降水稀少但却比较集中，年最大降水量 150.3 mm，年最小降水量 3.3 mm，年均气温 7.8℃，最高气温 39℃，最低气温 -29.6℃，年蒸发 2 258.8 mm，全年无霜期 168 d，光照 3 181 h，大于 10℃的有效积温 3 289.1℃，终年盛行西南风，主要为西北风，年均风速 4.1 m/s，虽然有风沙危害，但光热资源比较丰富，土壤质地主要为沙质土和壤质土。

甘肃省民勤县东、西、北 3 面被巴丹吉林沙漠和腾格里沙漠包围，属于典型的温带大陆性季风气候。光照充足、昼夜温差较大，年均降水量 110 mm，年蒸发量高达 2 644 mm，昼夜温差 25.2℃，年均气温 7.8℃，日照时数 3 073.5 h，全年无霜期 162 d，很适宜农作物生长。

位于内蒙古自治区西部的阿拉善左旗，地势西北低、东南高，平均海拔 800～1 500 m，最高海拔 3 556 m。属于温带荒漠干旱区，为典型的大陆性气候，以风沙大、日照充足、干旱缺水、蒸发强为主要特点。年均降水量 80～220 mm，年蒸发量 2 900～3 300 mm，日照时间 3 316 d，年均气温 7.2℃，全年无霜期 120～180 d。

8.6.1.2　居群样本采集

本章总共选取 11 个地理分布梭梭居群（奇台、121 团、150 团、克拉玛依、杜热、阜康、精河、福海、富蕴、甘肃民勤、内蒙古阿拉善左旗），作为研究梭梭谱系地理学的实验对象。按居群采样标准对每个居群依据其大小进行随机取样，样株间距大于 50 m。共取 156 个个体用于总 DNA 的提取，作为研究梭梭谱系地理学的实验材料。

8.6.2　试验方法

8.6.2.1　cpDNA 序列扩增和测序

运用前文已经通过筛选得到的 cpDNA 基因 psbA-trnH 序列研究梭梭谱系地理结构。以各个居群的 DNA 为模板，采用 PCR 技术进行序列扩增，反应体系为 50 μL。

psbA-trnH 序列 PCR 扩增反应程序如下：

95℃预变性 5 min；

94℃变性 30 s；

58℃退火 45 s；

72℃延伸 90 s；

重复步骤 2～4，设置 35 个循环反应；

72℃延伸 8 min；

在 4℃条件下保存。

将 PCR 产物用 1%的琼脂糖凝胶电泳，并用 EB 染色，在紫外光图像分析仪上观察，用凝胶成像系统拍照观察。扩增产物用 1%琼脂糖凝胶电泳检测，选择条带清晰且无杂带的产物，将其对应的引物、反应条件及反应体系进行记录。

将条带清晰的扩增产物进行切胶、纯化回收、测序。

8.6.2.2　数据分析

（1）psbA-trnH 序列特征分析

对测序结果 psbA-trnH 序列进行分析，对少数误判碱基进行碱基峰形更正，更正后测定各条序列长度、4 种碱基的含量、（G+C）%值，以及进行变异位点统计。

（2）遗传多样性检测

对所获得的各梭梭居群的序列进行同源性检测，以确认所测序列的准确性；在判定测序结果是我们的目的片段之后，开始对其进行序列峰形图像分析，通过图像分析对误判的碱基进行改正；对序列进行双向拼接，之后对所有居群的序列展开对比性排列；对位排列以后的序列分别从居群水平、个体水平计算遗传多样性指数，用于评估相应的遗传多样性水平；分析梭梭居群所有单倍体基因型（即单倍型）的数量及单倍体基因型多样性指数（Hd）、平均核苷酸差异值（K）、基因核苷酸多样性（Pi）及其标准差（SD）等遗传多样性指数。

（3）种群遗传结构分析

为了分析梭梭群体遗传差异及群体遗传结构，可以分别估算梭梭各个居群内和居群间的遗传变异，利用分子变异分析计算梭梭居群遗传分化指数以及分子变异统计的固定指数，即居群内部固定指数（Fsc）以及两两居群间固定指数（Fst）。所有数据的显著性检验均采用对群体间所有序列的 1 000 次随机抽样进行两两对比的方式。

分别对所有居群的群体分化系数（Gst）和单个居群的群体分化系数（Nst）进行计算，Gst 的计算必须运用单倍型频率，Nst 的计算要把单倍型之间的差异考虑在内。如果想要检验梭梭已经发生变异的单倍体基因型在梭梭植株所在地区的分布模式，那么就要利用 *Nst* 以及 *Gst* 的值来进行比较说明。当 *Gst* 小于 *Nst* 的时候说明在同一个居群中，亲缘关系越是接近，它们的单倍型的差异就越小，说明这个物种在这个居群内出现了显著的谱系地理结构；如果 *Nst* 与 *Gst* 相差不大，则说明所有群体所具有的单倍型在系统学上是平等的，没有明显的谱系地理结构和遗传分化；如果 *Nst* 显著小于 *Gst* 则说明单倍型的地理分布很可能与其遗传距离不相关。

（4）单倍型谱系地理分析

使用叶绿体基因中的非编码区序列 psbA-trnH，在测序的基础之上，建立梭梭所有的单倍体基因型的遗传谱系邻接树。为了检验树形的正确性及合理性，每一个树形在分支时都要采用 1 000 次重复性自展检验。为了研究单倍型的地理分布模式与遗传谱系之间的相关性，我们通过软件 Network 4.2，采用最大简约法对所有梭梭进行种内谱系的单倍型网络分析及单倍型地理分布分析。

（5）中性检验和失配分布分析

通过检测所有的核苷酸是否都是以相同的概率值进行变异，研究群体在长期进化过程中是否经历基因突变和漂移的平衡状态，即中性进化假设模式。本章研究从梭梭居群水平，对居群的 cpDNA 序列进行 Tajima's D 和 Fu and Li's D 以及 Fu and Li's F 中性检验。在常用的中性检验方法中，Tajima's D 主要分析单倍体基因型中各个碱基发生分离的位点数量与核苷酸多样性程度之间存在的某种关系，这种关系用数值 *D* 来鉴别，如果这个值为零，就认为研究居群在进化过程中遵循中性发展假说。当群体经历过瓶颈效应、选择效应或是群体大规模的扩张，*D* 值也许是显著的负值，如果 *D* 值为显著的正值，可能是因为群体经历了选择效应。其余 2 种检验方法，检测目标和前一种不同，区别就在于它们是在叶绿体基因的基础上进行检测，单倍体基因型里面单个碱基的变异和所有的多态性位点两者之间存在什么样的关系。

为了进一步推断梭梭居群在结构上的动态变化，即失配分布，通过比较两两序列差异分布的期望值和观测值来检测群体空间扩张和动态扩张的零假设。失配分布分析即通过群体遗传结构变化上发生的动态事件推断群体大小的发展变化的方法。失配分布曲线在群体处于动态平衡时，一般为多峰曲线。但是如果近期群体大小是在趋于扩张的情况时，失配分布曲线一般为单峰曲线。

8.6.3 结果与分析

8.6.3.1 psbA-trnH 序列扩增和测序

如图 8-11 所示，图中是以内蒙古阿拉善左旗的梭梭居群 DNA 为模板，进行 PCR 反应之后得到的电泳结果图，共扩增了 24 株个体，psbA-trnH 序列的分子量大小在 250 bp 与 500 bp 之间的 350 bp 处有明显亮带。PCR 的扩增条带无杂带，引物二聚体的含量也不高；其中只有 2 个个体的扩增条带不清晰，其他的条带都很清晰明亮而整齐。

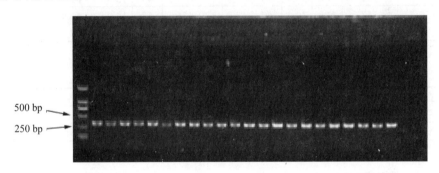

图 8-11　psbA-trnH 序列 PCR 扩增结果（电泳结果）

8.6.3.2 psbA-trnH 序列特征分析

如表 8-8 所示，对梭梭不同居群的 psbA-trnH 序列经分析表明，不同居群的序列长度变化为 343～374 bp，其中富蕴梭梭居群 psbA-trnH 序列长度最短，民勤梭梭居群序列最长，其余地区的序列长度都很接近。A、T、C 和 G 的含量占总序列核苷酸碱基数的比例分别为 29.9%～37.6%、30.5%～37.5%、13.7%～18.4%、13.6%～18.8%，序列中（G+C）%的量为 31.8%～33.6%。在这段 ITS 序列中发生了频繁的替换、缺失和插入（表 8-9），其中有 328 个颠换（其中 126 个 A-T、80 个 A-C、81 个 T-G、41 个 C-G），256 个转换（其中 122 个 A-G，134 个 C-T），20 个碱基缺失，64 个碱基插入。对位排列长度 343 bp，其中包括 210 个可变信息位点，161 个保守位点和 3 个简约性信息位点。

表 8-8 不同梭梭居群 psbA-trnH 序列特征

居群编号	序列总长/ bp	A/ 个	A%/ %	G/ 个	G%/ %	T/ 个	T%/ %	C/ 个	C%/ %	(A+T) %/ %	(G+C) %/ %
121	358	109	30.4	66	18.4	130	36.3	53	14.8	66.7	33.2
DR	343	106	30.9	62	18.1	128	37.3	47	13.7	68.2	31.8
FH	354	133	37.6	48	13.6	108	30.5	65	18.4	68.1	32
FY	344	106	30.8	63	18.3	127	36.9	48	14.0	67.7	32.3
J	356	108	30.3	66	18.5	131	36.8	51	14.3	67.1	32.8
K	355	108	30.4	66	18.6	129	36.3	52	14.6	66.7	33.2
M	374	112	29.9	69	18.4	136	36.4	57	15.2	66.3	33.6
Q	367	111	30.2	68	18.5	134	36.5	54	14.7	66.7	33.2
AZQ	355	108	30.4	65	18.3	133	37.5	49	13.8	67.9	32.1
150	357	108	30.3	67	18.8	129	36.1	53	14.8	66.4	33.6
FK	359	108	30.1	66	18.4	133	37.0	52	14.5	67.1	32.9

表 8-9 psbA-trnH 序列提供的信息

序列 名称	对位排列 长度/bp	保守位 点（C）	变异位 点（V）	简约信息 位点（P）	颠换				转换		缺失	插入
					A-T	A-C	T-G	C-G	A-G	C-T		
psbA-trnH	343	161	210	3	126	80	81	41	122	134	20	64

8.6.3.3 遗传多样性

植物的遗传多样性和群体遗传进化的分析，均取决于对群体多样性程度的测定。核苷酸的多样性是评判给定某个群体中 DNA 多态性的指标，值越大，表明群体的多样性越高，反之则越低。基因序列的单倍型是指具有相同碱基序列的片段。

所有个体经测序后得到的叶绿体基因序列，进行碱基峰形更正和序列对位排列，排列之后 DNA 的多态性水平可以用基因或单倍型多样性来度量，之后再进行序列遗传变异分析及遗传多样性指数统计。

如表 8-10 所示，所有居群总共有 156 个个体的遗传多样性水平较高，其中单倍型数量为 28，总的平均单倍型多样性为 0.939 2±0.005 3，总的核苷酸多样性为 0.047 23±0.004 901，全部居群的平均核苷酸差异数为 3.948 255±1.245 623。就单个居群而言，阜康、121 团和克拉玛依的梭梭居群遗传多样性水平较高，单倍型多样性分别为 0.921 8、1.000 和 1.000，核苷酸多样性分别为（0.275 22±0.003 473）

（0.283 83±0.003 220）（0.293 46±0.002 359）。

表 8-10　梭梭居群内 psbA-trnH 序列遗传多样性参数

居群名称	样本数/个	单倍型数量/个	单倍型多样性参数（Hd±SD）	平均核苷酸差异数（K±SD）	核苷酸多样性参数（Pi±SD）
奇台	16	3	0.915 3±0.056 4	1.443 331±1.995 626	0.013 17±0.003 473
121 团	11	4	1.000 0±0.096 3	3.406 747±2.705 177	0.283 83±0.003 220
克拉玛依	11	4	1.000 0±0.052 8	3.546 613±2.912 044	0.293 46±0.002 359
杜热	8	2	0.836 4±0.088 7	2.690 909±1.548 340	0.002 85±0.001 850
阜康	15	3	0.921 8±0.046 3	5.600 000±2.912 044	0.275 22±0.003 473
精河	14	3	0.917 3±0.066 5	3.709 091±2.028 231	0.016 21±0.002 419
福海	10	2	0.903 6±0.063 9	2.560 606±1.476 553	0.185 57±0.001 757
富蕴	12	1	0.815 4±0.072 5	2.365 216±1.256 811	0.215 57±0.002 635
青海民勤青土湖	22	3	0.802 1±0.056 5	1.942 828±1.524 564	0.009 87±0.005 148
150 团	13	2	0.813 6±0.063 9	2.560 606±1.476 553	0.185 57±0.001 757
内蒙古阿拉善左旗	23	1	0.785 6±0.053 4	1.523 810±2.036 578	0.014 72±0.002 471
全部	156	28	0.939 2±0.005 3	3.948 255±1.245 623	0.047 23±0.004 901

8.6.3.4　种群遗传结构分析

本章研究材料为总计 11 个梭梭居群，对所有的居群计算彼此之间的遗传差异指数（Fst）。结果表明（表 8-11），11 个居群之间，除去富蕴和福海梭梭居群之外，其他所有居群间的遗传差异都不明显；150 团和奇台、民勤的梭梭居群之间遗传分化系数最小 Fst=0.001，但是与富蕴居群之间的遗传分化系数值最大，Fst=0.289（P=0.001）；杜热居群与精河居群之间的遗传分化系数最小 Fst=0.016（P=0.217），与福海梭梭居群相互之间的遗传分化系数最大 Fst=0.396（P=0.001）；而奇台和内蒙古阿拉善左旗居群间的遗传分化系数也很小 Fst=0.011（P=0.694）；克拉玛依居群和福海居群之间 Fst=0.217（P=0.000）；精河和福海居群之间的遗传差异系数 Fst=0.256（P=0.001），这个值相比之下也较高。该结果说明富蕴和福海梭梭居群在整个物种中与其余居群之间的遗传分化较明显，其他居群之间的遗传分化均不太明显；但因为富蕴和福海地区梭梭遗传分化系数为 Fst=0.121（P=0.001），说明富蕴和福海梭梭居群没有显著性遗传分化，只存在中度分化，也许它们来自同一个起源。

表 8-11 梭梭各居群的遗传分化值 Fst

居群名称	150	DR	AZQ	Q	M	K	J	FY	FH	121	FK
150		0.001	0.000	0.000	0.000	0.001	0.000	0.372	0.372	0.002	0.000
DR	0.002		0.001	0.001	0.001	0.002	0.217	0.001	0.367	0.003	0.001
AZQ	0.015	0.022		0.694	0.000	0.001	0.000	0.372	0.372	0.018	0.002
Q	0.001	0.102	0.011		0.000	0.000	0.000	0.372	0.372	0.002	0.001
M	0.001	0.122	0.015	0.011		0.001	0.000	0.372	0.372	0.002	0.001
K	0.002	0.203	0.012	0.002	0.002		0.001	0.000	0.377	0.003	0.105
J	0.001	0.016	0.201	0.001	0.001	0.002		0.001	0.372	0.002	0.002
FY	0.289	0.283	0.294	0.304	0.165	0.211	0.256		0.001	0.001	0.000
FH	0.189	0.396	0.162	0.129	0.057	0.217	0.135	0.121		0.375	0.003
121	0.006	0.017	0.016	0.006	0.006	0.007	0.006	2.304	0.304		0.001
FK	0.002	0.105	0.012	0.010 4	0.003	0.101	0.005	0.005	0.004	0.101	

将 11 个居群利用 AMOVA 方法进行分子变异分析。结果表明遗传变异主要存在于居群之间（78.71%，$P=0.000\,1$），分布于居群内部的遗传变异较小（21.29%，$P=0.000\,1$）。说明对于整个梭梭居群而言，其遗传变异主要是以居群为单位、以遗传漂变为主。然而居群内部较低的遗传变异值也证明居群之间的基因流相对较强，说明各个居群之间没有各自固定的等位基因。对居群之间以及所有居群内部的遗传分化固定指数分析说明：居群之间的遗传分化占主要部分（$Fst=0.352\,71$，$P=0.000\,0$），但是居群内部各个个体之间的遗传分化固定指数（$Fsc=0.175\,45$，$P=0.000\,0$）偏低。综上可知，梭梭居群的遗传变异主要是以整个物种范围内的居群间的遗传分化为基础，其居群内基本没有遗传分化，仅有的遗传变异几乎来自个体间的遗传组成差异。

表 8-12 梭梭各居群分子变异分析及相应的固定指数

类型	变异来源	自由度	离差平方和	方差	变异系数
固定指数	组内	15	29.641	0.129 06	21.29%
	组间	123	98.342	0.489 75	78.71%
	总数	138	127.98	0.618 81	
			$Fst=0.352\,71$；$Fsc=0.175\,45$		

对全部梭梭居群分别计算群体遗传分化系数 Gst 和 Nst，见表 8-13。11 个梭梭居群的分析结果为 $Nst=0.253$，$Gst=0.209$，$Nst-Gst=0.044$，Nst 没有显著大于

Gst，说明在本章涉及的梭梭居群中，其亲缘关系相近的单倍型出现于不同的居群中，而且基于叶绿体基因的单倍型不存在明显的分子谱系地理结构。

表 8-13　梭梭居群的中性检验及遗传分化指数

居群数量/个	Tajima'D	Fu and Li'D	Fu and Li's F	*Gst*	*Nst*	*Nst*−*Gst*
10	−1.285 77	−1.009 32	−1.359 79	0.223	0.267	0.044

8.6.3.5　单倍型谱系分析

用邻接法构建包含梭梭 10 个单倍型（Hap）的谱系地理邻接树，以藜科大叶藜（*Chenopodium hybridum*）的叶绿体基因序列为外类群基因序列。结果显示，10 个梭梭 cpDNA 单倍型总共分为 3 个大分支（Ⅰ～Ⅲ）。其中，Hap8 单独形成一个小的分支，即分支Ⅲ，且 Hap8 以 67% 的支持率和其他单倍型分开；Hap2、Hap5、Hap6 与 Hap9 相聚成分支Ⅱ，表明这 4 种单倍型具有的遗传关系比较近；Hap1 居于分支Ⅰ与分支Ⅱ之间，与单倍型 Hap4、Hap3、Hap10、Hap7 形成分支Ⅰ；分支Ⅰ与分支Ⅱ有很高的支持率，为 66%。与藜科植物大叶藜相比，梭梭的所有居群的 cpDNA 单倍型间的谱系分化不是很明显（图 8-12）。

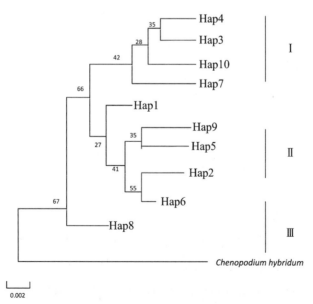

图 8-12　梭梭 cpDNA 单倍型谱系地理邻接树

本章研究从梭梭 cpDNA 单倍型地理分布图上可以看出（图 8-13），Hap1 是每个居群共享的单倍型，且富蕴和内蒙古阿拉善左旗的梭梭居群也仅有这一种单倍型，遗传多样性比较高的 121 团有 4 种单倍型（Hap1、Hap3、Hap4、Hap10），克拉玛依居群也有 4 种单倍型（Hap1、Hap2、Hap5、Hap9），Hap8 是精河居群所独有的单倍型，Hap7 也仅存在于 150 团居群中，福海居群与杜热居群具有相同的单倍型（Hap1 和 Hap9）。说明在居群水平上，不同居群之间单倍型的数量和种类虽有差异，但是所有居群有共有的单倍型（Hap1），且 Hap1 在每个居群单倍型数量中占很大权重。

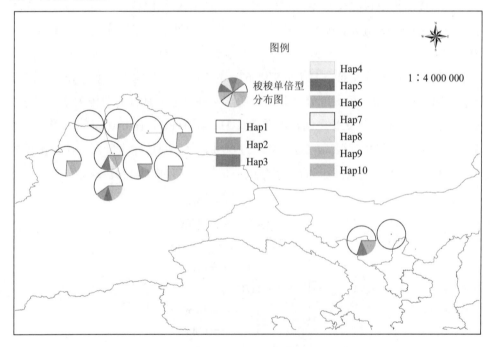

图 8-13　不同单倍型在采样居群中的分布

8.6.3.6　中性检验和失配分布分析

对所有梭梭居群的 156 个 psbA-trnH 序列进行中性检验及序列失配分布分析，以期了解梭梭居群在进化过程中的动态变化。由数据结果（表 8-13）分析可知，在 11 个梭梭居群中，Tajima's D 值、Fu and Li's D 值、Fu and Li's F 值均为负值，统计检查结果并不显著（Tajima's D=−1.285 77；Fu and Li's D=−1.009 32；Fu and

Li's F=−1.359 79）。在 11 个居群水平上，对梭梭的 psbA-trnH 序列的分离位点进行失配分布分析（图 8-14）得出，失配分布曲线在所有居群中都为单峰曲线。这个研究结果与中性检验得到的结果相符，进一步说明本章中涉及的梭梭居群，近期发生群体扩张的可能性较大，其动态变化偏离稳定群体。

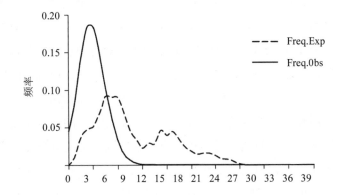

图 8-14　基于梭梭居群 cpDNA psbA-trnH 序列单倍型失配分布曲线

8.7　讨论

8.7.1　梭梭系统发育关系

植物种的演进和发育一般有两种，即大尺度演进和小范围演进。对于它们的研究主要是结合物种居群之间的遗传变异和谱系亲缘关系分析进行。

随着分子生物学的迅速发展，利用生化与分子实验方法进行系统发育关系研究被广泛应用。本章通过研究梭梭系统发育关系，对进一步研究梭梭种内居群之间的关系与进化具有一定学术价值。

在构建系统发育树时，结合 DNA 序列进行共同讨论和分析不仅可以弥补彼此的不足，并且可以增加序列的信息含量，从而在很大程度上弥补单个序列分析的劣势。另外结合叶绿体 DNA 和核糖体 DNA 分析，可以相互补充其不足。所以，本章利用叶绿体 DNA 的 trnL-trnF 序列和核糖体 DNA 内转录间隔区 ITS 序列进行了系统发育分析。

本章研究材料来源于准噶尔盆地边缘和腾格里沙漠西北部，分别对这些居群在分子水平上进行 DNA 序列分析。通过对梭梭 12 个不同居群的 ITS 序列和叶绿体 DNA trnL-trnF 序列进行了分析，发现梭梭的 ITS 区序列和 trnL-trnF 序列在序列长度和位点上存在很高的多态性，突变率较高，这 2 个基因序列均能较好地反映梭梭不同居群间的差异。而造成 2 个序列高变异现象的原因可能有以下几点：①由于 ITS 序列和 TrnL-trnF 序列为非编码区序列，受到的功能限制没有编码区序列多，并且在进化上趋于中性，可以使突变得以保留。②梭梭现存的居群主要是以斑块状分布，并且多存在于荒漠区的流动、半流动沙丘或戈壁滩上，主要靠风媒传播花粉，使得梭梭居群间的基因流比较高。③由于不同的地质成因出现了不同的地貌类型，这与繁杂的地壳运动和地质构造的进化历史有很大关系，新疆地处中国的最西北区，其地貌类型主要有风沙地貌、山岳地貌、冰川地貌等。本章的研究区域大部分集中在准噶尔盆地南缘，地质地貌类型多为风成地貌，此种地质地貌条件也会导致梭梭居群之间出现高的遗传变异。

梭梭属于藜科，藜科的多数物种主要的分布生境类型为荒漠盐碱沙土，在进化过程中，形成了与生存环境相适应的空间分布模式，不同生境和植被类型对不同地理种群间的系统发育关系有一定的影响。

本章研究通过 ITS 序列建立的遗传距离矩阵表明，阜康、民勤和内蒙古阿拉善左旗的梭梭居群亲缘关系最近，150 团与富蕴的梭梭居群亲缘关系最远；系统发育树显示 121 团、克拉玛依、150 团、杜热和精河、艾比湖的梭梭居群聚为一支，它们的亲缘关系较近，福海和富蕴的梭梭居群位于整个系统发育树的外部。同时这几个居群所在的生境及与之共生与伴生的植物种类也非常相似，说明本章中得到的遗传距离与系统树可以反映物种的分布特点和它们所在生境有很大相似性这一结论。

本章研究通过 trnL-trnF 序列建立的遗传距离矩阵表明，居群之间的遗传距离值为 0.001～2.311，变化幅度较大。其中富蕴和福海的梭梭居群与其他梭梭居群的遗传距离值都比较大，说明这 2 个居群与其他居群之间的亲缘关系很远；而其余居群之间的遗传距离值则偏小，变化范围为 0.001～0.007。系统发育树分析也得到了与遗传距离矩阵相似的结果，而且自展支持率大部分在 40% 以上。富蕴和福海的梭梭居群单独聚为一个大的分支，并有非常高的支持率。其余的 10 个梭梭居群聚为另一个大分支，说明这 10 个梭梭居群之间的亲缘关系较其与富蕴和福海的关系更近。在这 10 个居群中，除了民勤与奇台的梭梭居群相聚时的支持率低于 40%以外，121 团的梭梭居群与其余几个居群相聚的支持率也不高。富蕴县和福海县亲缘关系接近，在很大程度上归因于地理上的距离接近。

以藜科戈壁藜属、盐生草属和猪毛菜属的植物为外类群、以 ITS 序列为基础构建的系统发育树中，外类群都处在系统发育树的最外侧。同时以非编码区 trnL-trnF 序列为基础的发育树中，与梭梭同属于藜科藜属的 3 种外类群，也位于系统发育树外侧。说明在亲缘关系上，同科植物之间还是有一定的亲缘关系的。

地理距离上相距较远的居群，它们的亲缘关系也会疏远，即地理距离与亲缘关系可能会相吻合。但是本章研究中地理距离上相距较远的阜康与内蒙古阿拉善左旗的梭梭居群在以 ITS 序列为基础建立的系统发育树上单独聚为一支，地理距离上相距较远的艾比湖、内蒙古阿拉善左旗、民勤和奇台的梭梭居群在以 trnL-trnF 序列为基础建立的发育树中聚为一支。这就违背了地理距离接近的居群，亲缘关系也接近这样的理论，这些结果可能与梭梭居群的遗传基因流和种群的扩散方向有关。

8.7.2　梭梭谱系地理研究

植物叶绿体在细胞中相对独立，而且高等植物的叶绿体基因组在结构上也很特殊，存在四分体。同时叶绿体片段长度适宜，正适合测序分析，而且又是单系群遗传，可以反映亲缘历史谱系。因此在低等级分类层次上，例如科下属间，属下种间甚至是同一物种不同居群之间，都可以运用叶绿体基因组片段进行比对分析序列之间的异同。在推断某一物种在冰期的避难之所、冰期之后迁移路线和重建居群的相关研究中，最常被用到的就是叶绿体基因片段，当然使用它来做研究也存在一些缺点，例如叶绿体片段序列提供的多态位点不是很充分等，导致无法对该物种之前经历的所有事件做到确切的判定。所以，在单独运用叶绿体基因的某个片段进行亲缘关系研究中，还需要考虑使用父本和母本的 DNA 信息，例如运用单拷贝的 DNA 片段，或者利用分子标记。随着 cpDNA 通用引物的发展，越来越多的植物栽培起源研究可以通过扩增植物 cpDNA 非编码区序列进行。

对准噶尔盆地周边和腾格里沙漠西北部的梭梭居群进行以叶绿体基因 psbA-trnH 序列为基础的谱系地理学研究，所有个体经测序后得到的叶绿体基因序列，以基因或单倍型多样性的角度，对 psbA-trnH 序列进行遗传变异分析和遗传多样性指数统计，统计结果表明：梭梭居群的单倍型多样性和核苷酸多样性都很高，平均单倍型多样性值为 0.919 2±0.005 3，平均核苷酸多样性值为 0.047 23±0.004 901。表明梭梭居群在内部和外部都有很丰富的遗传多样性，其中阜康、121 团和克拉玛依的梭梭居群遗传多样性水平均较高。

植物种群的群体遗传结构受各种因素的影响，例如地质演变历史、遗传漂变、人类活动、植物繁育系统、基因流等。基因遗传漂变的发生尺度比较小，同时也受许多未知条件的影响，越是频率低的基因，在下一代中丢失的可能性越大，对一个相对较独立的小群体而言，很多群体在经历世代繁殖以后，因为遗传漂变的原因，其遗传多样性会大大降低。对梭梭居群的分子变异分析得出，居群与居群之间的遗传变异较居群内部个体之间的遗传变异大，居群之间的遗传变异占比大，可以认为梭梭居群的遗传变异主要是来自遗传基因的漂变。群体间遗传分化指数是居群之间判断遗传分化与否的标准之一，如果其数值越大，说明居群与居群之间发生了很大程度的遗传分化。若 $F_{st}<0.05$，表明研究的这 2 个居群只发生了极低层次的遗传分化；当 $0.05<F_{st}<0.15$ 时，表明居群存在中度的分化；当 $0.15<F_{st}<0.25$ 时，显示种群中存在明显分化；当 $F_{st}>0.25$ 时，即居群是极度分化的。对于梭梭居群来讲，富蕴和福海梭梭居群与所有其余居群之间的分化较明显（$F_{st}>0.25$），都属于极度分化，但这 2 个居群之间的 F_{st} 很小，只有 0.121，属于中度分化；其余居群之间没有显著的遗传分化，大都是中度分化或者低水平的分化，说明除富蕴和福海梭梭之外的居群，其余梭梭居群的地理起源更加接近一些。

通过对群体遗传分化系数 Gst 和 Nst 的分析得出，梭梭所有居群亲缘关系相近的单倍型出现于不同的居群中，即没有发现固定于某一单个居群特有的单倍型，而且以叶绿体基因为基础的单倍型不存在明显的分子谱系地理结构。通过单倍型谱系分析，构建了谱系地理邻接树，发现梭梭所有居群的 cpDNA 单倍型间的谱系分化不是很明显。通过单倍型地理分布分析，发现每个梭梭采样居群都具有同一种单倍型（Hap1），而 Hap8 是精河居群所独有的单倍型。说明在梭梭居群水平上，不同居群之间单倍型的数量和种类是有差异的，但是所有居群都具有共同的单倍型（Hap1），且 Hap1 在每个居群所含有的单倍型数量中占据很大权重。

最后又对梭梭居群作中性检验和失配分布分析，发现梭梭居群之所以有现在这样的斑块状分布特征，可能是其经历了选择效应和瓶颈效应，且不是一个稳定的群体，后期还有较大的可能性会经历的群体扩张。

8.8　结论

8.8.1　梭梭系统发育分析

本章在研究 ITS 序列的基础之上，得出如下结论：对梭梭不同居群的 ITS 序列排序后，对位排列长度是 732 bp，其中包括 415 个可变信息位点，308 个保守位点和 371 个简约性信息位点。梭梭居群的遗传分化距离的变化范围是 0.001～0.565，150 团与富蕴梭梭居群的遗传距离最大，值为 0.565，亲缘关系最远；121 团与富蕴梭梭居群的遗传距离次之，值为 0.425，说明这 2 个居群间的亲缘关系也较远。阜康与内蒙古阿拉善左旗梭梭居群的遗传距离最小，值为 0.001，表明它们亲缘关系最近；其次是 121 团与克拉玛依梭梭居群的遗传距离，值为 0.002，说明它们的亲缘也相对接近。本章选择的外类群是同属于藜科的戈壁藜、白枝猪毛菜、盐生草，构建基于 ITS 序列的系统进化树，121 团、150 团、克拉玛依、精河、艾比湖以及杜热梭梭居群聚为一支，自展支持率达到 88%，说明这几个居群的梭梭亲缘关系非常接近。阜康、甘肃民勤与内蒙古阿拉善左旗的梭梭居群以 92% 的自展支持率聚为一支。分布于奇台的梭梭居群以 100% 的自展支持率与以上 9 个居群相聚，福海和富蕴的梭梭居群分别以 66% 和 51% 的支持率依次聚在一支上。白枝猪毛菜与梭梭亲缘较之同科其他属的物种亲缘关系更近，所以其先与梭梭的 12 个居群相聚，戈壁藜和盐生草聚为一支后，才与梭梭居群和猪毛菜相聚，自展支持率也低于 50%，3 种外类群的植物均位于系统发育树的外侧。

基于 cpDNA 序列的系统发育分析表明，梭梭 12 个居群 trnL-trnF 序列对位排列长度是 961 bp，其中包括 452 个可变信息位点，393 个保守位点和 386 个简约性信息位点。梭梭居群的遗传分化距离的变化范围为 0.001～2.311，克拉玛依与富蕴和福海群之间的遗传距离最大，值为 2.311，表明克拉玛依居群与这 2 个居群之间的亲缘关系最远。从其余梭梭居群遗传距离值来看，富蕴和福海这 2 个居群与其他居群之间的遗传距离均较大，表明它们之间的亲缘关系较远。其余 10 个居群之间，遗传距离变化范围为 0.001~0.007。以同属于藜科的大叶藜、球花藜和小白藜为外类群，采样邻接法构建系统发育树后，得到整个系统发育树分为三大支，且居群之间的自展支持率大部分在 40% 以上，福海和富蕴的梭梭居群以 90% 的自展支持率聚为一支，表明这 2 个居群的梭梭亲缘关系极为相近；3 个外类群以 96% 的自展支持率成为系统发育树的第二个分支，且位于整个发育树的外侧；其余的梭梭居群聚为第三大分支，其中艾比湖、奇台、阜康、内蒙古阿拉善左旗和甘肃民勤的梭梭居群以 47% 的自展支持率相聚，杜热梭梭居群又以 45% 的自展支持率与以上 5 个居群相聚，精河、150 团与克拉玛依的居群聚为一支，自展支持率达到 64%，最后这三个居群以 94% 的自展支持率与以上 6 个居群相聚，121 团的梭梭居群最后才聚到第三大分支上。

8.8.2 梭梭谱系地理分析

在整个居群中，所有居群的遗传多样性水平较高，单倍型数量为 10，平均单倍型多样性为 0.919 2，核苷酸多样性是 0.046 25，平均核苷酸的差异数是 3.956 344。就单个居群而言，阜康、121 团和克拉玛依梭梭居群的遗传多样性水平较高，单倍型多样性为 0.921 8、1.000 和 1.000，核苷酸多样性分别为（0.275 22±0.003 473）（0.283 83±0.003 220）（0.293 46±0.002 359）。

11 个居群之间，除富蕴和福海的梭梭居群以外，其他所有居群间的遗传差异都不明显，150 团与奇台和民勤梭梭居群之间遗传分化系数最小 F_{st}=0.001，但是与富蕴梭梭居群之间的遗传分化系数值最大 F_{st}=0.289；同样杜热居群与精河居群之间的遗传分化系数最小 F_{st}=0.016，杜热与福海这 2 个居群存在最大的遗传分化 F_{st}=0.396，而奇台和内蒙古阿拉善左旗间的遗传分化系数也很小 F_{st}=0.011，在其他群体中，克拉玛依居群和福海居群之间 F_{st}=0.217，同时精河和福海的梭梭居群之间 F_{st}=0.256，剩余梭梭居群相互之间的遗传分化指数值处于居中水平，所以居群间分化也不甚清晰。对于富蕴和福海梭梭居群，它们之间的遗传分化也相对较低，遗传分化系数 F_{st}=0.121。

通过 AMOVA 方法得出，梭梭居群的遗传变异主要发生在居群之间（81.11%），每个居群内部遗传变异普遍较小（22.11%），对居群之间以及所有居群内部的遗传分化固定指数分析说明：居群之间的遗传分化占主要部分（Fst=0.352 71），但是居群内部各个体之间的遗传分化固定指数（Fsc=0.175 45）较之偏低。

对全部梭梭居群分别计算群体遗传分化系数 Gst 和 Nst，结果表明：11 个梭梭居群的分析结果为 Nst=0.253，Gst=0.209，$Nst-Gst$=0.044，Nst 并没有显著大于 Gst。

用邻接法构建基于 10 个梭梭居群单倍型的谱系地理邻接树，用藜科大叶藜的叶绿体基因序列为外类群基因序列。结果显示，10 个叶绿体 DNA 单倍型总共分为 3 个大分支（Ⅰ～Ⅲ）。其中 Hap8 单独形成一个小的分支，即分支Ⅲ，Hap2、Hap5、Hap6 与 Hap9 正好相聚成分支Ⅱ，其余 5 种单倍型分别形成分支Ⅰ。其中分支Ⅰ与分支Ⅱ形成一个有很高支持率的分支，支持率为 66%。与藜科植物大叶藜相比，梭梭的所有居群的叶绿体 DNA 单倍型间的谱系分化不是很明显。

Hap1 是每个梭梭居群共有的单倍型，且富蕴和内蒙古阿拉善左旗的梭梭居群也仅有这一种单倍型，遗传多样性比较高的 121 团有 4 种单倍型（Hap1、Hap3、Hap4、Hap10），克拉玛依梭梭居群也有 4 种单倍型（Hap1、Hap2、Hap5、Hap9），Hap8 是精河梭梭居群所独有的单倍型，Hap7 也只出现了一次，存在于 150 团梭梭居群中，福海与杜热梭梭居群具有相同的单倍型（Hap1 和 Hap9）。综上说明在居群水平上，不同居群之间单倍型的数量和种类虽有差异，但是也有相同点，即所有梭梭居群共有 Hap1，且 Hap1 的单倍型数量在每个居群所有单倍型数量中占很大权重。

对所有梭梭居群的 156 条 psbA-trnH 序列进行中性检验及序列失配分布分析，经数据结果分析后得出：在总共所有 11 个居群中，Tajima's D 值和 Fu and Li's D 和 Fu and Li's F 值均显示为负值，统计检查结果不显著（Tajima's D = −1.285 77；Fu and Li's D = −1.009 32；Fu and Li's F = −1.359 79；$P>0.10$）。得到的失配分布曲线在所有梭梭居群中都为"单峰"曲线。

参考文献

[1] 刘建平，李志军，韩路，等. 胡杨、灰叶胡杨 P-V 曲线水分参数的初步研究[J]. 西北植物学报，2004，24（7）：1255-1259.

[2] 王世绩. 全球胡杨林的现状及保护和恢复对策[J]. 世界林业研究，1996，9（6）：37-44.

[3] 王世绩，陈炳浩，李护群. 胡杨林[M]. 北京：中国环境科学出版社，1995：141-144.

[4] 乌日根夫，战士宏，程继全，等. 额济纳旗天然胡杨林生物学、生态学抗旱机理与繁殖机理研究[J]. 内蒙古林业调查设计，2003，26：1-5.

[5] 倪萍，等. 干旱区荒漠植被的特点及恢复问题的研究[J]. 新疆环境保护，2004，26：103-106.

[6] 乌日汗. 额济纳胡杨光合和水分生理特性的研究[D]. 呼和浩特：内蒙古农业大学. 2005.

[7] 付爱红，陈亚宁，李卫红. 新疆塔里木河下游胡杨水势变化及其意义探讨[J]. 科学通报，2006，51：181-186.

[8] 常宗强，冯起，苏永红，等. 额济纳绿洲胡杨的光合特征及其对光强和 CO_2 浓度的响应[J]. 干旱区地理，2006，29（4）：496-502.

[9] 苏培玺，张立新，杜明武，等. 胡杨不同叶形光合特性、水分利用效率及其对加富 CO_2 的响应[J]. 植物生态学报，2003，27（1）：34-40.

[10] 罗青红，李志军，伍维模. 胡杨、灰叶胡杨光合及叶绿素荧光特性的比较研究[J]. 西北植物学报，2006，26（5）：983-988.

[11] 张国盛. 干旱、半干旱地区乔灌木树种耐旱性及林地水分动态研究进展[J]. 中国沙漠，2000，20（4）：363-368.

[12] 赵文智，常学礼. 樟子松针叶气孔运动与蒸腾强度关系研究[J]. 中国沙漠，1995，15（3）：241-243.

[13] 张国盛，王林和，董智，等. 毛乌素沙地几种植物蒸腾速率的季节变化特征[J]. 内蒙古林学院学报，1998，20（1）：7-12.

[14] 王孟本，李洪建，等. 树种蒸腾作用、光合作用和效率的比较研究[J]. 植物生态学报，1999，23（5）：401-410.

[15] 曾凡江，张希明，等. 新疆策勒绿洲胡杨水分生理特性研究[J]. 干旱区研究，2002，19（2）：26-30.

[16] 黄占斌，山仑. 水分利用效率及其生理生态机理研究进展[J]. 生态农业研究，1998，6（4）：19-23.

[17] Sterck F J, Bongers F. Crown development in tropical rain forest trees: pattern with tree height and light availability[J]. Journal of Ecology，2001，89（1）：1-13.

[18] Bowes G. Growth at elevated CO_2 photosynthetic responses mediated through Rubisco[J]. Plant, Cell and Environment，1991，14：795-806.

[19] Mousseau M B Saugier. The effect of increased CO_2 on gas exchange and growth of foresttree species[J]. Journal of Experimental Botany，1992，43：1121-1130.

[20] 王韶唐. 植物的水分利用效率与旱地农业生产[J]. 干旱地区农业研究，1987（2）：67-80.

[21] 邓雄，李小明，张希明，等. 4种荒漠植物气体交换特征的研究[J]. 植物生态学报，2002，26（5）：605-612.

[22] 李吉跃，张建国. 北京主要造林树种耐旱机理及其分类模型的研究[J]. 北京林业大学学报，1993，15（3）：1-11.

[23] 许世玲，冯金朝，姜玲，等. 额济纳旗胡杨幼叶糖类物质变化[J]. 中央民族大学学报：自然科学版，2007，16（3）：210-216.

[24] 岳宁，郑彩霞，白雪，等. 胡杨异形叶的蛋白质组学研究[J]. 中国生物工程杂志，2009，29（9）：40-44.

[25] 陈亚鹏，陈亚宁，李卫红，等. 干旱胁迫下的胡杨脯氨酸累积特点分析[J]. 干旱区地理，2003，26（4）：420-424.

[26] 陈亚鹏，陈亚宁，李卫红，等. 干旱环境下高温对胡杨光合作用的影响[J]. 中国沙漠，2009，29（3）：474-479.

[27] 陈庆诚，孙仰文，张国梁. 疏勒河中、下游植物群落优势种生态——形态解剖特性的初步研究[J]. 兰州大学学报，1961（3）：61-96.

[28] Wang H L, Yang S D, Zhang C L. The photosynthetic characteristics of differently shaped leaves in Populus euphratica Olivier [J]. Photosynthetic，1997，34（4）：545-553.

[29] 杨树德，陈国仓，张承烈，等. 胡杨披针形叶和阔卵形叶的渗透调节能力的差异[J]. 西北植物学报，2004，24（9）：1583-1588.

[30] Li Z X, Zheng C X. Structural characteristics and eco-adaptability of heteromorphic leaves of *Populus euphratica* [J]. Forestry Studies in China，2005，7（1）：11-15.

[31] 黄文娟，李志军，杨赵平，等. 胡杨异形叶结构型性状及其相互关系[J]. 生态学报，2010，30（17）：4636-4642.

[32] 白书农. 植物发育生物学[M]. 北京：北京大学出版社，2003.

[33] 郑彩霞，邱箭，姜春宁，等. 胡杨多形叶气孔特征及光合特性的比较[J]. 林业科学，2006，42（8）：19-24.

[34] Wright I J，Reich P B，Westoby M，et al. Strategy shifts in leaf physiology，structure and nutrient content between species of high-and low-rainfall and high-and low-nutrient habitats[J]. Functional Ecology，2001，15（4）：423-434.

[35] Reich P B，Oleksyn J. Global patterns of plant leaf N and P in relation to temperature and latitude[J]. Proceedings of the National Academy of Sciences，2004，101（30）：11001-11006.

[36] Saieed N T，Saieed N T. Natural variation of *Populus euphrarica* Oliv：l-Variation in morphological leaf characters[J]. Mesopotamia Journal of Agriculture，1993，5（4）：91-102.

[37] 杨树德，郑文菊，陈国仓，等. 胡杨披针形叶与宽卵形叶的超微结构与光合特性的差异[J]. 西北植物学报，2005，25（1）：14-21.

[38] 付爱红，陈亚宁，李卫红，等. 新疆塔里木河下游不同地下水位的胡杨水势变化分析[J]. 干旱区地理，2004，27（2）：207-211.

[39] 付爱红，陈亚宁，李卫红. 新疆塔里木河下游胡杨不同叶形水势变化研究[J]. 中国沙漠，2008（1）：83-88.

[40] 马剑英，孙惠玲，夏敦胜，等. 塔里木盆地胡杨两种形态叶片碳同位素特征研究[J]. 兰州大学学报：自然科学版，2007，43（4）：52-55.

[41] 邱箭，郑彩霞，于文鹏. 胡杨多态叶光合速率与荧光特性的比较研究[J]. 吉林林业科技，2005，34（3）：19-21.

[42] 黄培佑. 胡杨林的衰退原因与林地恢复政策[J]. 新疆环境保护，2004，26：121-124.

[43] 赵万羽，陈亚宁，周洪华，等. 塔里木河下游生态输水后衰败胡杨林更新能力与条件分析[J]. 中国沙漠，2009，29（1）：108-113.

[44] 陈亚宁，李卫红，陈亚鹏，等. 新疆塔里木河下游断流河道输水与生态恢复[J]. 生态学报，2007，27（2）：538-545.

[45] 陈亚宁，王强，李卫红，等. 植被生理生态学数据表征的合理地下水位研究——以塔里木河下游生态恢复过程为例[J]. 科学通报，2006，51：7-13.

[46] 刘加珍，陈亚宁，李卫红，等. 塔里木河下游植物群落分布与衰退演替趋势分析[J]. 生态学报，2004，24（2）：379-383.

[47] Yang S D，Zheng W J，Chen G C，et al. Difference of ultrastructure and photosynthetic characteristics between lanceolate and broad-ovate leaves in *Populus euphratica*[J]. Acta Botanica Boreali-Occidentalia Sinica，2005，25（1）：14-21.

[48] 陈亚鹏，陈亚宁，李卫红，等. 塔里木河下游干旱胁迫下的胡杨生理特点分析[J]. 西北植物学报，2004，24（10）：1943-1948.

[49] 徐海量，宋郁东，王强，等. 塔里木河中下游地区不同地下水位对植被的影响[J]. 植物生态学报，2004，28（3）：400-405.

[50] 张元明，陈亚宁，张道远. 塔里木河中游植物群落与环境因子的关系[J]. 地理学报，2003，58（1）：177-215.

[51] Gu Ruisheng, Liu Qunlu, Pei Dong, et al. Understanding saline and osmotic to lerance of *Populus euphratica* suspended cells[J]. Plant Cell，Tissue and Organ Culture，2004，78：261-265.

[52] 李和平. 植物显微技术[M]. 北京：科学出版社，2009：9-39.

[53] 郑国锠，谷祝平. 生物显微技术[M]. 北京：高等教育出版社，1993：157-168.

[54] 李小燕，王林和，李连国，等. 沙棘叶片组织解剖构造与其生态适应性研究[J]. 干旱区资源与环境，2006，20（5）：209-212.

[55] 赵翠仙，黄子璨. 腾格里沙漠主要旱生植物旱性结构的初步研究[J]. 植物学报，1981，23（4）：278-283.

[56] 李正理. 旱生植物的形态和结构[J]. 生物学通报，1981（4）：2-9.

[57] 邓彦斌，江彦成. 新疆10种藜科植物叶片和同化枝的旱生和盐生结构的研究[J]. 植物生态学报，1998，22（2）：164-170.

[58] 李广毅，高国雄，吕悦来，等. 三种灌木植物形态特征及解剖结构的对比观察[J]. 水土保持研究，1995，2（2）：141-145.

[59] 张晓然，吴鸿，胡正海，等. 沙地10种重要沙生植物叶的形态结构与环境的关系[J]. 西北植物学报，1997，17（5）：54-60.

[60] 王怡. 三种抗旱植物叶片结构的对比观察[J]. 四川林业科技，2003，24（1）：64-67.

[61] 李芳兰，包维楷. 植物叶片形态解剖结构对环境变化的响应与适应[J]. 植物学通报，2005，22（S1）：118-127.

[62] 钱莲文，张新时，郭建宏，等. 半常绿-常绿杨树3个品系光合特性研究[J]. 北京师范大学学报（自然科学版），2008，44（4）：424-428.

[63] 白雪，张淑静，郑彩霞，等. 胡杨多态叶光合和水分生理的比较[J]. 北京林业大学学报，2011，33（6）：47-52.

[64] 黄振英，吴鸿，胡正海. 新疆10种沙生植物旱生结构的解剖学研究[J]. 西北植物学报，1995，15（6）：56-61.

[65] 黄振英，吴鸿，胡正海. 30种新疆沙生植物的结构及其对沙漠环境的适应[J]. 植物生态学报，1997，21（6）：521-530.

[66] 杨扬，吕娜，郝建卿，等. 胡杨枝条导水性与叶形变化关系研究[J]. 安徽农业科学，2010，38（20）：11015-11017.

[67] Farquhar G D，Sharkey T D. Stomatal conductance and photosynthesis[J]. Annual Review of Plant Physiology，1982，33：317-345.

[68] 周祖富，黎兆安. 植物生理学实验指导[M]. 南宁：广西大学，2005.

[69] 李合生. 植物生理生化实验原理和技术[M]. 武汉：华中农业大学出版社，1998：136-137.

[70] 高俊凤. 植物生理学实验指导[M]. 北京：高等教育出版社，2006.

[71] 李小芳，张志良. 植物生理学实验指导（第五版）[M]. 北京：高等教育出版社，2016.

[72] Chen Y. Roles of carbohydrates in desiccation to lerance and memberane behavior in maturing maize seed[J]. Crop Sci.，1990，30：971-975.

[73] 陈华新，李卫军，安沙舟，等. 钙对 NaCl 胁迫下杂交酸模（Rumex K-1）幼苗叶片光抑制的减轻作用[J]. 植物生理与分子生物学学报，2003，29（5）：449-454.

[74] 李莉，韦翔华，王华芳. 盐胁迫对烟草幼苗生理活性的影响[J]. 种子，2007，26（5）：79-83.

[75] 韩蕊莲，李丽霞，梁宗锁. 干旱胁迫下沙棘叶片细胞膜透性与渗透调节物质研究[J]. 西北植物学报，2003，23（1）：23-27.

[76] 赵广东，刘世荣，马全林. 沙木蓼和沙枣对地下水位变化的生理生态响应 I. 叶片养分，叶绿素，可溶性糖和淀粉的变化[J]. 植物生态学报，2003，27（2）：228-234.

[77] 孙丽华. 3 个黄杨品种中过氧化物酶与吲哚乙酸氧化酶活性与其耐寒性的关系[J]. 内蒙古农业大学学报，2012，33（2）：252-254.

[78] 李伶俐，杨青华，李文. 棉花幼铃脱落过程中 IAA、ABA、MDA 含量及 SOD、POD 活性的变化[J]. 植物生理学报，2001，27（3）：215-220.

[79] 康俊梅，杨青川，樊奋成. 干旱对苜蓿叶片可溶性蛋白的影响[J]. 草地学报. 2005，13（3）：199-202.

[80] 张明生，谢波，谈锋，等. 甘薯可溶性蛋白，叶绿素及 ATP 含量变化与品种抗旱性关系的研究[J]. 中国农业科学，2003，36（1）：13-16.

[81] Hakimi A，Monneveux P，Galiba G. Soluble sugars，proline，and relative water content（RWC）as traits for improving drought tolerance and divergent selection for RWC from *Triticum polonicum* to *Triticum durm*[J]. Journal of Genetics & Breeding，1995，49（3）：237-243.

[82] 戴进用，朱朝华，王兰英，等. 假臭草水浸液对受体植物 SOD 和 POD 活性及 MDA 含量的影响[J]. 安徽农业科学，2010，38（4）：1788-1790.

[83] 王燕凌，刘君，郭永平. 不同水分状况对胡杨、怪柳组织中几个与抗逆能力有关的生理指标的影响[J]. 新疆农业大学学报，2003，26（3）：47-50.

[84] 吴俊侠，张希明，邓潮洲，等. 塔里木河上游胡杨种群特征与动态分析[J]. 干旱区地理，2010，33（6）：923-929.

[85] Wang S J. The Status，Conservation and Recovery of Global Resources of *Populus euphradica*[J]. World Forestry Research，1996，6：37-44.

[86] 吐热尼古丽·阿木提，阿尔斯朗·马木提，木巴热克·阿尤普. 塔里木河流域胡杨生态系统脆弱性及其对策——以塔里木胡杨自然保护区为例[J]. 干旱区资源与环境，2008，22（10）：96-101.

[87] 韩路，王家强，王海珍，等. 塔里木河上游胡杨种群结构与动态[J]. 生态学报，2014，34（16）：4640-4651.

[88] Wang J，Wu Y X，Ren G P，et al. Genetic Differentiation and Delimitation between Ecologically Diverged *Populus euphratica* and *P. pruinosa*[J]. PLoS ONE，2011，6（10）：1369-1371.

[89] 李加好，刘帅飞，李志军. 胡杨枝、叶和花芽形态数量变化与个体发育阶段的关系[J]. 生态学杂志，2015，34（4）：941-946.

[90] Harper J L. Population Biology of plants[M]. London：Academic Press，1997.

[91] 贾程，何飞，樊华，等. 植物种群构件研究进展及其展望[J]. 四川林业科技，2010，31（3）：43-50.

[92] 王宁，刘济明. 顶坛花椒生长状况及其构件种群研究[J]. 贵州林业科技，2004，32（3）：26-31.

[93] 谢元贵，廖小锋，龙秀琴，等. 桃叶杜鹃种群构件的特征研究[J]. 贵州农业科学，2012，40（8）：171-175.

[94] 刘济明，蒙朝阳，周超，等. 朴树苗期种群构件研究[J]. 安徽农业科学，2007，35（20）：6114-6115，6124.

[95] 殷淑燕，刘玉成. 大头茶构件种群生物量及叶面积动态[J]. 植物生态学报，1997，21（1）：83-89.

[96] 韩忠明，韩梅，吴劲松，等. 不同生境下刺五加种群构件生物量结构与生长规律[J]. 应用生态学报，2006，17（7）：1164-1168.

[97] 贺丽，周旭，刘成，等. 南川木波罗幼苗构件生物量和叶片特征随年龄增长的变化[J]. 广西植物，2014，34（4）：489-493.

[98] 黎云祥，刘玉成，钟章成. 缙云山四川大头茶叶种群的结构及其动态[J]. 植物生态学报，1997，21（1）：67-76.

[99] 宿爱芝，郑益兴，吴疆翀，等. 不同栽培密度对辣木人工林分枝格局及生物量的影响[J]. 生态学杂志，2012，31（5）：1057-1063.

[100] 刘玉成，黎云祥，苏杰，等. 缙云山大头茶幼苗种群构件结构及与环境因子的多元分析[J]. 植物生态学报，1996，20（4）：338-347.

[101] 宋于洋. 梭梭构件格局的环境变异[J]. 西北林学院学报，2008，23（6）：60-65.

[102] 刘兆刚, 李凤日. 樟子松人工林树冠结构模型及三维图形可视化模拟[J]. 林业科学, 2009, 45 (6): 54-61.

[103] 余碧云, 张文辉, 何婷, 等. 秦岭南坡林窗大小对栓皮栎实生苗构型的影响[J]. 应用生态学报, 2014, 25 (12): 3399-3406.

[104] 杨持, 叶波, 张慧荣. 不同生境条件下羊草构件及羊草种群无性系分化[J]. 内蒙古大学学报 (自然科学版), 1996, 27 (3): 422-426.

[105] 李俊清, 臧润国, 蒋有绪. 欧洲水青冈 (*Fagus sylvatical* L.) 构筑型与形态多样性研究[J]. 生态学报, 2001, 21 (1): 151-155.

[106] 刘金平, 张新全, 游明鸿. 扁穗牛鞭草人工种群构件及生物量动态变化[J]. 草地学报, 2006, 14 (4): 310-314.

[107] 朱丽洁, 王绍明, 夏军, 等. 羽毛针禾 (*Stipagrostis pennata*) 克隆构型及不同环境中的分株种群特征[J]. 干旱区研究, 2012, 29 (5): 770-775.

[108] 齐淑艳, 徐文铎, 文言. 外来入侵植物牛膝菊种群构件生物量结构[J]. 应用生态学报, 2006, 17 (12): 2283-2286.

[109] 何丙辉, 钟章成. 不同养分条件对银杏枝种群构件生长影响研究[J]. 西南农业大学学报 (自然科学版), 2003, 25 (6): 475-478.

[110] 朱强根, 金爱武, 陈操, 等. 毛竹克隆构型及其生物量对不同营林模式的响应[J]. 南京林业大学学报 (自然科学版), 2015, 39 (1): 73-78.

[111] 苏磊, 苏建荣, 刘万德, 等. 异质光环境下云南红豆杉的构型与叶构件水分特征[J]. 林业科学研究, 2012, 25 (4): 505-509.

[112] 杨晓东, 阎恩荣, 张志浩, 等. 浙江天童常绿阔叶林演替阶段共有种的树木构型[J]. 植物生态学报, 2013, 37 (7): 611-619.

[113] Godin C. Representing and encoding plant architecture: A review[J]. Annales of Forest Science, 2000, 57: 413-438.

[114] Sussex L M, Kerk N M. The evolution of plant architecture[J]. Plant Biology, 2001, 4: 33-37.

[115] 孙栋元, 赵成义, 王丽娟, 等. 荒漠植物构型研究进展[J]. 水土保持研究, 2011, 18 (5): 281-287.

[116] Halle F, Oldeman R A, Tomlinson P B. Tropic Trees and Forestry, an Architecture Analysis[M]. Berlin: Springer Verlag, 1978.

[117] 周海燕, 王金牛, 付秀琴, 等. 不同光环境对中国南方草地 3 种灌木表型可塑性的影响[J]. 应用与环境生物学报, 2014, 20 (6): 962-970.

[118] 王丽娟, 孙栋元, 赵成义, 等. 准噶尔盆地梭梭、白梭梭植物构型特征[J]. 生态学报, 2011, 31 (17): 4952-4960.

[119] 张昊，李景文，李俊清，等. 额济纳绿洲胡杨地上部分建构模式的研究[J]. 西北林学院学报，2009，24（5）：46-49.

[120] 张志浩，杨晓东，孙宝伟，等. 浙江天童太白山不同群落的植物构型比较[J]. 生态学报，2015，35（3）：1-13.

[121] 蔡锰柯，林开敏，郑晶晶. 黄金宝树树冠分形特征及枝系构型分析[J]. 西南林业大学学报，2014，34（5）：42-46.

[122] 周资行，李真，焦健，等. 腾格里沙漠南缘唐古特白刺克隆分株生长格局及枝系构型分析[J]. 草业学报，2014，23（1）：12-21.

[123] 李尝君，郭京衡，曾凡江，等. 多枝柽柳（*Tamarix ramosissima*）根、冠构型的年龄差异及其适应意义[J]. 中国沙漠，2015，35（2）：365-372.

[124] 周资行，焦健，李毅，等. 民勤沙拐枣克隆种群构件结构及与环境因子的灰色关联分析[J]. 林业科学，2012，48（5）：141-149.

[125] 张道远，王红玲. 荒漠区几种克隆植物生长构型的初步研究[J]. 干旱区研究，2005，22（2）：219-224.

[126] 张利刚，曾凡江，袁娜，等. 不同水分条件下疏叶骆驼刺（*Alhagi sparifolia*）生长及根系分株构型特征[J]. 中国沙漠，2013，33（3）：717-723.

[127] 何明珠，王辉，张景光. 民勤荒漠植物枝系构型的分类研究[J]. 西北植物学报，2005，25（9）：1827-1832.

[128] 何明珠，张景光，王辉. 荒漠植物枝系构型影响因素分析[J]. 中国沙漠，2006，26（4）：625-630.

[129] 许强，杨自辉，郭树江，等. 梭梭不同生长阶段的枝系构型特征[J]. 西北林学院报，2013，28（4）：50-54.

[130] 杨小艳，尹林克，姜逢清，等. 不同配置城市防护绿地中胡杨构型特征[J]. 干旱区资源与环境，2010，24（6）：178-183.

[131] 张丹，黄文娟，徐翠莲，等. 濒危物种灰叶胡杨不同发育阶段枝系构型特征研究[J]. 塔里木大学学报，2014，26（1）：6-10.

[132] 魏建康，蔡锰柯，郑晶晶，等. 黄金宝树幼龄木枝系构型特征及影响因素[J]. 现代园艺，2014，18（9）：5-8.

[133] 林勇明，俞伟，刘奕，等. 不同距海处木麻黄分枝格局特征及冠形分析[J]. 应用与环境生物学报，2013，19（4）：587-592.

[134] 胡晓静，张文辉，何景峰，等. 不同生境栓皮栎天然更新幼苗植冠构型分析[J]. 生态学报，2015，35（3）：788-795.

[135] Suzuki T. A representation method for Todo-fir shapes using computer graphics[J]. J.Jpn. For. Soc.，1992，74（6）：504-508.

[136] 孙书存，陈灵芝. 辽东栎植冠的构型分析[J]. 植物生态学报，1999，23（5）：433-440.

[137] 玉宝，乌吉斯古楞，王百田，等. 兴安落叶松天然林树冠生长特性分析[J]. 林业科学，2010，46（5）：41-48.

[138] 田慧霞，闫明. 山西七里峪油松种群空间格局的分形特征[J]. 生态学杂志，2015，34（2）：326-332.

[139] Wright S J，Kitajima K，Kraft N J B，et al. Functional traits and the growth-mortality trade-off in tropical trees[J]. Ecology，2010，91：3664-3674.

[140] Zhang D，Li C R，Xu J W，et al. Branching pattern characteristics and anti-wind breakage ability of *Pinus thunbergii* in sandy coast[J]. Chinese Journal of Plant Ecology，2011，35（9）：926-936.

[141] 仲礼，赵雪，刘林德，等. 胡杨（*Popules euphratica*）和沙枣（*Elaeagnus angustifolia*）对荒漠环境的适应性比较[J]. 中国沙漠，2015，35（1）：01-07.

[142] 阿娟，张福顺，张晓东，等. 荒漠植物群落特征及其与气候因子的对应分析[J]. 干旱区资源与环境，2012，26（1）：174-178.

[143] 张利刚，曾凡江，刘波，等. 绿洲-荒漠过渡带四种植物光合及生理特征的研究[J]. 草业学报，2012，21（1）：103-111.

[144] 张海娜，苏培玺，李善家，等. 荒漠区植物光合器官解剖结构对水分利用效率的指示作用[J]. 生态学报，2013，33（16）：4909-4918.

[145] 陈玲，兰海燕. 北疆荒漠几种盐生（耐盐）植物抗逆附属结构的初步研究[J]. 广西植物，2012，32（5）：686-693.

[146] 李善家，苏培玺，张海娜，等. 荒漠植物叶片水分和功能性状特征及其相互关系[J]. 植物生理学报，2013，49（2）：153-160.

[147] 郑新军，李嵩，李彦. 准噶尔盆地荒漠植物的叶片水分吸收策略[J]. 植物生态学报，2011，35（9）：893-905.

[148] 孙宗玖，安沙舟，许鹏. 伊犁绢蒿构件动态变化研究[J]. 草地学报，2007，15（5）：454-459.

[149] 张荣，刘彤. 古尔班通古特沙漠南部植物多样性及群落分类[J]. 生态学报，2012，32（19）：6056-6066.

[150] 杨昌友，沈观冕，毛祖美，等. 新疆植物志（第一卷）[M]. 北京：科学出版社，2004.

[151] 李得禄，廖空太，严子柱，等. 不同类型防护林中樟子松的构型特征分析[J]. 中国沙漠，2008，28（1）：113-118.

[152] 白重炎，高尚风，张颖，等. 12 个核桃品种叶片解剖结构及其抗旱性研究[J]. 西北农业学报，2010，19（7）：125-128.

[153] Dong X J, Zhang X S. Some observations of the adaptations of sandy shrubs to the arid environment in the Mu Us sandland: leaf water relations and anatomic feature[J]. Arid Environ., 2001, （48）: 41-48.

[154] 滕红梅，苏仙绒，崔东亚. 运城盐湖 4 种藜科盐生植物叶的比较解剖研究[J]. 武汉植物学研究，2009，27（3）：250-255.

[155] 黄海霞，王刚，陈年来. 荒漠灌木逆境适应性研究进展[J]. 中国沙漠，2010，30（5）：1060-1067.

[156] 季子敬，全先奎，王传宽. 兴安落叶松针叶解剖结构变化及其光合能力对气候变化的适应性[J]. 生态学报，2013，33（21）：6967-6974.

[157] Steingraeber D A, Waller D M. Non-stationary of tree branching pattern and bifurcation ratios[J]. Proc R Soc lond B, 1986, 228: 187-194.

[158] 张景波，王葆芳，郝玉光，等. 我国梭梭林地理分布和适应环境及种源变异[J]. 干旱区资源与环境，2010，24（5）：166-171.

[159] 马海波，包根晓，马微东，等. 内蒙古梭梭荒漠草地资源及其保护利用[J]. 草业科学，2000，17（4）：1-5.

[160] 郭泉水，王春玲，郭志华，等. 我国现存梭梭荒漠植被地理分布及其斑块特征[J]. 林业科学，2005，41（5）：2-7.

[161] 刘有军，刘世增，纪永福，等. 民勤绿洲人工梭梭林群落结构及种群生态特征[J]. 干旱区研究，2014，31（1）：94-99.

[162] 董占元，姚云峰，赵金仁，等. 梭梭 [Haloxylon ammodendrom（C. A. Mey）Bunge] 光合枝细胞组织学观察及其抗逆性特征[J]. 干旱区资源与环境，2000，14（5）：78-83.

[163] 马全林，王继和，纪永福，等. 固沙树种梭梭在不同水分梯度下的光合生理特征[J]. 西北植物学报，2003，2（12）：2120-2126.

[164] 苏培玺，赵爱芬，张立新，等. 荒漠植物梭梭和沙拐枣光合作用、蒸腾作用及水分利用效率特征[J]. 西北植物学报，2003，23（1）：11-17.

[165] El-Sharkawy M A. Pioneering research on C_4 leaf anatomical, physiological, and agronomic characteristics of tropical monocot and dicot plant species: Implications for crop water relations and productivity in comparison to C_3 cropping systems[J]. Photosynthetica, 2009, 47（2）: 163-183.

[166] 贾志清，吉小敏，宁虎森，等. 人工梭梭林的生态功能评价[J]. 水土保持通报，2008，28（4）：66-69.

[167] 苏培玺，安黎哲，马瑞君，等. 荒漠植物梭梭和沙拐枣的花环结构及 C_4 光合特征[J]. 植物生态学报，2005，29（1）：1-7.

[168] 侯彩霞，周培之. 水分胁迫下超旱生植物梭梭的结构变化[J]. 干旱区研究，1997，4：23-25.

[169] 周朝彬，辛慧慧，宋于洋. 梭梭次生木质部解剖特征及其可塑性研究[J]. 西北林学院学报，2014，29（2）：207-212.

[170] 杨雄，宁宝山，张世虎，等. 古尔班通古特沙漠 2 种土壤培育的梭梭幼苗木射线解剖特征[J]. 防护林科技，2016，2：15-19.

[171] 韩超，谢文华，李建贵. 盐胁迫对梭梭幼苗渗透调节物质含量的影响[J]. 新疆农业大学学报，2014，2（3）：23-27.

[172] 张金林，陈托兄，王锁民. 阿拉善荒漠区几种抗旱植物游离氨基酸和游离脯氨酸的分布特征[J]. 中国沙漠，2004，24（4）：493-499.

[173] 鲁艳，雷加强，曾凡江，等. NaCl 处理对梭梭生长及生理生态特征的影响[J]. 草业学报，2014（3）：152-159.

[174] 姚云峰，高岩，张汝民，等. 渗透胁迫对梭梭幼苗体内保护酶活性的影响及其抗旱性研究[J]. 干旱区资源与环境，1997，11（3）：70-74.

[175] 李建贵，宁虎森，刘斌. 梭梭种群性状结构与空间分布格局的初步研究[J]. 新疆农业大学学报，2003，26（3）：51-54.

[176] 常静，潘存德，师瑞铎. 梭梭-白梭梭群落优势种种群分布格局及其种间关系分析[J]. 新疆农业大学学报，2006，29（2）：26-29.

[177] Sheng Y，Zheng W H，Pei K Q，et al. Population Genetic Structure of a Dominant Desert Tree，Haloxylon arrmodendron（Chenopodiaceae），in the Southeast Gurbantunggut Desert Detected by RAPD and ISSR Markers[J]. Acta Botanica Sinica，2004，46（6）：675-681.

[178] 朱岩芳，祝水金，李永平，等. ISSR 分子标记技术在植物种质资源研究中的应用[J]. 种子，2010，29（2）：55-59.

[179] Sheng Y，Zheng WH，Pei KQ，et al. Genetic variation within and among populations of a dominant desert tree *Haloxylon arrmodendron*（Amaranthaceae）in China[J]. Annals of Botany，2005，96：245-252.

[180] 张萍，董玉芝，魏岩，等. 利用 ISSR 标记对新疆梭梭遗传多样性的研究[J]. 西北植物学报，2006，26（7）：1337-1341.

[181] 钱增强，李珊，朱新军，等. 梭梭同工酶遗传多态性初步研究[J]. 西北植物学报，2005，25（12），2436-2442.

[182] 姚雅琴, 蒋选利, 汪沛洪, 等. 渗透胁迫下不同抗旱性小麦品种叶肉细胞内 ATP 酶的细胞化学研究[J]. 干旱地区农业研究, 1994, 1: 97-101.

[183] 陈雅彬, 李凤海. 不同玉米品种及亲本苗期抗旱指标测定及抗旱性分析[J]. 辽宁农业科学, 2006, 2: 32-34.

[184] 陈健辉, 李荣华, 郭培国, 等. 干旱胁迫对不同耐旱性大麦品种叶片超微结构的影响[J]. 植物学报, 2011, 46 (1): 28-36.

[185] 刘飞虎, 张寿文, 梁雪妮, 等. 干旱胁迫下不同苎麻品种的形态解剖特征研究[J]. 中国麻作, 1999, 21 (4): 2-7.

[186] Tsukaya H. Optical and anatomical characteristics of bracts from the Chinese "glasshouse" plant, *Rheum alexandrae* Batalin (Polygonaceae), in Yunnan, China[J]. Journal of Plant Research, 2002, 115 (1): 59-63.

[187] 郭泉水, 谭德远, 刘玉军, 等. 梭梭对干旱的适应及抗旱机理研究进展[J]. 林业科学研究, 2004, 17 (6): 796-803.

[188] Somavilla Nádia Sílvia, Kolb Rosana Marta, Rossatto Davi Rodrigo. Leaf anatomical traits corroborate the leaf economic spectrum: a case study with deciduous forest tree species[J]. Brazilian Journal of Botany, 2014, 37 (1): 69-82.

[189] Mendes M M, Gazarini L C, Rodrigues M L. Acclimation of Myrtus communis to contrasting Mediterranean light environments-effects on structure and chemical composition of foliage and plant water relations[J]. Environmental and Experimental Botany, 2001, 45 (2): 165-178.

[190] 覃凤飞, 李强, 崔棹茗, 等. 越冬期遮阴条件下 3 个不同秋眠型紫花苜蓿品种叶片解剖结构与其光生态适应性[J]. 植物生态学报, 2012, 36 (4): 333-345.

[191] 岳海, 李国华, 李国伟, 等. 澳洲坚果不同品种耐寒特性的研究[J]. 园艺学报, 2010, 1: 31-38.

[192] 韩梅, 吉成均, 左闻韵, 等. CO_2 浓度和温度升高对 11 种植物叶片解剖特征的影响[J]. 生态学报, 2006, 26 (2): 326-333.

[193] 段喜华, 孙莲慧, 郭晓瑞, 等. 拟南芥乙烯突变体在干旱胁迫下的形态学差异[J]. 植物研究, 2009, 29 (1): 39-42.

[194] 王顺才, 邹养军, 马锋旺. 干旱胁迫对 3 种苹果属植物叶片解剖结构、微形态特征及叶绿体超微结构的影响[J]. 干旱地区农业研究, 2014, 3: 15-23.

[195] 曲桂敏, 李兴国, 赵飞, 等. 水分胁迫对苹果叶片和新根显微结构的影响[J]. 园艺学报, 1999, 3: 9-11, 13.

[196] 郗金标, 张福锁, 田长彦. 新疆盐生植物[M]. 北京: 科学出版社, 2006.

[197] Molas J. Changes in morphological and anatomical structure of cabbage (*Brassica oleracea* L.) outer leaves and in ultrastructure of their chloroplasts caused by an in vitro excess of nickel[J]. Photosynthetica, 1998, 34 (4): 513-522.

[198] 汪玉秀, 常君成, 王新爱, 等. 大气中化学污染物对植物危害作用机制的探究[J]. 陕西林业科技, 2001 (4): 57-61.

[199] 李梅, 徐胜, 张恒庆, 等. 高浓度 O_3 对水蜡叶表皮气孔及其叶组织结构特征的影响[J]. 生态学杂志, 2014, 33 (1): 53-58.

[200] 何培明, 孔国辉. 叶片组织结构特征对氯气、二氧化硫的抗性研究[J]. 生态学报, 1986, 6 (1): 21-34, 89.

[201] Schlichting C D, Smith H. Phenotypic plasticity: linking molecular mechanisms with evolutionary outcomes[J]. Evolutionary Ecology, 2002, 16 (3): 189-211.

[202] 邢毅, 赵祥, 董宽虎, 等. 不同居群达乌里胡枝子形态变异研究[J]. 草业学报, 2008, 17 (4): 26-31.

[203] 楚新正, 马倩, 马晓飞, 等. 梭梭 (*Haloxylon ammodendron*) 主根周围土壤特征[J]. 中国沙漠, 2014, 34 (1): 170-175.

[204] 赵小仙, 李毅, 苏世平, 等. 3 个地理种群蒙古沙拐枣同化枝解剖结构及抗旱性比较[J]. 中国沙漠, 2014, 34 (5): 1293-1300.

[205] 史胜青, 齐力旺, 孙晓梅, 等. 梭梭抗旱性相关研究现状及对今后研究的建议[J]. 世界林业研究, 2006, 19 (5): 27-32.

[206] 白潇, 李毅, 苏世平, 等. 不同居群唐古特白刺叶片解剖特征对生境的响应研究[J]. 西北植物学报, 2013, 33 (10): 1986-1993.

[207] 邹婷, 李彦, 许皓, 等. 不同生境梭梭对降水变化的生理响应及形态调节[J]. 中国沙漠, 2011, 31 (2): 428-435.

[208] 胡建莹, 郭柯, 董鸣. 高寒草原优势种叶片结构变化与生态因子的关系[J]. 植物生态学报, 2008, 32 (2): 370-378.

[209] IPCC. Climate Change 2014 Synthesis Report: Summary for Policymakers[R]. PCC WGI Fifth Assessment Report, 2014.

[210] 张影, 徐建华, 陈忠升, 等. 中亚地区气温变化的时空特征分析[J]. 干旱区资源与环境, 2016, 30 (7): 133-137.

[211] 热孜宛古丽·麦麦提依明, 杨建军, 刘永强, 等. 新疆近 54 年气温和降水变化特征[J]. 水土保持研究, 2016, 23 (2): 128-133.

[212] 马奕, 白磊, 李倩, 等. 区域气候模式在中国西北地区气温和降水长时间序列模拟的误差分析[J]. 冰川冻土, 2016, 38 (1): 77-88.

[213] 杨君珑，李小伟. 模拟氮沉降对干旱半干旱区几种杂草生长及光合特征的影响[J]. 江苏农业科学，2015，43（12）：157-160.

[214] 周晓兵，张元明，王莎莎，等. 3种荒漠植物幼苗生长和光合生理对氮增加的响应[J]. 中国沙漠，2011，31（1）：82-89.

[215] Galloway J N，Dentener F J，Capone D G，et al. Transformation of the nitrogen cycle：recent trends，questions，and potential solutions[J]. Science，2008，320（5878）：889-892.

[216] 杨玉盛. 全球环境变化对典型生态系统的影响研究：现状、挑战与发展趋势[J]. 生态学报，2017，37（1）：1-11.

[217] 苏洁琼，李新荣，鲍婧婷. 施氮对荒漠化草原土壤理化性质及酶活性的影响[J]. 应用生态学报，2014，25（3）：664-670.

[218] 余优森. 我国西部的干旱气候与农业对策[J]. 干旱地区农业研究，1992，10（1）：1-8.

[219] 王汉杰，任荣荣. 我国干旱半干旱地区的退耕还林还草与高效生态农牧业建设[J]. 林业工程学报，2001，15（1）：7-9.

[220] Norby R J，Luo Y Q. Evaluating ecosystem responses to rising atmospheric CO_2 and global warming in a multi-factor world[J]. New Phytologist，2004，162（2）：281-293.

[221] Ellsworth D S，Thomas R，Crous K Y，et al. Elevated CO_2 affects photosynthetic responses in canopy pine and subcanopy deciduous trees over 10 years：a synthesis from Duke FACE[J]. Global Change Biology，2015，18（1）：223-242.

[222] Mackey K R，Paytan A，Caldeira K，et al. Effect of temperature on photosynthesis and growth in marine *Synechococcus spp*.[J]. Plant Physiology，2013，163（2）：815-829.

[223] 闫玉龙，张立欣，万志强，等. 模拟增温与增雨对克氏针茅光合作用的影响[J]. 草业学报，2016，25（2）：240-250.

[224] Xu D Q. Progress in photosynthesis research：from molecular mechanisms to green revolution[J]. Acta Phytophysiologica Sinica，2001，27（2）：97-108.

[225] 杜林方. 光合作用研究的一些进展[J]. 世界科技研究与发展，1999，21（1）：58-62.

[226] Mo Y W，Guo Z F，Xie J H. Effects of temperature stress on chlorophyll fluorescence parameters and photosynthetic rates of *Stylosanthes guianensis*[J]. Acta Prataculturae Sinica，2011，20（1）：96-101.

[227] 高文娟，黄璜. 模拟增温对植物生长发育的影响[J]. 作物研究，2010，24（3）：205-208.

[228] Klanderud K，Totland Ø. Simulated climate chang ealtered dominance hierarchies and diversity of an alpine biodiversity hotspot[J]. Ecology，2005，86（8）：2047-2054.

[229] Walther G R，Beissner S，Burga C A. Trends in the upward shift of alpine plants[J]. Journal of Vegetation Science，2005，16（5）：541-548.

[230] 徐振锋，胡庭兴，张力，等. 青藏高原东缘林线交错带糙皮桦幼苗光合特性对模拟增温的短期响应[J]. 植物生态学报，2010，34（3）：263-270.

[231] 张念念，黄溦溦，胡庭兴，等. 高温胁迫对希蒙得木幼苗叶片光合生理特性的影响[J]. 四川农业大学学报，2011，29（3）：311-316.

[232] Loik M E，Redar S P，Harte J. Photosynthetic responses to a climate-warming manipulation for contrasting meadow species in the Rocky Mountains，Colorado，USA[J]. Functional Ecology，2000，14（2）：166-175.

[233] 王为民，王晨，李春俭，等. 大气二氧化碳浓度升高对植物生长的影响[J]. 西北植物学报，2000，20（4）：676-683.

[234] 杨金艳，杨万勤，王开运，等. 木本植物对 CO_2 浓度和温度升高的相互作用的响应[J]. 植物生态学报，2003，27（3）：304-310.

[235] 马德华，庞金安，霍振荣，等. 黄瓜对不同温度逆境的抗性研究[J]. 中国农业科学，1999，32（5）：28-35.

[236] Saxe H，Ellsworth D S，Heath J. Tree and forest functioning in an enriched CO_2 atmosphere[J]. New Phytologist，1998，139（3）：395-436.

[237] 周广胜，许振柱，王玉辉. 全球变化的生态系统适应性[J]. 地球科学进展，2004，19（4）：642-649.

[238] Stiff M. Rising CO_2 levels and their potential significance for carbon flow in photosynthetic cells[J]. Plant Cell and Environment，1991，14（8）：741-762.

[239] Rey P，Eymery F，Peltier G. Effects of CO_2-Enrichment and of Aminoacetonitrile on Growth and Photosynthesis of Photoautotrophic Calli of Nicotiana plumbaginifolia[J]. Plant physiology，1990，93（2）：549-554.

[240] 许大全. 光合作用及有关过程对长期高 CO_2 浓度的响应[J]. 植物生理学报，1994，30（2）：81-87.

[241] 战伟，沙伟，王淼，等. 降水和温度变化对长白山地区水曲柳幼苗生长和光合参数的影响[J]. 应用生态学报，2012，23（3）：617-624.

[242] Knapp A K，Fay P A，Blair J M，et al. Rainfall variability，carbon cycling，and plant species diversity in a mesic grassland[J]. Science，2002，298（5601）：2202-2205.

[243] Loik M E. Sensitivity of water relations and photosynthesis to summer precipitation pulses for Artemisia tridentata and Purshia tridentata[J]. Plant Ecology，2007，191（1）：95-108.

[244] Weltzin J F，Loik M E，Schwinning S，et al. Assessing the Response of Terrestrial Ecosystems to Potential Changes in Precipitation[J]. Bioscience，2003，53（10）：941-952.

[245] 罗华建，刘星辉. 水分胁迫对批把光合特性的影响[J]. 果树学报，1999，16（2）：126-130.

[246] Tezara W，Colombo R，Coronel I，et al. Water relations and photosynthetic capacity of two species of Calotropis in a tropical semi-arid ecosystem[J]. Annals of Botany，2011，107（3）：397-405.

[247] Niu S L，Yuan Z Y，Zhang Y F，et al. Photosynthetic responses of C_3 and C_4 species to seasonal water variability and competition[J]. Journal of Experimental Botany，2005，56（421）：2867-2876.

[248] Shah N H，Paulsen G M. Interaction of drought and high temperature on photosynthesis and grain-filling of wheat[J]. Plant and Soil，2003，257（1）：219-226.

[249] 郭亚奇，阿里穆斯，高清竹，等. 灌溉条件下藏北紫花针茅光合特性及其对温度和 CO_2 浓度的短期响应[J]. 植物生态学报，2011，35（3）：311-321.

[250] Vitousek P M，Howarth R W. Nitrogen limitation on land and in the sea：How can it occur?[J]. Biogeochemistry，1991，13（2）：87-115.

[251] Galloway J N，Dentener F J，Capone D G，et al. Nitrogen Cycles：Past，Present，and Future[J]. Biogeochemistry，2004，70（2）：153-226.

[252] Hungate B A，Dukes J S，Shaw M R，et al. Nitrogen and climate change[J]. Science，2003，302（5650）：1512-1513.

[253] 王建波，钟海秀，付小玲，等. 氮沉降对小叶章光合生理特性的影响[J]. 中国农学通报，2013，29（7）：45-49.

[254] Guo J H，Liu X J，Zhang Y，et al. Significant Acidification in Major Chinese Croplands[J]. Science，2010，327（5968）：1008-1010.

[255] Nakaji T，Fukami M，Dokiya Y，et al. Effects of high nitrogen load on growth，photosynthesis and nutrient status of Cryptomeria japonica and Pinus densiflora seedlings[J]. Trees，2001，15（8）：453-461.

[256] Geiser L H，Jovan S E，Glavich D A，et al. Lichen-based critical loads for atmospheric nitrogen deposition in Western Oregon and Washington Forests，USA.[J]. Environmental Pollution，2010，158（7）：2412-2421.

[257] Pettersson R，McDonald A J S. Effects of nitrogen supply on the acclimation of photosynthesis to elevated CO_2 [J]. Photosynthesis Research，1994，39（3）：389-400.

[258] 徐瑞阳，白龙，王晓红，等. 模拟氮沉降对两种草地植物氮同化物积累的影响[J]. 草业科学，2013，30（4）：501-505.

[259] 王海茹，张永清，张水利. 水氮耦合对黍稷光合特性及产量的影响[J]. 中国农学通报，2013，29（36）：259-267.

[260] Jiao J Y，Yin C Y，Chen K. Effects of soil water and nitrogen supply on the photosynthetic characteristics of *Jatropha curcas* seedlings[J]. Chinese Journal of Plant Ecology，2011，35（1）：91-99.

[261] King J S，Albaugh T J，Allen H L，et al. Below-ground carbon input to soil is controlled by nutrient availability and fine root dynamics in loblolly pine[J]. New Phytologist，2002，154（2）：389-398.

[262] 孙霞，柴仲平，蒋平安，等. 水氮耦合对苹果光合特性和果实品质的影响[J]. 水土保持研究，2010，17（6）：271-274.

[263] 李银坤，武雪萍，吴会军，等. 水氮互作对温室黄瓜光合特征与产量的影响[J]. 中国生态农业学报，2010，18（6）：1170-1175.

[264] Blanke M M，Cooke D T. Effects of flooding and drought on stomatal activity，transpiration，photosynthesis，water potential and water channel activity in strawberry stolons and leaves[J]. Plant Growth Regulation，2004，42（2）：153-160.

[265] 薛崧，吴小平. 不同氮素水平对旱地小麦叶片叶绿素和糖含量的影响及其与产量的关系[J]. 干旱地区农业研究，1997，15（1）：79-84.

[266] 王曼，沙伟，张梅娟，等. 高温胁迫对毛尖紫萼藓生理生化特性的影响[J]. 基因组学与应用生物学，2015，34（6）：1290-1295.

[267] 李盈. 梭梭在干旱胁迫下的生理反应[J]. 甘肃农业，2014（17）：90-91.

[268] 王喜勇，王成云，魏岩. 梭梭属植物渗透调节物质的季节性变化[J]. 安徽农业科学，2014（5）：1427-1428.

[269] 陈少裕. 膜脂过氧化对植物细胞的伤害[J]. 植物生理学通讯，1991，27（2）：84-90.

[270] 林植芳，李双顺，林桂珠，等. 水稻叶片的衰老与超氧物歧化酶活性及脂质过氧化作用关系[J]. 植物学报，1984，26（6）：605-615.

[271] 李建贵，黄俊华，王强，等. 梭梭叶内激素与渗透调节物质对高温胁迫的响应[J]. 南京林业大学学报（自然科学版），2005，29（6）：45-48.

[272] 郑小林，董任瑞. 水稻热激反应的研究Ⅰ. 幼苗叶片的膜透性和游离脯氨酸含量的变化[J]. 湖南农业大学学报，1997，23（2）：109-112.

[273] 周瑞莲，孙国钧，王海鸥. 沙生植物渗透调节物对干旱、高温的响应及其在抗逆性中的作用[J]. 中国沙漠，1999，19（1）：19-23.

[274] Tanaka K，Kondo N，Sugahara K. Accumulation of Hydrogen Peroxide in Chloroplasts of SO_2-Fumigated Spinach Leaves[J]. Plant and Cell Physiology，1982，23（6）：999-1007.

[275] 袁媛，唐东芹，史益敏. 小苍兰幼苗对高温胁迫的生理响应[J]. 上海交通大学学报（农业科学版），2011，29（5）：30-36.

[276] 郭盈添，范琨，白果，等. 金露梅幼苗对高温胁迫的生理生化响应[J]. 西北植物学报，2014，34（9）：1815-1820.

[277] 段九菊，王云山，康黎芳，等. 高温胁迫对观赏凤梨叶片抗氧化系统和渗透调节物质积累的影响[J]. 中国农学通报，2010，26（8）：164-169.

[278] Huang J，Zhang J C，Zhang Z X，et al. Estimation of future precipitation change in the Yangtze River basin by using statistical downscaling method[J]. Stochastic Environmental Research and Risk Assessment，2011，25（6）：781-792.

[279] 彭舜磊，由文辉，郑泽梅，等. 近 60 年气候变化对天童地区常绿阔叶林净初级生产力的影响[J]. 生态学杂志，2011，30（3）：502-507.

[280] 周双喜，吴冬秀，张琳，等. 降雨格局变化对内蒙古典型草原优势种大针茅幼苗的影响[J]. 植物生态学报，2010，34（10）：1155-1164.

[281] 褚建民，邓东周，王琼，等. 降雨量变化对樟子松生理生态特性的影响[J]. 生态学杂志，2011，30（12）：2672-2678.

[282] 刘涛，李柱，安沙舟，等. 干旱胁迫对木地肤幼苗生理生化特性的影响[J]. 干旱区研究，2008，25（2）：231-235.

[283] 冯慧芳，薛立，任向荣，等. 4 种阔叶幼苗对 PEG 模拟干旱的生理响应[J]. 生态学报，2011，31（2）：371-382.

[284] 邵怡若，许建新，薛立，等. 5 种绿化树种幼苗对干旱胁迫和复水的生理响应[J]. 生态科学，2013，32（4）：420-428.

[285] 钟连香，严理，秦武明，等. 干旱胁迫对木荷幼苗生长及生理特性的影响[J]. 山西农业科学，2016，44（8）：1103-1107.

[286] 谈锋，周彦兵. 杜仲叶片对土壤水分胁迫的适应性研究[J]. 西南师范大学学报（自然科学版），1996，21（3）：73-81.

[287] 张刚，魏典典，邹佳宝，等. 干旱胁迫下不同种源文冠果幼苗的生理反应及其抗旱性分析[J]. 西北林学院学报，2014，29（1）：1-7.

[288] 刘旭，王昊，谭军. 水分胁迫对紫薇生长及生理生化特征的影响[J]. 江苏农业科学，2015，43（10）：239-241.

[289] 侯舒婷，张倩，刘思岑，等. 黄金香柳对水分胁迫的生长与生理响应[J]. 西北植物学报，2014，34（12）：2491-2499.

[290] 崔豫川，张文辉，王校锋. 栓皮栎幼苗对土壤干旱胁迫的生理响应[J]. 西北植物学报，2013，33（2）：364-370.

[291] 邱真静，李毅，种培芳. PEG 胁迫对不同地理种源沙拐枣生理特性的影响[J]. 草业学报，2011，20（3）：108-114.

[292] Mattioni C，Lacerenza N G，Troccoli A，et al. Water and salt stressinduced alterations on proline metabolism of triticum durum seedlings[J]. Physiologia Plantarum，1997，101（4）：787-792.

[293] 胡红玲，张健，胡庭兴，等. 不同施氮水平对巨桉幼树耐旱生理特征的影响[J]. 西北植物学报，2014，34（1）：118-127.

[294] 鲁显楷，莫江明，彭少麟，等. 鼎湖山季风常绿阔叶林林下层 3 种优势树种游离氨基酸和蛋白质对模拟氮沉降的响应[J]. 生态学报，2006，26（3）：743-753.

[295] Chapin Iii F S，Shaver G R，Kedrowski R A. Environmental Controls Over Carbon，Nitrogen and Phosphorus Fractions in Eriophorum Vaginatum in Alaskan Tussock Tundra[J]. Journal of Ecology，1986，74（1）：167-195.

[296] Kontunensoppela S，Taulavuori K，Taulavuori E，et al. Soluble proteins and dehydrins in nitrogen-fertilized Scots pine seedlings during deacclimation and the onset of growth[J]. Physiologia Plantarum，2000，109（4）：404-409.

[297] 周晓兵，张元明，王莎莎，等. 模拟氮沉降和干旱对准噶尔盆地两种一年生荒漠植物生长和光合生理的影响[J]. 植物生态学报，2010，34（12）：1394-1403.

[298] 窦晶鑫，刘景双，王洋，等. 小叶章对氮沉降的生理生态响应[J]. 湿地科学，2009，7（1）：40-46.

[299] 张立新，李生秀. 氮、钾、甜菜碱对水分胁迫下夏玉米叶片膜脂过氧化和保护酶活性的影响[J]. 作物学报，2007，33（3）：482-490.

[300] 朱鹏锦，杨莉，师生波，等. 模拟氮沉降对青藏高原地区油菜幼苗期生长和生理特性的影响[J]. 生物学杂志，2012，29（5）：56-59.

[301] 孙明，安渊，王齐，等. 干旱胁迫和施氮对结缕草种群特征和生理特性的影响[J]. 草业科学，2010，27（9）：57-63.

[302] 杨帆，苗灵凤，胥晓，等. 植物对干旱胁迫的响应研究进展[J]. 应用与环境生物学报，2007，13（4）：586-591.

[303] Yin C Y，Pang X Y，Chen K，et al. The water adaptability of Jatropha curcas is modulated by soil nitrogen availability[J]. Biomass and Bioenergy，2012，47（12）：71-81.

[304] Karam F，Kabalan R，Breidi J，et al. Yield and water-production functions of two durum wheat cultivars grown under different irrigation and nitrogen regimes[J]. Agricultural Water Management，2009，96（4）：603-615.

[305] 胡梦芸，门福圆，张颖君，等. 水氮互作对作物生理特性和氮素利用影响的研究进展[J]. 麦类作物学报，2016，36（3）：332-340.

[306] 孙誉育，尹春英，贺合亮，等. 红桦幼苗根系对水氮耦合效应的生理响应[J]. 生态学报，2016，36（21）：6758-6765.

[307] 李静静，陈雅君，张璐，等. 水氮交互作用对草地早熟禾生理生化与坪用质量的影响[J]. 中国草地学报，2016，38（4）：42-48.

[308] 李鑫，张永清，王大勇，等. 水氮耦合对红小豆根系生理生态及产量的影响[J]. 中国生态农业学报，2015，23（12）：1511-1519.

[309] 倪瑞军，张永清，庞春花，等. 藜麦幼苗对水氮耦合变化的可塑性响应[J]. 作物杂志，2015（6）：91-98.

[310] 王海茹，张永清，董文晓，等. 水氮耦合对黍稷幼苗形态和生理指标的影响[J]. 中国生态农业学报，2012，20（11）：1420-1426.

[311] Lyshede O B. Xeromorphic features of three stem assimilants in relation to their ecology[J]. Botanical Journal of the Linnean Society，1979，78（2）：85-98.

[312] Klein J A，Harte J，Zhao X Q. Dynamic and complex microclimate responses to warming and grazing manipulations[J]. Global Change Biology，2005，11（9）：1440-1451.

[313] 张一平，武传胜，梁乃申，等. 哀牢山亚热带常绿阔叶林森林土壤温湿特征及其对温度升高的响应[J]. 生态学报，2015，35（22）：7418-7425.

[314] Agren G I，Mcmurtrie R E，Parton W J，et al. State-of-the-Art of Models of Production-Decomposition Linkages in Conifer and Grassland Ecosystems[J]. Ecological Applications，1991，1（2）：118-138.

[315] Klein J A，Harte J，Zhao X Q. Experimental warming，not grazing，decreases rangeland quality on the Tibetan Plateau[J]. Ecological Applications，2007，17（2）：541-557.

[316] Fu G，Zhang X，Zhang Y，et al. Experimental warming does not enhance gross primary production and above-ground biomass in the alpine meadow of Tibet[J]. Journal of Applied Remote Sensing，2013，7（18）：6451-6465.

[317] 吕超群，田汉勤，黄耀. 陆地生态系统氮沉降增加的生态效应[J]. 植物生态学报，2007，31（2）：205-218.

[318] 鲍士旦. 土壤农化分析（第三版）[M]. 北京：中国农业出版社，2013.

[319] 刘贺永，何鹏，蔡江平，等. 模拟氮沉降对内蒙古典型草地土壤 pH 和电导率的影响[J]. 土壤通报，2016，47（1）：85-91.

[320] 李成保，毛久庚. 温度对土壤电导影响的初步研究[J]. 土壤通报，1989，20（2）：62-65.

[321] Morgenstern P，Brüggemann L，Meissner R，et al. Capability of a XRF Method for Monitoring the Content of the Macronutrients Mg，P，S，K and Ca in Agricultural Crops[J]. Water Air & Soil Pollution，2010，209（1-4）：315-322.

[322] 袁巧霞，朱端卫，武雅娟. 温度、水分和施氮量对温室土壤 pH 及电导率的耦合作用[J]. 应用生态学报，2009，20（5）：1112-1117.

[323] 田冬，高明，徐畅. 土壤水分和氮添加对 3 种质地紫色土氮矿化及土壤 pH 的影响[J]. 水土保持学报，2016，30（1）：255-261.

[324] Pascual I，Antolín M C，García C，et al. Effect of water deficit on microbial characteristics in soil amended with sewage sludge or inorganic fertilizer under laboratory conditions[J]. Bioresource Technology，2007，98（1）：29-37.

[325] 肖新，储祥林，邓艳萍，等. 江淮丘陵季节性干旱区灌溉与施氮量对土壤肥力和水稻水分利用效率的影响[J]. 干旱地区农业研究，2013，31（1）：84-88.

[326] 李秋玲，肖辉林，曾晓舵，等. 模拟氮沉降对森林土壤化学性质的影响[J]. 生态环境学报，2013（12）：1872-1878.

[327] 闫建文，史海滨. 氮肥对不同含盐土壤水盐和小麦产量的影响[J]. 灌溉排水学报，2014，33（z1）：50-53.

[328] Lü X T，Han X G. Nutrient resorption responses to water and nitrogen amendment in semi-arid grassland of Inner Mongolia，China[J]. Plant and Soil，2010，327（1-2）：481-491.

[329] 李宪利，高东升，顾曼如，等. 铵态和硝态氮对苹果植株 SOD 和 POD 活性的影响简报[J]. 植物生理学报，1997，33（4）：254-256.

[330] Peñuelas J，Filella I，Llusià J，et al. Comparative field study of spring and summer leaf gas exchange and photobiology of the Mediterranean trees Quercusilex and Philyrea latifolia[J]. Journal of Experimental Botany，1998，49（319）：229-238.

[331] Dewar R C. A simple model of light and water use evaluated for Pinus radiata[J]. Tree Physiology，1997，17（4）：259-265.

[332] 李银坤，武雪萍，吴会军，等. 水氮条件对温室黄瓜光合日变化及产量的影响[J]. 农业工程学报，2010，26（S1）：122-129.

[333] 黄滔，唐红，廖菊阳，等. 长果安息香夏季光合蒸腾日变化与其环境因子的关系[J]. 中南林业科技大学学报，2015，35（7）：62-68.

[334] 田媛，塔西甫拉提·特依拜，徐贵青. 梭梭与白梭梭气体交换特征对比分析[J]. 干旱区研究，2014，31（3）：542-549.

[335] 邹琦. 作物抗旱生理生态研究[M]. 济南：山东科学技术出版社，1994：155-163.

[336] 赵小光，张耀文，田建华，等. 甘蓝型油菜不同发育时期光合日变化和环境因子之间的关系[J]. 西南农业学报，2013，26（4）：1392-1397.

[337] Llorens L，Peñuelas J，Beier C，et al. Effects of an Experimental Increase of Temperature and Drought on the Photosynthetic Performance of Two Ericaceous Shrub Species Along a North?South European Gradient[J]. Ecosystems，2004，7（6）：613-624.

[338] Pearson R G，Dawson T P. Predicting the impacts of climate change on the distribution of species：are bioclimate envelope models useful?[J]. Global Ecology and Biogeography，2003，12（5）：361-371.

[339] 张维，贺亚玲，吴泽昂，等. 模拟增温对梭梭光合生理生态特征的影响[J]. 草地学报，2017，25（2）：296-302.

[340] 赵长明，魏小平，尉秋实，等. 民勤绿洲荒漠过渡带植物白刺和梭梭光合特性[J]. 生态学报，2005，25（8）：1908-1913.

[341] 许大全. 关于净光合速率和胞间 CO_2 浓度关系的思考[J]. 植物生理学报，2006，42（6）：1163-1167.

[342] 张锦春，赵明，张应昌，等. 灌溉植被梭梭、白刺光合蒸腾特性及影响因素研究[J]. 西北植物学报，2005，25（1）：70-76.

[343] 吴琦，张希明. 水分条件对梭梭气体交换特性的影响[J]. 干旱区研究，2005，22（1）：79-84.

[344] 许皓，李彦，邹婷，等. 梭梭（*Haloxylon ammodendron*）生理与个体用水策略对降水改变的响应[J]. 生态学报，2007，27（12）：5019-5028.

[345] 苏培玺，严巧娣. C_4 荒漠植物梭梭和沙拐枣在不同水分条件下的光合作用特征[J]. 生态学报，2006，26（1）：75-82.

[346] 江厚龙，徐宸，汪代斌，等. 不同施氮量对烟苗生长发育和生理特征的影响[J]. 江西农业学报，2016，28（7）：63-67.

[347] 李卫民，周凌云. 水肥（氮）对小麦生理生态的影响（Ⅰ）：水肥（氮）条件对小麦光合蒸腾与水分利用的影响[J]. 土壤通报，2004，35（2）：136-142.

[348] 韩炳宏，尚振艳，袁晓波，等. 氮素添加对黄土高原典型草原长芒草光合特性的影响[J]. 草业科学，2016，33（6）：1070-1076.

[349] 许大全. 光合作用效率[M]. 上海：上海科学技术出版社，2006.

[350] 邹振华，党宁，王惠群，等. 不同氮素水平对营养生长期南荻植株光合特性的影响[J]. 作物研究，2012，26（3）：255-259.

[351] Farquhar G D，O'Leary MH，Berry JA. On the Relationship Between Carbon Isotope Discrimination and the Intercellular Carbon Dioxide Concentration in Leaves[J]. Functional Plant Biology，1982，9（2）：281-292.

[352] 徐璇，周瑞，谷艳芳，等. 不同水氮耦合对小麦旗叶主要光合特性的影响[J]. 河南大学学报（自然科学版），2010，40（1）：53-57.

[353] 杨华，宋绪忠. 高温胁迫对马银花的生理指标影响[J]. 林业实用技术，2016（1）：3-6.

[354] 王景燕，龚伟，李伦刚，等. 水肥对汉源花椒幼苗抗逆生理的影响[J]. 西北植物学报，2015，35（3）：530-539.

[355] 张静，张元明. 模拟降雨对齿肋赤藓（Syntrichia caninervis）生理特性的影响[J]. 中国沙漠，2014，34（2）：433-440.

[356] 崔豫川，张文辉，李志萍. 干旱和复水对栓皮栎幼苗生长和生理特性的影响[J]. 林业科学，2014，50（7）：66-73.

[357] 朱维琴，吴良欢，陶勤南. 不同氮营养对干旱逆境下水稻生长及抗氧化性能的影响研究[J]. 植物营养与肥料学报，2006，12（4）：506-510.

[358] 刘小刚，张岩，程金焕，等. 水氮耦合下小粒咖啡幼树生理特性与水氮利用效率[J]. 农业机械学报，2014，45（8）：160-166.

[359] 米美多，慕宇，代晓华，等. 花后高温胁迫下不同施氮量对春小麦抗氧化特性的影响[J]. 江苏农业科学，2017，45（1）：52-56.

[360] 王国骄，王嘉宇，燕雪飞，等. 水氮配合对春小麦灌浆期旗叶生理特性的影响[J]. 湖北农业科学，2008，47（8）：887-889.

[361] 孙小妹，张涛，陈年来，等. 土壤水分和氮素对春小麦叶片抗氧化系统的影响[J]. 干旱区研究，2011，28（2）：205-214.

[362] 胡云平，张静，刘丹. 水肥耦合对春小麦叶片生态特性及产量的影响[J]. 江苏农业科学，2017，45（12）：48-52.

[363] 谢徽，郭浩. 荒漠化监测与评估指标体系研究进展[J]. 世界林业研究，2015，28（1）：7-11.

[364] 梁文琼，田淑芳，周家晶. 基于 RS 和 PCR 的荒漠化现状综合评价[J]. 干旱区研究，2015，32（2）：342-346.

[365] 郭泉水，郭志华，阎洪，等. 我国以梭梭属植物为优势的潜在荒漠植被分布[J]. 生态学报，2005，04：848-853.

[366] 贾志清，卢琦. 梭梭[M]. 北京：中国环境科学出版社，2005：1-14.

[367] 杨曙辉，丛者福，魏岩，等. 梭梭植冠的构筑型分析[J]. 新疆农业科学，2006，43（1）：6-10.

[368] 王春玲，郭泉水，马超，等. 准噶尔盆地东南缘不同生境条件下梭梭群落结构特征研究[J]. 应用生态学报，2005，7：1224-1229.

[369] 中华人民共和国国家环境保护局，中国科学院植物研究所. 中国珍稀濒危保护植物名录[J]. 生物学通报，1987，42（7）：23-28.

[370] Avise J C，Arn old J，Ball J R M，et al. Intraspecific phylogeog-raphy：The mitochondrial DNA bridge between population genetics and systematics[J]. Annu Rev EcolSyst，1987，18：489-491.

[371] Avise J C. Phylogeography：retrospect and prospect[J]. Biogeography，2008，36（1）：3-15.

[372] Zink R M. Comparative phylogeography in North American birds[J]. Evolution，1996，50（1）：308-317.

[373] 陈黎，周玲玲，庄丽，等. 塔里木河下游胡杨三种异形叶的光合特性研究[J]. 北方园艺，2014，（18）：88-93.

[374] 于秀立，吕新华，刘红玲，等. 天然和人工种植胡杨植冠的构型分析[J]. 生态学杂志，2016，35（1）：32-40.

[375] 于秀立，田中平，李桂芳，等. 荒漠植物胡杨不同发育阶段的枝系构型可塑性研究[J]. 新疆农业科学，2015，52（11）：2076-2084.

[376] 昝丹丹，庄丽，黄刚，等. 不同梭梭种群同化枝的解剖结构特征及其与生态因子的关系分析[J]. 西北植物学报，2016，36（2）：309-315.

[377] 昝丹丹，庄丽. 新疆干旱荒漠区梭梭同化枝解剖结构的抗旱性比较[J]. 干旱区资源与环境，2017，31（5）：146-152.

[378] 张维，赵文勤，谢双全，等. 模拟降水和氮沉降对准噶尔盆地南缘梭梭光合生理的影响[J]. 中国生态农业学报，2018，26（1）：106-115.

[379] 张维，庄丽，李桂芳，等. 梭梭气体交换特征对人工模拟增温的响应[J]. 江苏农业科学，2018，46（15）：106-110.

[380] 高志娟，庄丽. 准噶尔盆地南缘和阿拉善左旗9个梭梭居群种间系统发育和亲缘关系研究[J]. 干旱区资源与环境，2016，30（11）：186-190.

[381] 高志娟，谢双全，吕新华，等. 梭梭（*Haloxylon ammodendron*）居群间系统发育关系[J]. 中国沙漠，2017，37（3）：462-468.

[382] 史红娟，于秀立，庄丽. 古尔班通古特沙漠南缘梭梭植物的构型特征[J]. 贵州农业科学，2015，43（11）：135-139.

[383] 史红娟，于秀立，庄丽. 不同生态环境中梭梭枝系构型特征分析[J]. 江苏农业科学，2016，44（4）：217-220.